AF610206

# VOYAGE

DE

VERMONT-SUR-ORNE

A

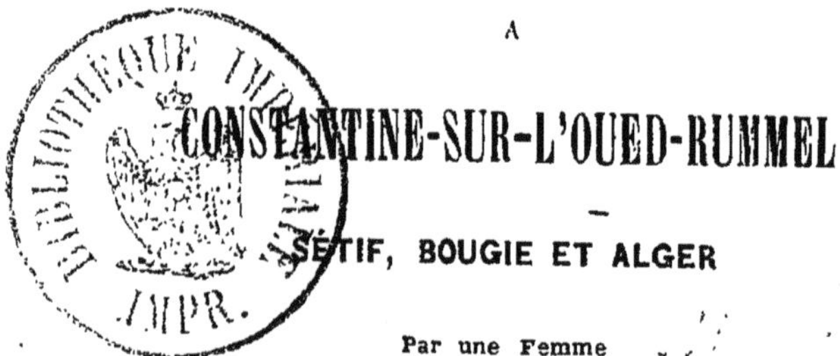


CONSTANTINE-SUR-L'OUED-RUMMEL

—

SÉTIF, BOUGIE ET ALGER

Par une Femme

CAEN
TYPOGRAPHIE C. HOMMAIS
5, rue Froide, 5
1866

# PRÉFACE

« Mes vers sont bien de moi. Bons ou mauvais, qu'importe
» Jamais *rabobineur* n'y vint glisser du sien,
» Et je veux... qu'Apollon (diable païen) m'emporte,
» Si de l'esprit d'autrui je fis jamais le mien ! »

Des amis m'ont instamment priée d'écrire pour eux ce voyage.

Or, le voyage d'une femme avec ses appréciations sans profondeur, ses aperçus à la légère, pas la moindre science, point de grandes aventures, de la gaîté ou de la tristesse souvent sans autre raison que le côté d'où vient le vent ; cela compose une lecture de mince attrait pour d'autres que pour des amis de l'auteur.

Cela ne mérite pas d'être publié et pourtant j'en fais un livre.

J'en fais un livre parce que je ne puis envoyer mes notes manuscrites à tous ceux qui me les demandent. D'ailleurs, qui sait ? on a peut être, dans la foule des inconnus, des amis que l'on ignore, que l'on ignorera toujours, mais qui n'en sont pas moins des natures sympathiques à la vôtre.

Ceux-là peuvent prendre plaisir à vos récits, approuver vos jugements, partager vos sentiments,

« Rire de votre rire et pleurer de vos larmes... »

lire enfin avec intérêt ce qui a du moins pour mérite la vérité, la simplicité fidèle des descriptions, l'absence complète de prétentions littéraires et l'ignorance des ficelles du métier.

L'auteur, dont l'inexpérience devrait attirer l'indulgence, ayant horreur de ce qu'on nomme *collaboration*, peut bravement s'abriter sous l'épigraphe placée plus haut.

Toutes les femmes qui écrivent n'en pourraient pas dire autant.

Donc avec ce mince bagage, sans importance aucune, je livre à l'impression ces souvenirs déjà quelque peu lointains ; le temps voyage si vite ! puis je les dépose au rez-de-chaussée d'un journal hospitalier ; de là, du moins, les chutes seront moins à craindre.

# I.

Adieu, Vermont! adieu, mon doux Vermont! mon séjour bien-aimé!... Tes feuilles jaunissent et tombent; tes fleurs se penchent grillées par les premières gelées d'automne; tes hirondelles font leurs apprêts de départ en babillant à qui mieux mieux sur le toit; elles préparent leurs ailes pour les longues traversées, et moi je vais partir avec elles en rasant de plus près la terre, il est vrai, mais enfin en me dirigeant au même moment vers les mêmes horizons.

Partir!... quel mot ai-je dit là! Partir!... moi qui ne pars jamais que par la pensée. Partir! m'envoler à tire d'ailes vers un but inconnu, perdu dans les brouillards à plus de

450 lieues de ma demeure, cela peut s'appeler voyager... Mais est-ce pour tout de bon cette fois ! Ne sera-ce point encore un de ces voyages imaginaires que j'ai exécutés toute ma vie sans quitter mon fauteuil ? une de ces courses fantastiques et sans entraves qui m'ont fait voir tant de lieux, tant de choses sous des aspects bien autrement grandioses et merveilleux, bien autrement poétiques enfin, que ne l'eût été la réalité elle-même?

On dit que l'imagination des femmes va toujours si loin, à elle toute seule, que rarement elle peut être étonnée ou émerveillée quand vient l'heure de mettre en regard le vrai avec ce qu'elle avait rêvé. Nous verrons bien, car cette fois je vais le prendre sur le fait, ce *vrai* que j'aime, que je cherche et que je cultive avec amour en toute chose.

C'est le vrai voyage avec ses fatigues, ses difficultés, ses dangers même. Parlez-moi d'ailleurs d'un voyage comme celui-là. Foin de l'Europe, si vieille qu'on la sait par cœur, où la solitude et les déserts sont impossibles, où toute vallée, où toute montagne, même la plus inaccessible, est ornée d'une honorable famille anglaise, avec ses miss's aux longs cheveux et son gentleman-father aux longues dents..... Tournons le cap vers quelqu'autre lieu moins fréquenté si nous voulons faire rencontre du pittoresque et de l'inattendu, voir des lieux que les itinéraires des chemins de fer n'aient pas encore décrits, faire enfin de ces observations qui aient le charme si rare de la nouveauté dans une excursion faite par une femme. Je pars ou pour mieux dire nous partons...... et déjà les découvertes commencent. La première est toute intime : c'est celle du courage que développe en nous le sentiment de la protection.

Quelle force, quel entrain vous inspire la conviction d'être utile à un être cher entre tous ! Où sont les obstacles, quels sont les regrets qui pourraient vous arrêter ? Quelles gênes pourrait-on redouter lorsque l'on sait pouvoir les adoucir, sinon les épargner à une enfant unique et bien-aimée ? Le bien-être est là où elle est ; la joie et la gaîté sont sa présence ; la patrie même est avec elle

Ah ! lorsque je la berçais dans mes bras, cette enfant, vers l'époque de la chevaleresque conquête qui fut le dernier bonheur du vénérable roi Charles X, lorsque je lui rêvais, comme font toutes les mères, un avenir couleur de rose et toujours associé au mien, qui m'eût dit qu'un jour, par elle et pour elle, j'irais aussi parcourir cette terre d'Afrique presque inconnue alors?

Je n'étais pas encore en ce temps-là bien éloignée des bancs de l'école et de mes leçons de géographie. Ce mot *Afrique* eût évoqué pour moi toute une litanie des plus effrayantes.

L'Afrique.... mais n'était-ce pas la terre classique des crocodiles, des lions, des tigres, des serpents, des rochers arides, des déserts de sable, des rayons de feu, du sirocco, du mistral, du simoun, des pirates au nord, des antropophages au centre, des peuplades cruelles, voleuses et sanguinaires partout?... Les voyageurs les plus intrépides n'en étaient jamais revenus. S'ils n'avaient pas été rôtis et mangés, ce qui est peu probable, ils avaient tout au moins dû subir le plus abject esclavage; voilà ce que mes livres m'avaient appris ; voilà ce que ma mémoire a retenu, et pourtant c'est avec joie que je vais passer l'hiver dans cet agréable pays.

Je connais une femme pour qui le moment par excellence est celui du départ. Pour moi, c'est le seul triste du voyage. Il amène toujours un déchirement de cœur, petit ou grand selon ce que l'on quitte. Ces derniers adieux, fût-ce même à des indifférents, ces signes affectueux qui leur succèdent, puis la distance et puis plus rien... cela m'oppresse.

Heureusement, la nécessité de s'installer, de se caser le moins mal possible, vient faire une diversion forcée. On regarde autour de soi, et la distraction fait déjà son œuvre, ême dans le cœur le plus affligé.

Nous quittions notre bonne Normandie en plein été... été de la Saint-Martin, veux-je dire, car nous étions au 14 novembre. Le soleil de 185... maussade et enrhumé depuis sa naissance, se ravisait sur ses vieux jours. Depuis deux ou trois semaines il dardait de purs rayons sur les campagnes égayées par les semailles. Les chemins étaient secs, l'air tiède et léger, les oiseaux chantaient sans songer que l'hiver était proche; heureuse imprévoyance!

C'est beaucoup pour un départ que le beau temps. Sans parler de l'impression morale qu'on en ressent, il est réel que s'emboiter mouillé et crotté dans un compartiment (c'est le mot technique) ne rend pas les choses plus gaies.

Nous partions un soir, mais un beau soir. Les étoiles éclairaient la route. Hélas! à quelques lieues de Caen une autre lueur bien lugubre brillait sur notre droite et le tocsin accompagnait de sa voix précipitée comme un battement de cœur les bruits de notre premier relai.

Le feu dévorait une ferme près de Moult. Depuis huit jours, dans un rayon de six lieues à peine, c'était le cinquième incendie attribué à la malveillance. Quand le pain est cher en Normandie, on brûle les meules de blé et les granges. Il se trouve des gens (je veux dire des fous) qui essaient de fomenter le trouble par la frayeur et le désespoir. En est-il ainsi ailleurs? Je le crains.

Nous avions pour compagnon de route jusqu'à Paris, un jeune homme, presque un enfant, dont le nom venait de paraître le *premier* sur la liste de Saint-Cyr.

Ce nom, que j'ai mentionné ailleurs pour voir s'il deviendra celui d'un maréchal de France, était entouré de gloire par cette première et difficile victoire. Aussi, père, mère, sœur et parents de toute sorte, étaient-ils venus emballer leur futur héros dans la diligence.

La joie, l'orgueil et les espérances de ces braves gens se révélaient jusque dans la manière dont ils lui recommandaient de se tenir bien chauds les pieds et les oreilles. Hélas! au beau milieu de la nuit, le conducteur, lié par un engagement antérieur, vint enlever du milieu de nous le maréchal de France en herbe et le hisser sur l'impériale, seule place qu il pût lui donner; l'enfant y continua sans doute son sommeil de seize ans et ses beaux rêves d'avenir, qu'une fluxion de poitrine, due au changement de température, aurait pu trancher dans leur fleur. Cette pensée émut en moi la fibre maternelle et j'en fus préoccupée jusqu'au matin.

Vers le petit jour, nous étions à Saint-Pierre de Louviers. Là, notre diligence devait se mettre à la remorque du convoi de Rouen à Paris. Nous n'avions pas l'honneur alors de posséder une ligne de fer en Basse-Normandie.

Or, il pleut toujours à Saint-Pierre de Louviers quand on y arrive, ou bien il vient d'y pleuvoir, et l'on y met pied à terre dans une immense flaque de boue. J'y ai déjà vu tant d'aurores par trop éplorées que je serai charmée de lui brûler la politesse quand nous posséderons une ligne directe.

Cette fois encore, il y pleuvait... O bon saint Martin ! tu nous avais donc abandonnés? Quel dommage de ne pas t'avoir conservé pour compagnon de route, non-seulement pour les beaux jours dont tu disposes, ô saint Martin, brave soldat au cœur généreux, mais encore pour ton manteau secourable qui nous eût garantis de l'humide influence de Saint-Pierre de Louviers. D'exécrable café, de détestable bouillon, d'abominable crotte, voilà ce qu'on trouve comme consolation dans ce lieu. Mais un tonnerre lointain gronde du côté de Rouen. C'est le train. Vite en voiture. On vous soulève, on vous accroche, après quoi on vous pose tout emballé dans votre caisse, sur un *truc*, et vous partez. Que deviennent les quatre roues abandonnées? Sans doute ce que deviennent les vieilles lunes et tant d'autres vieilleries. Nous n'en avons plus besoin ; que nous importe? c'est la vie.

Peu s'en est fallu qu'un accident grave ne signalât le commencement de notre voyage. Un train de marchandises obstrue la voie que nous suivons et nous force à rétrograder, puis à rester assez longtemps à la station de Bonnières.

Nous y rencontrons M. de C... qui vient causer quelques instants à notre portière. Il se récrie en apprenant que de ce pas nous nous rendons à Constantine. C'est au moment même où nous reculons si bien, que nous lui annonçons cette gigantesque entreprise. Est-ce là un pronostic fâcheux, et devons-nous craindre pour la suite du voyage? Non sans doute, car voici l'obstacle évité, la course continue, et vers midi, voici Paris.

Voici Paris, dans une belle petite pluie fine et continue, qui promet une foule d'ennuis pour nos courses et nos affaires.

Voici donc encore une fois devant moi cette immense tête de la France qui dirige selon ses moindres caprices tout le reste de ce grand corps. Voici ces bouches sans cesse affamées qui absorbent comme pâture quotidienne tant de richesses et de productions de toute sorte,

Dire ce qu'elles attirent, pour les engloutir sans retour, d'intelligences d'élite, de beautés dans leur fleur, d'espérances juvéniles, de lingots d'or, de poulardes appétissantes, de homards ignorants du danger, d'huîtres innocentes et candides, voilà la chose infaisable même pour les plus déterminés statisticiens, braves gens qui pourtant ne reculent guère dans le chemin des probabilités.

Les gares des chemins de fer sont les plus étranges des gueules du monstre. Elles ne sourient jamais comme ses barrières à ciel ouvert. Tout au contraire, sombres, menaçantes, remplies d'âcres vapeurs, de lueurs sinistres, d'ombres soudaines, elles accueillent votre venue par des sifflements diaboliques, par des bruits stridents qui vous glacent d'effroi.

Là des crocs de fer, dirigés par la main d'un seul homme, enlèvent la lourde diligence avec tout ce qu'elle contient, nature vive ou morte, tout comme s'il ne s'agissait que d'un léger colis.

Quel dommage que ce joli petit mot de *colis* s'applique aux plus vilains paquets ! On vous décroche, on vous raccroche, on vous tourne, on vous retourne, et, soit dit entre nous, pendant ces diverses opérations, les voyageurs ont l'air fort bête et font une drôle de figure. Heureusement personne n'y prend garde. Enfin l'on vous place doucement sur quatre roues nouvelles, auxquelles tiennent quatre nouveaux bidets de poste, de ces honnêtes bidets de poste qui bientôt ne seront plus qu'à l'état de tradition, tout comme le fameux cheval des quatre fils Aymon.

En cessant de faire partie de ce long et impassible train qui semble mépriser tous les obstacles, on se sent humilié de s'en aller de cahot en cahot sur le pavé de Paris, se rangeant à chaque rencontre avec une humilité prudente dont on perd l'habitude en chemin de fer.

O Paris ! que tu t'es montré maussade pendant la courte visite que nous t'avons faite en passant ! Drapé dans ton manteau de brouillard comme un vieux héros d'Ossian, coiffé de toutes les fumées qui, ne pouvant s'élever dans cette épaisse atmosphère, formaient un dôme infect sur tes rues, chaussé de cette hideuse boue dont la déplorable importation britannique du macadam a souillé tes plus élégants quartiers, tu ne t'es pas déridé un seul instant en quatre jours !

Affairé, bruyant et grognon, travaillant dans un tohu-bohu inimaginable à enfanter ton Louvre et ta rue de Rivoli nouvelle, démolissant avec rage ton vieux ministère du boulevard des Capucines, ton vieux garde-meuble des menus plaisirs ainsi que mille autres vieilleries, tu nous as montré, par ces horribles brèches qui mettent tout-à-coup à nu du haut en bas d'immenses pans de murailles, toutes les misères de la vie parisienne.

Mosaïques immondes de vieilles tentures, de conduits hideux, de tuyaux capricieusement dévoyés, traces de fumée indiquant un foyer éteint, restes de corniches dorées, de lambris arrachés, tout cela d'étage en étage depuis l'opulence jusqu'à la misère en remontant vers le ciel.

Un de ces vilains soirs-là, pourtant, les Italiens se sont rouverts, les ténèbres de la salle Ventadour se sont dissipées, et l'*Alboni*, devenue comtesse *Pepoli* (les comtesses abondent à ce théâtre), a fait retentir de sa puissante voix la scène depuis longtemps silencieuse du théâtre Ventadour.

*Mme Lagrange*, *Tamburini*, notre ancienne connaissance, et même *Mario*, moins *Grisi*, ont fait de leur mieux pour y réveiller l'écho des triomphes passés.

On payait trente francs une stalle, comme au bon temps du dilettantisme; mais le dilettantisme lui-même où était-il? où était ce goût épuré, ce public sympathique qui fait les grands artistes? où étiez-vous, hélas! ô voix aimées de mes jeunes années, talents hors ligne dont le souvenir me gâte le présent, *diva Malibran*, *Rubini*, prince des ténors, *Pisaroni*, au contralto si franc, à la manière si large et si parfaite?

Que d'heures délicieuses je vous ai dues, non-seulement celles, trop courtes, où, respirant à peine, j'aspirais de toutes les puissances de mon être vos accents si purs et si harmonieux; mais encore tant d'autres heures où, dans la solitude complète de la campagne, j'entendais distinctement à mon oreille chacune de vos voix exquises, chacune de vos intentions musicales, chacun des accents si habilement expressifs émanés de vos âmes; je retrouvais tout cela en lisant les partitions qui vous doivent leurs succès les plus beaux !

Ce langage divin de la belle musique ainsi exprimée, on l'entend si rarement aujourd'hui ! Un chant tourmenté et criard, une vibration d'emprunt qui n'est qu'un ridicule chevrottement voulant feindre l'émotion à tort et à travers, et n'arrivant qu'à fatiguer et à fausser les voix qui en font abus, voici ce qui, la plupart du temps, afflige mes oreilles si avides pourtant de cette douce chose qu'on nomme *musique*, et si disposées à jouir de la moindre mélodie, pourvu qu'elle soit juste et d'un sentiment vrai.

Où vais-je en causant ainsi ? A coup sûr ce n'est pas à Constantine. Je ne me sens pas encore en partance pour ce but lointain. A Paris, je suis sur mon terrain ; je me sens chez moi, moralement parlant. D'ailleurs mes chers ombrages ne seront bientôt plus qu'à cinq ou six heures de son tourbillon, dont j'éprouve le besoin de temps à autre, pour trouver ensuite la solitude plus douce.

Le vendredi 18, nous laissons Paris en arrière, donc nous ne partons en réalité que ce jour-là.

Partir un vendredi... pour une femme superstitieuse, cela est bien maladroit, quand on peut choisir.

Hélas! oui, je suis superstitieuse et je le dis tout bas; mais je suis raisonnable aussi et je le dis bien haut, mettant toute fausse modestie à part.

Je voudrais bien savoir si les autres femmes se sentent comme moi une double nature? Je ne parle pas des hommes, ils sont fabriqués du premier jet, et leur perfection est telle qu'elle ne peut admettre une semblable confusion.

Quant à moi, j'ai le continuel sentiment de deux impulsions contraires qui se combattent, se chamaillent sans cesse et l'emportent à tour de rôle dans tous les actes de ma vie.

L'une de ces deux natures est positive, calme, résolue, courageuse; je la nomme l'aînée. Dieu merci! c'est elle qui l'emporte le plus souvent dans les conseils intimes qui régissent ma conduite en ce monde.

Pourtant, l'autre qui est impressionnable, poétique, capricieuse, d'humeur vagabonde et curieuse à l'excès, essaie bien souvent d'avoir voix au chapitre. Elle se frappe des pressentiments, s'arrête court aux présages fâcheux, se préoccupe des rêves... Que sais-je? Elle me met martel en tête, me pousse à craindre ou à désirer, à faire ou ne pas faire, à avancer ou à reculer sans raison valable, sans motif que je puisse raisonnablement avouer. Pourtant, je l'aime cette jeune et vivace partie de moi-même : je lui dois mes goûts favoris, mes aptitudes les plus chères ; par elle je vis plus facilement. Ce n'est déjà pas une besogne si facile que de vivre, de pousser toujours devant soi cette lourde brouette qu'on appelle la vie.

Si elle cessait de me diriger parfois, fût-ce un peu de travers, je me sentirais vieillir. Hélas ! il faut tâcher de ne pas sentir cela. Il suffit bien de le savoir.

Quand l'aînée me sermonne, ce qui arrive à tout propos, ma troisième puissance, qui est le libre arbitre, opine bien vite en sa faveur et j'obéis ; mais un peu à contre-cœur, comme un cheval bien dressé qui franchit l'obstacle en le regardant de travers.

Personne ne me tient compte de ces petites luttes invisibles qui demandent une certaine dose d'héroïsme, et que je consigne ici pour ma propre satisfaction.

Une première fois, en septembre, nous avions dû partir.

Un mauvais rêve, une vilaine date, de tristes événements m'avaient mal disposée pour ce départ.

Un contre-temps survint qui en retarda

l'époque. Je l'accueillis avec une joie d'enfant, et cependant j'étais bien heureuse de ce voyage. Si l'on m'eût demandé le pourquoi de ces impressions contraires, je n'aurais pu donner que la fameuse raison de M^me^ Pinchon dans le *Mariage de raison : parce que...*

Cette fois nous avions quitté notre toit le 14... j'aime les 7, double 7, triple 7.—Ce nombre est réputé heureux. Il s'est souvent montré tel dans ma vie. J'avais confiance. Pourquoi?... *parce que* !

Donc, le vendredi 18 novembre, nous quittions Paris, toujours noyé dans cet horrible brouillard qui nous donnait une fidèle représentation de Londres dans ses jours de spleen.

La voiture qui nous emportait vers la gare du boulevard Mazas aurait pu nous mener à la barrière de l'Etoile sans que nous nous en doutassions. Allant au pas, pour éviter les chocs funestes, ne distinguant aucune des maisons près desquelles nous passions, nous sommes arrivées dans un vague complet, mais sans accident, à la gare du chemin de Lyon; il fallait de la force pour secouer le poids moral de ce brouillard, et nous n'en avons point manqué.

## II.

### De Paris à Marseille.

Comme ils ont l'air doux et bénins, ces chemins de fer !... Comme leurs allures sont bien réglées ! Comme leur service se fait poliment ! Quel établissement confortable on peut faire dans leurs wagons ! En vérité leurs seuls torts sont de simples distractions, et si elles sont brutales, on ne peut leur en savoir mauvais gré ; ils sont si doux et si bénins, ces chemins de fer !

D'ailleurs, qui songe à ces vilaines histoires au départ. Cela a bien pu arriver, cela arrivera peut-être encore, mais un autre jour.

Aujourd'hui tout ira bien. On prend son livre ou son ouvrage. Celui-ci s'endort sans plus tarder. Celui-là repasse les notes d'hôtel qui viennent d'alléger sa bourse. L'un écrit, l'autre rêve ; pendant ce temps, maisons, champs, forêts et prairies semblent s'en aller à reculons avec une effrayante rapidité, tandis que vous croiriez, immobiles sur votre banquette, voir toute la création prise de vertige s'enfuir de chaque côté du wagon.

Sous cette impression trompeuse, nous voici déjà à la station de Melun, ville connue par les cris que poussent ses anguilles avant de subir la triste opération que vous savez.

On arrête. La portière s'ouvre et une jeune femme à l'air naïf, mais effaré, se précipite dans une place vide de notre wagon si paisible.

Son aspect est celui d'une bourgeoise aisée, son air ouvert et communicatif; aussi sans plus de préambule, elle entame la conversation en s'adressant à tout le monde à la fois :

« Combien faut-il de temps pour gagner » Montereau, s'il vous plaît, Messieurs? Ah! » c'est que voyez-vous, Mesdames, je viens » d'être volée, audacieusement volée, et » j'espère bien rattraper ma voleuse qui ne » me croit pas sur ses talons. Elle a pris

» l'autre convoi et va s'arrêter au Cheval-
» Blanc... de Montereau s'entend; car le Che-
» val-Blanc de Melun, c'est moi qui ai celui
» de le tenir, tout à votre service, Messieurs
» et dames... Pour en revenir, voilà com-
» ment le coup s'est fait. Et mon mari qu'est
» à Paris, c'est lui qui sera content si je ne
» réussis pas à faire rendre gorge à ma vo-
» leuse avant son retour. Cette méchante
» femme qui faisait l'Allemande et qui ne
» l'est bien sûr pas plus que vous et moi ;
» et son enfant, un bel enfant, ma foi! Et moi
» qui les adore les enfants, suffit que je n'en ai
» pas encore ; si bien qu'elle arrive donc hier
» au soir bien fatiguée avec c't enfant. Je les
» fais bien souper, puis ils dorment tout leur
» content et déjeunent de même ce matin ;
» enfin, il y a une heure, elle demande son
» compte pour partir, me présente un billet
» de cent francs pour le solder. Je n'avais en
» bas que quatre-vingt-dix francs, je les lui
» donne toujours, puis je monte chercher de la
» monnaie. Quand je reviens, plus de femme,
» plus d'enfant, plus de billet... elle était partie
» le remportant ainsi que mes quatre-vingt-dix
» francs, comme provision de route... et moi
» qui lui rapportais son reste de monnaie...
» et mes deux servantes qui plumaient des

» oies et qui écorchaient des anguilles à deux
» pas!... Que dites-vous de çà, hein?... Et
» mon mari qu'est-ce qu'il va dire en arri-
» vant de Paris, hein?... »

Contrairement au dicton populaire, cette pauvre anguille de Melun ne criait, on en conviendra, qu'*après* avoir été écorchée. Qu'est-il advenu de sa poursuite? je l'ignore et c'est ce que j'ignorerai probablement toujours.

Le pays que nous traversons pendant toute cette journée de voyage est plat et insignifiant pour quiconque ne le voit pas avec l'œil du propriétaire. Champagne, Bourgogne, petits carrés de vigne réduits en cette saison aux échalas pour tout ombrage; voilà le continuel aspect du paysage que le chemin de fer parcourt du moins à ciel ouvert. C'est quelque chose.

Cependant, vers le soir, les horizons semblent s'agrandir, des collines assez élevées nous barrent la route, de fréquents tunnels les transpercent d'outre en outre, et notre chemin, qui tout le jour avait serpenté comme un honnête chemin de terre et de cailloux, sous le dôme du ciel, se plonge à chaque instant avec un redoublement apparent de vitesse dans ces antres béants.

Les sifflements aigus s'élèvent alors sous les voûtes. On dirait les cris de joie de tout ce fer, de tout ce feu, rentrant dans les entrailles maternelles de la terre.

La nuit est venue, et le ciel toujours couvert, bien que la brume de Paris soit loin de nous, ne permet pas de distinguer les détails de cette contrée qui pourtant semble devenir plus belle.

Tout à coup le train se ralentit, puis s'arrête. C'est Dijon ! c'est le dîner et une centaine de convives affamés entrant, comme une nuée de hiboux effarouchés, dans la gare brillamment éclairée, se précipitent sur les fricandeaux et les poulets bourguignons avec l'empressement d'estomacs vides, qui n'ont que peu de minutes pour se remplir. Pas moyen, dans cette occurrence, de suivre le précepte du sage : *Dans tout ce que tu fais, hâte-toi lentement.* Il faut se *hâter vite*, si l'on veut me permettre ce léger pléonasme, et cela fait bien le compte du restaurateur.

Dans trois heures, nous devons être à Châlons, où nous avons résolu de dormir quelques heures. Donc, sans avoir vu autre chose de la belle capitale de Charles-le-Téméraire, que sa gare et ses réverbères lointains, nous reprenons dans les ténèbres notre course effrénée à la suite d'un monstre noir qui vomit du feu.

Après n'avoir rien vu pour cette fois de Dijon, qu'avons-nous vu de Châlons? Rien encore. Cela s'appelle voyager. Nous réservons la France pour le retour et nous courons bride abattue sur l'Afrique.

Triste sommeil que celui qui nous a visitées dans cette vieille hôtellerie de Châlons que l'on nomme l'*Hôtel du Parc* et qui n'a d'autre avantage que d'être tout près de la Saône.

Les pavots de ce sommeil sentaient affreusement l'oignon. On cuisinait fort, à ce qu'il paraît, dans ce lieu, et les chambres s'en ressentaient d'une façon déplorable.

Dès avant le jour, heure, hélas! peu gracieuse, il nous fallait être rendues au bateau de Lyon.

Bon nombre de voyageurs arrivant à l'instant même de Paris suivaient comme nous le quai de la Saône, éclairé à peine par un mélancolique réverbère. On se précipite sur le pont si étroit du petit vapeur, et c'est à qui s'enfouira au plus vite, vu l'heure maussade et le froid piquant de la rivière, dans cette boîte étouffante appelée le salon, afin d'y avoir sa part des divans assez bons où l'on peut continuer le sommeil interrompu.

Un poêle en fonte et des quinquets fumeux

rendent bientôt l'atmosphère de ce lieu à peine respirable. Heureux celui qui, possédant à sa place un sabord, peut renouveler à son gré un peu de l'air qui l'entoure ; mais peu songent à cela et toute cette assemblée de dormeurs présente le plus drôle de coup-d'œil.

Le sommeil est rarement gracieux, hormis chez les enfants. Les poses les plus comiques et les musiques nasales les moins harmonieuses nous entourent de toutes parts. Le plus élégant dandy ne sortirait guère de là, sans une bonne teinte de ridicule.

Un jeune touriste anglais qui, dans l'envahissement du salon, n'avait pu s'emparer que d'un pliant, dormait devant moi, appuyé à l'une des colonnettes qui supportent le plafond. Cet établissement était peu confortable pour le pauvre garçon ; mais son sommeil était celui de la jeunesse qui s'accommode de tout. Grand, blond, rose de ses 18 printemps, il laissait osciller en arrière sa tête, aux traits d'Antinoüs, du moins je le voyais ainsi ; sa bouche toute grande ouverte, mais d'une forme assez pure, ne laissait voir que l'extrémité de ses dents. En un mot le sommeil, sur celui-là, avait, dans son abandon même, une sorte de grâce enfantine, et le raccourci lui allait bien. Quel mécompte! lorsque, réveillé par l'odeur des beeftaks et des côtelettes, parfum sympathique à tout bon anglais, il a repris la position verticale!

Ses yeux se sont trouvés ronds et couleur d'eau; sont nez, dont nous ne voyions que les narines roses quand il dormait, était tout à la fois busqué et trop court pour le reste de son visage. Ses dents, déjà longues comme celles d'un digne carnivore anglais, dépassaient au repos sa lèvre supérieure trop courte, et son menton imberbe et fuyant s'efforçait de regagner sa cravate par un tic britannique tout à fait divertissant.

Quelle déception! et comme le raccourci était regrettable. Le hasard nous réservait une consolation en nous faisant trouver précisément auprès de nous des voyageurs parfaitement agréables. Nous étions sans le savoir presque en pays de connaissance avec quelques-uns d'entre eux. MM. de M...., de la P........, et R........, ancien préfet du Rhône, étaient, ou peu s'en faut, dans nos poches sans que nous nous en doutassions. Quand le jour est venu nous permettre d'aviser les figures cachées sous les cache-nez, les capuchons et les châles tartans dont les hommes s'affublent maintenant en voyage, nous avons été charmées de la découverte, et désormais une conversation intéressante, que des relations communes et mille points de contact pouvaient alimenter, est venue animer le voyage. Ces trois messieurs, ainsi que six ou sept autres disséminés sur le bateau, formaient une commission nommée pour aller décider un chemin de fer important de Lyon à Genève.

M. G...... (de l'Ain), C....... J...... fils, Baudin, président de la commission, étaient à quelques places de nous. Riches capitalistes, gens spéciaux en fait de grandes entreprises, ceux-ci ne causaient que d'affaires et de millions.

On voit que ce jour-là le pactole voyageait sur la Saône. Cette manière de dire était d'autant plus admissible que, sur le pont de notre vapeur, s'étalaient, dans de nombreuses sacoches au ventre rebondi, deux millions en numéraire.....

Ce monceau d'argent s'en allait à Marseille avec la triste mission d'y solder des arrivages de blé. Chaque semaine, nous a dit le capitaine, un pareil envoi a lieu. La France, effrayée du vide de ses greniers, vide sa bourse en prévision de l'hiver qui s'avance ; elle a recours à l'Afrique, sa fille, d'abord, puis à la Crimée et à l'Egypte, afin d'assurer du pain à ses populations.

La vue de ce tas d'argent attristait nos yeux, il nous parlait de misère malgré sa richesse; il nous gênait même, car, d'après le proverbe : A tout seigneur, tout honneur, cette masse inerte encombrait le pont déjà si étroit du bateau, et c'est à peine si de chaque côté nous pouvions circuler, quand le soleil s'est montré pour nous permettre d'admirer les charmantes rives de la Saône.

Quelle magnifique rivière, et comme son cours est riant et varié !

M. de M......, né dans un château qu'elle baigne et près duquel nous devions bientôt passer, était certes le meilleur et le plus aimable cicérone qu'un hasard favorable pût nous offrir.

Longtemps préfet de l'Eure, et quasi Normand, mais ayant conservé l'amour de ces belles contrées, il nous nommait chaque site qu'un temps délicieux faisait encore valoir, et dont les montagnes bleues du Beaujolais fermaient l'horizon.

L'automne dorait les bois, et de gais villages, qui se mirent dans l'eau même, semblaient en confiance avec cette perfide qui pourtant déborde souvent et les ravage de fond en comble. A droite, nous suivions de l'œil les travaux du chemin de fer de Lyon qui s'achève en ce moment et s'accroche en maint endroit. Au flanc des côteaux à pic (comme un balcon sans rampe) les ouvriers qui travaillent à élargir cette voie périlleuse en détachant des blocs de rochers ou des masses de terre, nous semblaient en passant des insectes rampant sur ces parois abruptes.

Il fallait fixer longtemps pour comprendre, du point où nous étions relativement, tout ce mouvement, toute cette agitation, véritables manœuvres de fourmis qui pourtant remuent des montagnes.

On fait appel à notre attention en faveur *des folies Guyot* qui, sur le coteau de droite, réclament l'admiration des passants. Les belles rivières ont donc le privilége d'inspirer des folies. Au bord de la Seine j'en connais de nombreuses. Sur la Loire, vers Nantes, les folies Sifflet ont eu un certain renom, et je suis convaincue que les bords de la Garonne en possèdent de fort piquantes. Comme les autres, celles que nous cotoyons offrent un ridicule assemblage de colonnes, de vases étrusques, de petits monuments tout à fait galants. Une foule de statues tant mythologiques que pastorales, perchées sur leurs piédestaux comme saint

Siméon stylite sur sa colonne, des kiosques chinois à côté des grottes en rocaille abritant des fontaines sans eau, voilà les enlaidissements que certains propriétaires de lieux charmants se donnent la peine d'exécuter à grands frais pour le plus grand déplaisir des gens de goût.

Le chemin de fer s'est jeté brutalement à travers toutes ces jolies mignardises. Effarouchant nymphes et bergères, il a coupé en deux leurs retraites chéries. J'aime à croire que M. Guyot ou ses héritiers naturels auront été largement indemnisés pour cette douleur.

La contrée traversée par la Saône devient plus grandiose à mesure qu'on descend vers Lyon. A trois lieues environ de cette ville, un beau château d'un style bien seigneurial s'étale au bord de l'eau, de larges mamelons portant encore les restes d'une forêt sur leurs sommets arrondis, l'enserrent dans leur sombre encadrement : c'est *Vernet*, berceau de notre compagnon de route, M. de M........ Là s'est écoulée sa jeunesse, et ses yeux se mouillent à ces souvenirs toujours chers à un noble cœur. Toute émotion vraie est sympathique et nous saluons aussi d'un regard d'intérêt cette belle demeure qui maintenant appartient au lycée impérial de Lyon.

Devant *Vernet*, la Saône se bifurque et semble vouloir serrer dans ses bras l'*île Barbe*, but ordinaire des promenades nautiques de tout bon Lyonnais.

La pointe de rocher qui termine l'île et se présente au courant, pour le séparer en deux, porte encore des restes de fortifications : quelque vieille tour s'est élevée là, ouvrant sur la rivière ses meurtrières armées de couleuvrines.

Aujourd'hui une guinguette abandonnée, mais prétentieuse encore, remplace le noir donjon dont j'aimerais savoir l'histoire.

Les aspects s'agrandissent, le Mont-d'Or, dont les chèvres fournissent tant de bons petits fromages, domine au loin de belles collines parsemées de maisons blanches qui sont les délices des commerçants lyonnais.

On sent que l'on approche d'un grand centre de population. Les usines fument dans les vallées. Tout le pays se peuple et semble s'animer. La Saône elle-même, fière d'entrer dans la seconde ville de France, élargit son lit et enfle son cours calme et majestueux. Là-bas c'est *Lyon-la-Noire*. Nos regards la cherchent dans la vapeur lumineuse de la rivière, au-dessous même du soleil ; mais il nous faut reporter, selon l'usage de tous les voyageurs, nos yeux errants et charmés de cette radieuse perspective, sur la rive droite près de laquelle nous passons.

Une gigantesque machine à vapeur élevée au milieu même du lit de la Saône attire notre attention à l'entrée de Lyon.

C'est un ingénieux et admirable système de dragage par lequel on creuse le lit de la rivière à 75 pieds au-dessous de son fonds rocheux, afin de fonder à cette profondeur l'unique pile destinée à soutenir le pont tubulaire sur lequel le chemin de fer traversera la Saône.

Les masses de sable et de galet extraites par ce travail sont employées à consolider, sur la droite du fleuve, un vaste terrain presque toujours recouvert par les eaux, et qui, à l'avenir, exhaussé et affermi, servira à la construction de l'une des gares.

Quelle magnifique victoire de l'homme qu'une pareille entreprise menée à bien ! Une armée d'ouvriers s'agite sur cet emplacement en train de se transformer. Je connais une femme qui reste froide devant les beautés sublimes de la création et ne ressent d'enthousiasme que pour les œuvres des hommes ; elle devrait venir en ce moment à Lyon voir travailler la fourmilière humaine. Les quais de la vieille cité commencent, une population turbulente les parcourt en tous sens. De hautes maisons noires et percées d'innombrables fenêtres se dressent comme pour nous voir passer. Au-dessus d'elles, les hauteurs de la Croix-Rousse à gauche, et celles de Fourvières et de Saint-Irénée à droite, dominent tout l'ensemble du tableau.

La Croix-Rousse ! ce nom évoque de sanglants souvenirs et se rattache à nos plus tristes annales, en se rappelant les hordes de canuts égarés par les privations et la misère, descendant sur la ville pour le pillage et le meurtre. On ne peut s'empêcher de frémir et l'on se retourne le cœur serré vers la chapelle de Fourvières, sur le faîte de laquelle s'élève une statue colossale de la Vierge protectrice de Lyon.

Cette statue entièrement dorée resplendit au soleil. Elle étend ses mains immobiles sur la cité turbulente qui s'agite à ses pieds, comme pour y apaiser les tempêtes populaires si souvent soulevées.

Nous rasons en passant une antique muraille percée à fleur d'eau de soupiraux sinistres. Plus d'une scène dramatique et sombre se passa jadis dans les cachots profonds auxquels ils fournissent un peu d'air ; c'est là tout ce qui reste du fameux château de Pierre-Encise cité dans plusieurs légendes historiques. Les rats d'eau devaient dévorer en ce lieu les chevaliers félons. Quel plus affreux supplice ?...

Nos yeux se fixent sur le vieux perron de la douane aujourd'hui détruit, où abordent les bateaux : nous devons être attendues et même attendues depuis trois jours par des amis que nous allons retrouver avec un extrême plaisir. En effet, des mains s'agitent, on nous appelle, on nous sourit ; cet accueil, si rare en voyage, fait du bien au cœur.

Trompés par un retard forcé, ces excellents amis sont venus trois jours de suite attendre à cette place le bateau de Châlons, qui ne leur apportait que des indifférents, cargaison fort peu appréciée. Enfin, aujourd'hui leur aimable persévérance triomphe et nos mains se serrent cordialement. Bientôt, grâce à leurs soins, toutes les formalités de douane sont terminées et nous voilà établis à l'hôtel du Luxembourg, rue Saint-Dominique, excellent logis sous toute espèce de rapports, que j'indique ici aux voyageurs qui voudraient rencontrer à Lyon toutes les recherches du gîte le plus comme il faut, chez l'hôte le plus poli et le plus consciencieux du monde.

## III

Lyon, 19 novembre 1853.

Il était trois heures à peine quand déjà, reposées et habillées, nous avons commencé à parcourir Lyon.

Nos amis étaient là pour nous piloter, pour nous accueillir chez eux avec cette cordialité qui offre un double charme, lorsqu'on la rencontre dans une contrée étrangère et loin déjà du foyer de la famille.

Malgré cette douce impression, Lyon n'a pu me séduire. J'en ai admiré les beautés incontestables, mais je serais désolée de l'habiter; hormis ses deux beaux fleuves et le pays accidenté qui l'entoure, tout m'y déplait. Le demi-jour des rues humides et sombres (1) pour la plupart à cause de l'excessive hauteur des maisons, la teinte noire et triste des édifices publics, couleur due, non pas à leur ancienneté, mais à l'atmosphère de fumée qui semble noircir la peau même des habitants.........., les manières et l'aspect général de cette population, dont les classes riches n'ont ni le cachet d'élégance parisienne ni la simplicité provinciale, et dont les classes pauvres ont quelque chose de farouche et de grossier qui effraie; tout en un mot m'ôterait jusqu'au désir d'y prolonger mon séjour. Ce n'est pas encore la race méridionale, vive et spirituelle du haut en bas de l'échelle sociale. Ce n'est plus la race du Nord dont le calme compose une sorte de dignité. C'est une vilaine pétulance au teint jaune et bistré, qui a quelque chose d'affairé, de maussade et de vaniteux.

Cette opinion admet, du reste, et naturellement, de nombreuses exceptions, n'étant, en somme, qu'un jugement à vol d'oiseau.

La place des Terreaux, où bat pour ainsi

(1) Les rues de Lyon se sont transformées depuis lors, et l'aspect général de cette ville est maintenant magnifique.

dire le cœur de la vieille cité lyonnaise, est petite et sombre, mais régulière. Elle parle à l'imagination par les souvenirs sanglants qu'elle réveille. Nous la visitions à la nuit tombante. L'Hôtel-de-Ville en occupe tout un côté. Ce monument, construit par le célèbre lyonnais Coustou, est tellement noirci, qu'on va entreprendre de le regratter, ce qui le rendra horriblement disparate avec toutes les maisons de la place. Sous son vestibule, d'un beau style, deux statues fort belles, aussi de Coustou, personnifient le Rhône et la Saône.

L'une, sous la forme d'un homme dans sa plus grande vigueur et d'une belle hardiesse d'expression, s'appuie contre un lion qui relève la tête vers lui avec un mouvement plein de fierté. C'est le Rhône fougueux et puissant, tour à tour richesse et fléau des contrées qu'il traverse.

L'autre, sous la figure d'une belle femme, est à demi couchée sur une lionne soumise et caressante qui se courbe en s'allongeant sous son poids; c'est la Saône, riche et gracieuse dans son cours.

Le ciseau du statuaire a rendu avec habileté et ampleur cette double idée. J'ai beaucoup admiré ces deux statues, je les ai quittées en me disant que si les hommes avaient plus d'élévation dans les idées, plus de science et d'acquit dans l'intelligence, ce bel art de la statuaire, le plus noble de tous, serait aussi le plus cultivé.

La cour intérieure de l'Hôtel-de-Ville, pavée de grandes dalles, se termine au fond par une sorte de terrasse à balustrade en pierre. Pourquoi ai-je trouvé que cela devait ressembler à un palais vénitien, moi qui, hélas! n'ai point vu Venise? Sous les noires arcades que recouvre cette sorte de pont des soupirs, une anecdote intéressante nous fut racontée à voix basse. C'était en ce lieu même qu'elle s'était passée en 93, temps fertile en sombres aventures.

Un brave et honnête homme, nommé *M. Couchon,* encore existant et presque centenaire aujourd'hui, venait d'être jeté, avec son père paralytique, dans les caveaux de l'Hôtel-de-Ville, comme aristocrate dangereux. Ce terrible aristocrate était simplement homme d'affaires du grand-père de notre narrateur.

Dix-neuf compagnons d'infortune étaient déjà enfermés, lors de son arrivée, dans ce triste lieu. Dès le lendemain, après un simulacre de jugement, la mort attendait les prisonniers. M. Couchon, moins abattu que les autres, se souvint tout à coup que, quelques années avant, en venant acheter des vins au concierge de l'Hôtel-de-Ville, qui en faisait un commerce peut-être un peu clandestin, et déposait ses futailles dans les caveaux de cet édifice, il était descendu par une certaine issue, alors masquée par des monceaux de futailles au rebut, mais sans doute existante encore, et donnant sur la cour intérieure.

Peu de chances s'offraient, il est vrai, de ce côté; pourtant, quand on doit mourir le lendemain, on n'est pas difficile en fait d'essais à tenter.

On se met à l'œuvre, on dérange les barriques amoncelées, on travaille avec l'énergie du désespoir ; enfin l'on trouve le couloir et l'escalier.

Tous les cœurs battent, toutes les poitrines sont oppressées. Dans le plus solennel silence, on s'avance vers l'issue. M. Couchon, portant comme Enée son vieux père sur ses épaules, marche le premier. Il fléchit sous ce fardeau ; mais le dévouement filial décuple ses forces. Dieu, sans doute, voulut récompenser ce digne fils, car la porte se trouva peu solide ; elle céda sans bruit. La cour était déserte, la nuit sans étoiles, les sentinelles inattentives, et les dix-neuf prisonniers purent sortir, puis se disperser par divers côtés à travers les rues de la ville, où sans doute, ils trouvèrent quelques secrets asiles pour assurer leur salut.

En écoutant ce récit fait sur le lieu même, près de cette porte basse et dans cette cour déjà envahie par l'ombre, nous étions émues de terreur et nous demandions à Dieu, du fond de l'âme, d'écarter à jamais de notre pays ces temps de malédiction qui, semblables à des oiseaux de malheur, nous ont dernièrement encore effleurés de leurs sinistres ailes.

Je ne dirai rien ici du magnifique hôpital de la Charité dont on parle dans toutes les géographies, ni du musée, ni de tant d'autres belles choses dont on peut lire les descriptions dans les Guides du voyageur. Un mot seulement de la curiosité actuelle de Lyon, c'est-à-dire du maréchal de Castellane.

Le dimanche est son jour. On peut dire que ce jour-là il pose pour donner aux Lyonnais spectacle gratis. Dès neuf heures, en grand uniforme, il se rend à la messe, armé d'un inséparable lorgnon dont il fait un continuel usage, pour inspecter avec le plus grand soin toutes les dames qu'il rencontre.

Je tiens pour certain que chacune des figures féminines de la ville lui est connue au point qu'une étrangère est aussitôt signalée par lui.

Ce grand vieillard, assez mal construit et passablement laid, mais d'une distinction réelle, est en possession d'amuser par ses excentricités les Lyonnais. qu'il tient, du reste, sévèrement en bride et haut la main. A midi sonnant, sur la place Bellecour, dont l'étendue permet un grand déploiement de troupes, il passe en revue, au pied du roi Louis XIV, un tiers de sa garnison, c'est-à-dire huit ou dix mille hommes. (Infanterie, cavalerie, artillerie, avec leurs différentes musiques,) exécutent sous ses yeux les manœuvres les plus compliquées et les plus rapides. Tant pis pour qui se casse bras ou jambes en tournant court aux angles pavés de la place, passage dangereux où les chevaux s'abattent sans cesse. Le vieux maréchal, brandissant son petit bâton de velours cramoisi, galoppe lui-même comme un jeune fou avec son grand cordon en sautoir et son chapeau emplumé, suivi d'un nombreux et brillant état-major. Il s'enivre de mouvement et de bruit à défaut de poudre.

Les commandements retentissent dans cette

enceinte sonore entourée de beaux hôtels dont les fenêtres sont garnies de femmes. Les Lyonnais appellent ce côté de la place *les façades.*

On aime à voir les escadrons s'élancer ventre à terre sur un signe de ce bâton de maréchal que le vieux chef, véritablement gentilhomme d'une autre époque, autant par ses travers que par son extérieur, agite avec noblesse et dignité. La revue terminée, le maréchal met pied à terre. La musique militaire prend alors place au pied de la statue du grand roi, et l'enceinte sablée se transforme en promenade où les dames affluent en toilettes ébouriffantes, ce qui fait que le maréchal, quittant son bâton pour son lorgnon, passe à d'autres exercices et circule à pied, en bon prince, au milieu de ses sujets. Le reste du jour et le soir, on voit stationner sa voiture, entourée d'une petite escorte à cheval, à la porte des dames qui ont mérité à la promenade son approbation par leurs agréments quelconques. Il daigne les favoriser de longues visites pendant lesquelles je crois le voir d'ici puisant des madrigaux dans sa tabatière en or, tout comme ont dû le faire d'autres galants maréchaux il y a quelques cent ans.

Une partie de la place devant être sous peu

convertie en square plein de belles fleurs et de jets d'eau, les manœuvres doivent y perdre, mais les promeneurs y gagneront.

Saint-Jean, église cathédrale de Lyon, est une vénérable basilique qui présente son chevet à la Saône et son triple portail au pied même de la montagne de Fourvières. Ce voisinage écrase le monument et semble contraire au sens naturel. L'entrée, du côté de la Saône, aurait un bien autre aspect. Peut-être y a-t-il des nécessités pour l'orientation des églises.

L'archevêché habité par Mgr de Bonald touche à la cathédrale, dont l'intérieur vient d'être restauré avec soin et intelligence. Quant à l'extérieur, il est zébré par l'atmosphère lyonnaise de rayures noires si affreuses, que la veille, en traversant en voiture le pont voisin, j'avais cru cette église ruinée par un incendie récent.

Les Lyonnais pur sang la comparent à Notre-Dame-de-Paris, dont elle formerait à peine le tiers. Le style du portail offre cependant quelque analogie avec celui que nous devons au pieux abbé Suger; mais là s'arrête toute comparaison possible.

En sortant de St-Jean, prenant, comme on dit vulgairement, notre cœur de lion, nous avons commencé l'ascension de Fourvières. Nous ne voulions pas traverser Lyon sans faire ce pèlerinage. 795 marches et de plus un nombre infini de rampes raides, plus fatigantes que les escaliers, conduisent à la plate-forme sur laquelle s'élève la chapelle de la Vierge. En arrière de ce sommet, un quartier considérable mais pauvre, dont les rues étroites et tortueuses sont garnies de petites boutiques remplies d'objets de sainteté, s'étend jusqu'à un autre sommet, couronné par une autre chapelle dédiée à saint Irénée, et dont je parlerai tout à l'heure.

La cité romaine de Lugdunum était construite sur ces sommets, et un aqueduc de treize lieues y amenait les eaux. Les restes de ses arcades subsistent encore sur plusieurs points de la vallée et sont intéressants à visiter. Le panorama qui se déroule sous vos yeux lorsque vous êtes parvenu à l'esplanade de la chapelle, où des fleurs et quelques bancs accueillent d'abord le pèlerin haletant, est un des plus beaux du monde. La majestueuse grandeur de cette contrée, où serpentent au loin deux larges fleuves argentés; la chaîne des Alpes au fond du tableau, et, contenu contre la base des montagnes, un petit miroir scintillant qui n'est autre que le lac du Bourget; sur la droite, vers Grenoble, des hauteurs chauves et désolées où se cache la grande Chartreuse ; enfin, en ramenant vos regards à vos pieds, Lyon, la cité sombre et populeuse, traversée par ses deux grands cours d'eau, dont le magnifique confluent termine la ville au sud, voilà quelques lignes principales de cet immense et splendide ensemble, qui défie toute description.

Sur la langue de terre, enserrée par les deux fleuves au point même de leur jonction, s'éleva jadis le fameux temple d'Auguste, l'un des monuments célèbres de la Gaule cisalpine.

Lorsque le regard plonge dans tous les détails de cette ruche humaine, ses ponts nombreux couverts de passants microscopiques, cette vague rumeur qui monte vers vous, cette sourde agitation que l'on distingue vaguement dans les espaces ouverts, comme les quais et les places, font un contraste étrange avec le calme immense et solennel de ces grands espaces que l'œil parcourt sans entrave jusqu'au sommet neigeux du mont Blanc, le géant de l'horizon lyonnais.

Quand le temps est très pur, ce qui, par parenthèse, annonce des brouillards sur le

Rhône pour le lendemain, on distingue, à quatorze lieues, le point où se trouve le château du Gas, habité l'été par des gens de nos amis, qui nous y auraient entraînés, si nous avions pu céder à cette tentation ; mais notre voyage calculé, sur le départ du paquebot de Stora, ne permettait pas les incartades de ce genre, quelque séduisantes qu'elles pussent être pour notre cœur.

Nous avons eu peine à nous arracher à cette contemplation, à quitter ces merveilleuses perspectives. Il semble que sur de pareilles hauteurs, en présence de ces magnificences de la création, les pensées de l'homme s'élèvent et s'améliorent. C'est sans doute sous cette impression que les grandes abbayes avaient été presque toutes placées par leurs fondateurs dans des lieux élevés et grandioses.

De nos jours, on retrouve cette tendance pour les constructions religieuses d'une certaine importance. La grande maison des jésuites qu'on élève, en ce moment à Fourvières, et plusieurs autres couvents en sont la preuve.

Quittant enfin ce temple divin de l'immensité pour la modeste chapelle, but de notre pèlerinage, nous sommes venues nous agenouiller aux pieds de l'image vénérée, si ancienne et si naïve, qu'elle en paraîtrait grotesque aujourd'hui. Aussi l'a-t-on adroitement dissimulée derrière le tabernacle de l'autel, et des voiles en gaze d'argent l'entourent de leurs plis légers.

La petite église était remplie de fidèles. Un certain nombre de jeunes soldats priant avec ferveur attirèrent surtout notre attention. Les murs littéralement couverts d'*ex voto* attestent la reconnaissance qu'inspire l'image miraculeuse ; là, on retrouve toute vivace dans son âme la confiante piété déjà ressentie en maint lieu analogue, pour cette vierge-mère qui adoucit les douleurs. C'est elle que l'on a visitée à *la Délivrande* sur les côtes du Calvados, à *Bon-Secours* sur celles de Harfleur, à *Bonne-Nouvelle* sur les hauteurs de Rouen, à *Recouvrance* sur les orageuses falaises du Finistère. C'est elle encore que nous retrouverons à Marseille, sous le nom de *Notre-Dame-de-la-Garde*.

L'image et le nom ne sont rien. Mais l'étoile de la mer, la consolation des affligés, la mère du Sauveur, voilà la pensée qui se cache sous les voiles mystérieux et réconforte le cœur troublé.

Après l'oraison où l'on répand son âme et

bien souvent ses larmes, après ces paroles que Dieu entend à travers tous les bruits de l'univers, car ainsi que je l'ai dit ailleurs :

Il entend un soupir, le bruit qu'une colombe
Fait en tressant son nid. Une feuille qui tombe
Au fond de la forêt,
La plainte qui s'exhale à peine articulée,
Une larme qui tombe à tous les yeux voilée
Pour un tourment secret.....

nous avons quitté ce lieu sanctifié par la foi confiante, qui, à elle seule, est déjà un bien.

J'ai voulu en emporter un souvenir qui me suivra dans mon voyage. J'ai choisi une petite statuette de la Vierge enfant, appuyée aux genoux de sa mère sainte Anne, ma patronne à moi et celle de toutes les mères, *dont une jeune enfant est le bien le plus doux.*

Après avoir descendu par des rues escarpées la gorge qui sépare le sommet de Fourvières de la montagne de Saint-Irénée, nous avons recommencé bravement à gravir celle-ci pour y visiter l'église de ce nom, dont la crypte est célèbre dans les annales du deuxième siècle de l'ère chrétienne. Passant devant un hospice nommé du singulier nom de l'Antiquaille qui sert d'asile à des vieillards, et je crois à des fous, nous avons atteint le triple calvaire qui surmonte cette cime vénérable. Les chrétiens de *Lugdunum*, déjà persécutés pour leur foi, bien nouvelle encore, s'assemblaient dans l'église souterraine de Saint-Irénée pour y célébrer les saints mystères. Un jour dix-neuf mille fidèles (ce chiffre n'est pas en rapport avec l'étendue des souterrains, mais la tradition le mentionne), surpris pendant leur prière, furent égorgés, tant sur le rocher voisin qui porte aujourd'hui la triple croix, que dans l'église souterraine elle-même. Sainte Blandine, jeune vierge chrétienne, et saint Pothin, l'illustre évêque, étaient parmi eux.

Un puits creusé au milieu de l'église pour les ablutions des catéchumènes se remplit de leur sang qui bouillonnait, dit la tradition, pour crier vengeance ! On devrait plutôt dire : grâce ! ce serait plus chrétien.

Cette antique et vénérable église souterraine se compose de trois nefs, séparées par de minces colonnes en marbre blanc jauni, rejointes par des cintres en briques romaines ; elle est pavée de mosaïques d'une conservation étonnante, et ne reçoit le jour par aucune ouverture ; l'escalier qui y conduit du dehors est tout moderne.

Un ossuaire fermé d'une forte grille renferme un monceau d'ossements ayant appartenu au *commun des martyrs* (soit dit sans aucune plaisanterie), mais les restes de l'évêque, de sainte Blandine et d'un jeune héros chrétien dont le nom m'échappe, furent déposés sous les autels ou sous des dalles mortuaires qui portent d'antiques inscriptions. Le puits du Sang, situé au milieu de la nef principale, est recouvert d'une dalle ronde que l'on peut enlever par un gros anneau de fer. Cette église, creusée dans le roc vif, est parfaitement sèche, elle est proprement tenue, mais d'une complète nudité, ce qui convient mieux à l'impression qu'on y éprouve.

On chantait vêpres pendant notre visite dans ce lieu, au-dessus de nos têtes, dans l'église supérieure, qui fut construite bien après le massacre, comme expiation. Ces sons affaiblis nous arrivaient par l'escalier comme un vague murmure ; on aurait cru entendre une plainte harmonieuse à travers les voûtes antiques. Ces mêmes psaumes étaient chantés il y a seize siècles par ces voix qui allaient s'éteindre un instant pour continuer, selon la belle expression du poète, leur cantique interrompu dans les cieux.

On rêve longtemps en quittant un pareil

lieu, une oppression froide et solennelle vous saisit et l'on revoit le ciel avec bonheur.

Après être redescendues dans la ville des vivants et avoir encore exécuté courses et visites, nous faisions, le soir, crayon en main, la récapitulation des degrés que nous avions montés dans notre journée, et grâce à l'élévation singulière des étages dans les maisons de Lyon, y compris ceux de notre propre hôtel, nous sommes arrivées à un total effrayant de quinze cent quatre-vingt-trois marches montées, par conséquent descendues, ce qui est aussi fatigant ; de plus, un nombre infini de rampes presque aussi pénibles à gravir, et qui ne comptent pas. C'était une héroïque journée, on en conviendra.

Le lendemain, nous prenions au point du jour le bateau du Rhône, puisque le Rhône avait la bonne grâce, ce dont on n'est jamais sûr la veille, de vouloir bien nous emporter vers Avignon, la ville des papes.

On s'estime heureux quand ce fleuve quinteux veut bien vous prêter son aide, pour éviter les diligences dont notre époque est si lasse qu'elle n'en parle qu'avec horreur. Pourtant ces dignes véhicules ont fait le bonheur et l'admiration de nos pères. Dans ce temps-là, ils étaient le progrès. *O tempora ! O mores !*

Pour en revenir aux bateaux à vapeur du Rhône, puisqu'on n'a pas encore de chemin de fer, jamais on n'est parfaitement certain que la bonne volonté du fleuve, manifestée au départ, se continuera jusqu'au but, surtout dans l'automne. On risque toujours quelque peu d'être pris dans un brouillard soudain, assez épais pour s'aller heurter contre un autre bateau engravé dans quelque banc de sable et de galet nouvellement formé, etc., etc.

Il faisait très froid le lundi 21 novembre, avant le jour, sur le Rhône. Comme dans le bateau de Châlons, notre premier soin a dû être de descendre dans le salon ; quelque antipathie que nous eussions pour ce lieu étouffant, il le fallait. Nous n'avions pu juger ni le temps, ni l'humeur du fleuve. On partait ; donc on pouvait partir c'était ce que nous souhaitions le plus vivement.

Nous espérions pouvoir, au lever du soleil, nous installer sur le pont, afin de ne rien perdre de la vue de ces rivages si pittoresques.

Enfin ce radieux soleil s'est montré, mais hélas ! accompagné d'un mistral d'une telle violence, que bon gré, mal gré, il nous a fallu demeurer dans l'intérieur du bateau.

De larges nappes d'eau enlevées par le vent aux roues du vapeur, des tourbillons de noire fumée incessamment rabattus sur le pont, en rendaient le séjour impossible.

Réfugiées dans le salon particulier des dames, où ne se trouvait avec nous qu'une famille suisse se rendant à Naples, nous avons dû nous contenter de voir, par un sabord ouvert, un seul côté des bords du fleuve au lieu d'en embrasser l'ensemble comme nous l'eussions fait si le pont eût été praticable, et encore les vagues furieuses comme celles d'une mer soulevée par quelque tempête nous inondaient le visage à chaque instant.

Le fleuve, excité par ce mistral qui souffle du nord, descendait vers son embouchure et nous entraînait avec une effrayante rapidité. C'était voguer sur un torrent; notre petit vapeur glissait sur l'eau aussi légèrement qu'une feuille d'arbre, et le rivage passait devant nos yeux comme une fantasmagorie. Vienne, Valence, Bourg-St-Andéol, Tournon, si pittoresque avec son vieux château démantelé, qui jadis dut être un point important, passèrent ainsi, et nous ne pûmes que les effleurer du regard à cause de l'excessive vitesse de notre allure.

Que de lieux intéressants ! que de souvenirs historiques mêlés aux merveilles de l'industrie actuelle ! Sur chaque côteau, une ruine féodale se détachant sur le ciel ; à chaque ville, à chaque point habité, un beau pont suspendu, hardiment jeté sur le fleuve fougueux dont il semble narguer la fureur en le traversant légèrement.

Quel dommage de ne pas tout voir et bien voir, de rester forcément enfouies presque à fleur d'eau, quand nous aurions voulu dominer ce beau paysage. Hélas ! il y avait force majeure, et les femmes détestent la force majeure...

Ce qui rendait notre prison plus insupportable et notre emprisonnement étrange, c'était précisément la beauté apparente du temps, la splendeur éclatante du ciel ; il semblait si naturel d'être sur le pont, établies au soleil, suivant de l'œil les beaux détours du fleuve, ses rochers majestueux surplombant parfois, comme une muraille prodigieuse, son lit étroit et sombre, puis tout à coup le laissant s'étaler dans une large vallée...

Nous avions tenté plusieurs essais, et à chaque fois il nous avait fallu redescendre au plus vite, trempées, noires de fumée, étourdies et comme ivres de la violence du vent et de la fureur du Rhône.

J'aurais voulu, au milieu de la surexcitation qui, dans cette course désordonnée, se communiquait des éléments à nous, essayer mon courage et rester au moins quelques instants sur le tillac, pour le passage toujours redouté du pont Saint-Esprit. J'aurais voulu savoir si le cœur me battrait plus vite en ce moment, comme l'affirmaient les plus courageux. Malgré mes informations et mon attention extrême, je n'ai pas su à temps que nous y arrivions Ce n'est qu'en rasant l'arche, aux hurras de notre équipage, que j'ai su le péril venu... et passé. Que n'en est-il ainsi de tous les dangers!

Avouerai-je que j'ai ressenti une frayeur rétrospective et raisonnée en apercevant derrière nous les vingt et quelques arches du terrible pont, si basses, si étroites (du moins elles m'ont paru telles), que je n'ai pu comprendre comment le bateau venait d'y passer. Peut-être que cette fois la peur diminuait les objets au lieu de les grossir selon sa coutume. Le Rhône se précipitait sous ces arches avec une telle furie qu'il semblait prêt à les emporter toutes.

Comment la main d'un seul homme, dirigeant la faible barre d'un petit gouvernail, peut-elle servir à quelque chose au milieu d'un tel tourbillon? Cela est d'autant plus effrayant que l'on doit diriger droit sur un pilier où l'on se briserait infailliblement, si l'on ne suivait, en y arrivant, une violente impulsion du courant qui s'engouffre sous l'arche et entraîne le bateau. On se sent fier de la puissance dominatrice et calculée que Dieu a donnée à l'homme sur les éléments, en sortant de ces sortes d'épreuves.....

Tout est loin déjà. Les aspects changent à chaque instant et nos impressions avec eux. Notre course effrénée se poursuit sans accident. Nous traversons de grandes zones d'ombre entre deux murailles de rochers, où pas un être vivant ne semble pouvoir ramper, tant elles sont verticales. De maigres broussailles tordues par le vent s'attachent à peine à quelques rares crevasses. L'eau semble s'enfler de colère entre ces rives immuables ; puis, tout à coup, elle se précipite étincelante et joyeuse dans de beaux espaces inondés de lumière, et coule librement comme un serpent argenté dans des prairies qu'elle fertilise aujourd'hui, mais qu'elle dévastera peut-être demain.

Déjà l'on nous montre au loin, dans une vapeur lumineuse, la vieille cité d'Avignon, portant en tête, comme une couronne murale, sur son rocher des *Doms*, le fier et sombre palais des Papes.

Dans le chœur de la vieille basilique qui en fait partie, dort le brave Crillon, qui fut, comme dit son épitaphe, l'*ami de son roi*. En face d'Avignon, sur la rive droite du Rhône, s'avance Villeneuve-lès-Avignon, flanquée de ses vieilles tours. Ainsi posée sur la rive, elle ressemble à un ennemi vigilant toujours en garde contre les envahissements et les surprises.

Chacune des deux antiques cités que voulut relier Saint-Bénezet par son fameux pont inachevé, contribue à la beauté de ce coup-d'œil magique. Vues du milieu de ce fleuve, aux flots tumultueux, détachant dans une sphère éblouissante de soleil leurs vieux créneaux noircis par les siècles, elles se sont gravées dans mon souvenir d'une façon ineffaçable.

Quel dommage de ne pouvoir arrêter là le bateau pour quelques instants? Quelle irritante rapidité! Toujours franchir l'espace, quand tout notre être aspire à s'arrêter!... A peine avions-nous formulé ce regret, que le bateau s'arrête comme par enchantement; des explications confuses s'échangent à force de cris; des jurons sonores retentissent et bientôt nous apprenons qu'au lieu d'aller débarquer au quai d'Avignon, selon la coutume, on va nous mettre à terre sur le rivage le plus proche, à une lieue de la ville, par l'excellente raison qu'il n'y a plus de Rhône à Avignon.

Cet aimable fleuve, débordé les jours précédents, s'est choisi momentanément un autre lit; son cours s'est détourné d'Avignon, laissant le long de ses quais des masses de sable et de galets..... Le moyen de naviguer là dessus?

Sans doute ennuyé de passer depuis si longtemps sous le pont où, dit la chanson, tout le monde passe, il a voulu varier ses plaisirs en parcourant un autre chemin, et nous devons renoncer à le suivre dans ses pérégrinations.

Voilà de ces tours auxquels on est loin de s'attendre et que le Rhône seul peut vous jouer. Un pont volant, c'est-à-dire une planche, est jeté de la rive à nous. Le débarquement commence; que faire de mieux? Un nombre étonnant de pataches, de vieux fiacres et d'omnibus sont venus recueillir les épaves, c'est-à-dire nous et nos bagages, pour nous transporter, par d'affreux chemins ruraux récemment inondés, vers la triste et délaissée Avignon.

Ce n'est pas une petite entreprise que de débarquer, sans escale, le long d'un rivage raviné et par un ouragan qui ne permet pas de s'entendre à moins de crier à tue-tête, sur une étroite planche au-dessous de laquelle l'eau bouillonne comme sous la roue d'un moulin ; chacun se hâte de faire transporter ses paquets.

On chancelle dans ce passage dangereux ; chapeaux, casquettes, voiles, ombrelles s'envolent çà et là et s'en vont voguant sur les vagues du fleuve. On remplace ces objets comme on peut, qui par un foulard, qui par un capuchon ; on s'agite, on s'informe, on parlemente avec les cochers. On redoute les exigences de ces audacieux portefaix avignonnais, contre lesquels on nous avait tant mises en garde : heureusement, peu de jours auparavant, l'autorité avait enfin pris le parti de tarifer ces coquins, tant par caisse, tant par sac de voyage ; de cette façon plus de débat possible. Nous avons béni cette mesure administrative, et au bout d'une heure d'efforts, de cris et d'argent, nous sommes arrivées, de cahot en cahot, d'ornière en ornière, roulant dans notre vieux omnibus détraqué, qui craquait désespérément, à l'hôtel où nous devions dîner. Comment n'avons-nous pas versé dix fois? c'est ce que je ne puis comprendre, notre impériale chargée outre mesure n'aspirant qu'à s'alléger dans tous les fossés du chemin.

C'est ainsi que nous avons fait notre entrée dans Avignon, terminant de la façon la plus ridicule notre poétique navigation de la matinée. Puis, aussitôt après un dîner que notre perte de temps au débarquement a dû sévèrement abréger, nous avons pris le train de Marseille où nous voulions coucher le soir même. Nous retrouverons Avignon à notre retour en France, nous la visiterons alors comme elle le mérite, ainsi que ses voisines, Arles, Tarascon, Nîmes, Montpellier; ces belles fleurs de la Provence qui dormaient cette fois lors de notre passage dans leur pays, elles sont dignes de notre curiosité d'artistes, et nous leur disons : au revoir!

---

## IV.

**Marseille, 22 novembre 1853...**

Avec quelle satisfaction intime nous avons vu luire le soleil marseillais en nous éveillant, ce mardi 22 novembre ! nous devions nous embarquer le lendemain pour Philippeville. Cette pensée nous rendait le beau temps bien précieux.

Traverser la Méditerranée n'est pas chose indifférente. L'antique et flatteuse réputation de cette mer est fort usurpée, ou peut-être le climat a-t-il changé depuis le temps où les poètes latins, et après eux les Italiens et les Provençaux, ont tant vanté la douceur et le calme de ses flots. C'est de nos jours une mer orageuse, pleine de caprices et souvent de dangers.

La moitié au moins des traversées que l'on fait sur ses vagues sans flux ni reflux sont pénibles, retardées par des relâches forcées. On doit souvent se jeter en Sardaigne ou en Corse, se réfugier à Mahon ou bien encore courir des bordées jusqu'à ce que le temps vous permette d'aborder à quelqu'un de nos médiocres ports d'Afrique.

Donc, le soleil et le calme parfait du temps avaient un prix immense pour nous, voyageuses encore tout étourdies et fatiguées de cet affreux mistral du Rhône.

Les beaux jours, dans une saison si avancée, ont un charme extrême. Afin d'en mieux jouir, nous avons choisi une espèce de petite voiture découverte pour parcourir Marseille.

Quel temps tiède et délicieux ! On sentait comme des bouffées de printemps. C'était à douter du calendrier, et je cherchais des yeux Méry, dans la belle rue Saint-Féréol, pour lui faire compliment sur sa véracité, quand il vante son soleil marseillais.

Il a cent fois raison d'en être fier, d'en faire jabot à tout propos; nous en étions ranimées et encouragées pour le lendemain. Le souffle violent et continu de ce méchant fils d'Eole, de ce mistral turbulent qui nous avait poursuivies la veille dans la vallée du Rhône, bruissait encore dans nos oreilles, et nous bénissions le chemin de fer de nous avoir si rapidement transportées hors de cette région tempestueuse.

Si le sentiment va vite en carriole, l'oubli va vite en wagon, un aspect en efface un autre, les sensations se succèdent, et s'il y a page et revers, nous en étions à Marseille au plus beau de la page.

C'est une chose réellement curieuse à voir que le vieux port marseillais nommé le bassin Saint-Jean, entouré par le quai de la Cannebière, si cher à tout bon Provençal. L'eau en est, dit-on, sale et infecte; mais qui voit cette eau? Je voudrais bien le savoir. Cela ressemble bien plus à une forêt dépouillée de feuilles qu'à un port. Tous ces navires sont tellement bord à bord que l'on pourrait, en sautant, passer de l'un sur l'autre et parcourir à pied sec tout le bassin sans avoir le moindre plongeon à redouter, même en se livrant à des fantaisies gymnastiques dans les mâts, les vergues et les réseaux de cordages.

Comment entre-t-on ou comment sort-on

de là quand on y est entré? C'est ce qu'on ne peut s'expliquer.

Il faut croire que la saison est pour quelque chose dans cet encombrement, et si, comme on le dit, la Durance a été détournée et amenée dans le bassin, afin d'entraîner, de renouveler les eaux, il est bien impossible qu'elle fonctionne selon le programme, à travers ces masses immobiles qui arrêtent tout objet flottant.

Le pavé du quai ressemble fort, en fait d'encombrement, à l'eau du bassin Saint-Jean. Il est tellement couvert de marchandises qu'on débarque ou qu'on embarque, de piétons affairés de toutes les nations, de toutes les couleurs, de voitures qui fendent la presse à grand'peine, que l'on ne voit guère à ses pieds et qu'on ne circule dans cette foule qu'avec une difficulté extrême.

Ces quais, de moitié trop étroits, ont pourtant été rélargis il y a peu d'années. Qu'était-ce donc auparavant? Des gens de tous pays, de tous costumes s'y coudoient et s'y pressent. Tous les dialectes les plus barbares s'y mêlent à l'idiome provençal si dur à Marseille, quoiqu'on le prétende harmonieux ailleurs. Un autre langage les explique tous, c'est celui que parlent tous ces yeux pétillants d'intelligence, toutes ces physionomies hâlées, mais spirituelles et pleines de bonne humeur, où la malice et la gaieté éclatent avant même que la bouche n'ai souri.

Au milieu de ce charivari original, de cet amusant tohu-bohu, nous avançions tant bien que mal, cherchant toujours la Méditerranée, qu'il nous était impossible d'entrevoir.

On se croit en droit, dans le port de Marseille, de voir cette mer tant vantée, et l'enceinte du bassin de la *Cannebière*, presque refermée par le fort Saint-Jean où furent détenus Louis-Philippe et ses jeunes frères pendant la Révolution, ne nous avait rien laissé apercevoir de semblable... Toujours fendant la presse et flânant sur les quais, nous étions parvenues jusqu'au fort, allant au hasard sans vouloir prendre à l'hôtel le cicérone obligé, cet ennuyeux être qui me fait l'effet d'un cornac menant à la remorque un animal quelconque.

J'aime l'imprévu ; les découvertes, en voyage, ont bien plus de prix que ces itinéraires tout tracés, assaisonnés d'un verbiage monotone et stupide. Et puis, en conscience, pour découvrir la mer à Marseille, nous ne pensions pas en avoir grand besoin.

Cependant nous avancions toujours et pas

la moindre mer ne se montrait à nous. Les hautes murailles du fort fermaient notre horizon, lorsqu'enfin, après un détour soudain sur la droite du fort, d'où s'élançait en ce moment une éclatante fanfare, nous nous trouvons en face du plus splendide spectacle. Il semblait qu'un rideau s'était tiré devant nous. Un immense et magnifique port neuf avec la mer éblouissante pour fond, la mer bleue et diamantée par le soleil, s'étendait devant nos yeux ravis.

Des lignes noires tout autour des divers bassins, lignes formées par les navires amarrés aux chaussées, tranchaient en vigueur sur le ton limpide des eaux. A la bonne heure! voilà bien l'idée que je me faisais, dans ma Normandie, du port de Marseille! voilà bien le Midi dans cet amphithéâtre aux teintes roses parsemé de bastides, points blancs qui brillent au soleil. Ce sont des côtes pelées et rocheuses, il est vrai; mais quelle couleur chaude, transparente, lumineuse! quel cadre pour ces belles eaux étincelantes! Ce sont des maisons de campagne sans ombrages et sans fraîcheur, mais ces bastides aimées des Marseillais reçoivent la brise de mer et n'en font pas moins leurs délices.

Cette mer si bleue, frangée d'argent,

enserrée du côté de terre par des falaises vaporeuses et comme saupoudrées d'or, les banderoles innombrables des navires agitant leurs vives couleurs au soleil, tout cela avait le coloris tendre et brillant d'un bel éventail Pompadour. Boucher et Watteau avaient composé là leur palette. Je crains que cette description du port de la *Joliette* ne soit un peu bien féminine. Le singulier nom dont Marseille l'a baptisé semble, du reste, autoriser cette comparaison. La Joliette! Quel nom pour un port!

O belle Méditerranée! avec quel enchantement nous t'avons saluée en ce lieu pour la première fois! Le rideau jaloux qui nous cachait ta beauté, le mur sombre du fort Saint-Jean une fois franchi, nous sommes restées immobiles, en extase, à contempler ton immensité lumineuse qui se perdait dans celle du ciel, et nous répétions sans cesse avec ravissement: Que c'est beau, mon Dieu! que c'est beau!...

Les Marseillais aiment surtout leur vieux port *Saint-Jean*. Il est si sûr, disent-ils; celui de la *Joliette* est trop ouvert. On fait à distance dans la mer des travaux et des constructions destinés à l'abriter; la perspective ne pourra qu'y perdre, mais sa dimension et son emplacement en feront toujours une chose admirable. La falaise au pied de laquelle s'étendent ces magnifiques bassins a été gazonnée, nivelée en terrasse, et coupée de distance eu distance par de larges escaliers en granit. Les hôtels des riches Marseillais devraient tous être situés sur cette terrasse, point le plus magnifique de leur cité. Au lieu de cet emplacement, ils choisissent, pour y bâtir chaque jour, des rues étroites et montueuses, mais plus abritées, et laissent en vue de ce magique horizon maritime, une longue ligne de honteuses bicoques percées de lucarnes si rares qu'elles semblent redouter la lumière au lieu de la chercher. Quelle impression doit produire sur les étrangers qui débarquent à Marseille cette ligne d'horribles masures; elles m'ont fait l'effet d'une rangée de vieilles sorcières clignotantes jetant des maléfices aux flots.

On parle vaguement d'un rêve éclos dans le cerveau d'un Crésus qui, à l'aide d'une Société de capitalistes, voudrait bâtir là une nouvelle Marseille. Bonne chance à cette grande idée (1)!

Nous suivions sans but les longues chaussées de granit, marchant dans un continuel

(1) Réalisée depuis.

enchantement. Sur des quartiers de rochers entassés contre leur base du côté du large, se brisaient les belles vagües qui venaient y mourir, leur écume s'élançait jusqu'à nous dans ses jeux caressants en grandes gerbes éblouissantes et légères. Absorbées dans notre admiration, nous nous laissions mouiller par cette pluie argentée aux émanations salines, que les chauds rayons du soleil séchaient aussitôt sur nos vêtements.

Une sombre rangée de bâtiments à vapeur se tenait à distance, escadre puissante qui le lendemain devait se dissoudre et s'égrèner vers tous les points du globe. D'un autre côté, des myriades de barques de plaisance, surmontées de leurs petits tendelets à baldaquins, attendaient les amateurs de promenade.

Les patrons, étendus au soleil, appelaient en riant la *pratique*.

Un de ces marins à la figure réjouie s'était levé, et s'avançant vers nous, son bonnet phrygien à la main, il nous offrait, dans son patois provençal, de promener dans sa barque.

Merci, mon brave homme, lui dis-je, demain nous promènerons de Marseille à Stora. Aurons-nous beau temps? Dites-nous cela, vous qui connaissez la mer ? — *Aï, Madama, qui vuol passar por grand menteur du tems doit se dire devineur*, et le vieux patron de rire en nous montrant des dents éblouissantes de blancheur dans sa figure couleur de canelle.

A grand'peine nous avons quitté ce beau port où je passerais mes journées si j'habitais Marseille. Assurément, c'est à ce point que vinrent aborder les Phocéens et qu'ils s'arrêtèrent charmés pour ne plus quitter cette plage. En regagnant le port Saint-Jean qui, de nouveau, allait tout dérober à nos yeux, nous apercevions à trois lieues en mer l'îlot du Lazaret si souvent visité par la peste ; puis, à peu de distance du premier, un second îlot de rocher sur lequel est construit, au milieu de la mer, le fameux château d'If, que beaucoup de curieux visitent pour y voir le cachot du héros imaginaire de M. Alexandre Dumas, dans son fameux roman de *Monte Christo*. O croyants ! que n'allez-vous, chemin faisant, à une centaine de lieues plus loin, jusqu'à l'île bienheureuse où ce héros trouva les fameux millions ? Voilà, par le temps qui court, ce qui serait agréable à rencontrer, et je ne serais pas étonnée que quelque gros diamant de la façon de M. Dumas n'y fût encore enfoui à cette heure tout exprès pour vous attendre.

Traversant en barque le goulet du port Saint-Jean, nous avons voulu voir et saluer notre bateau-paquebot le *Sphinx*; nous étions bien aise de jeter un coup d'œil sur ce bâtiment qui, le lendemain, devait porter César et sa fortune.

Le *Sphinx!* quel nom mystérieux! Que penser, comme augure, d'un nom si peu encourageant?

Cela veut dire: arrière les indiscrets, les curieux! Silence, mystère, inconnu, etc., et voilà cette moitié de ma cervelle qui voyage si facilement, une fois partie sur ce dada, imaginant une foule de mésaventures pour notre traversée. Pourtant, *sphinx*, cela ne veut pas dire : *Mauvaise chance, malheur, catastrophe...* non, certes; mais pourtant décidément il est maussade, ce nom.

Pourquoi ne pas en choisir un autre? Qu'avait-on besoin d'aller chercher celui des vieux gardiens des Pharaons qui dorment sous leurs orgueilleuses pyramides? cet emblême d'impassibilité que l'antiquité égyptienne a posé à côté de ses hiéroglyphes les plus indéchiffrables; c'est une absurde fantaisie que d'en faire le patron d'un honnête navire français de la compagnie Bazin.

Enfin, il en faut prendre son parti. Heureusement le capitaine, arbitre, après Dieu, de nos destinées, se nomme *Bonnefoi*. Voilà un nom rassurant. Foi, confiance, espoir, tout cela combat victorieusement le nom morose de *Sphinx*. C'est sous cette heureuse impression que nous continuons à visiter Marseille.

Une large rue partant du quai et montant jusqu'aux allées de Meillan (boulevard assez beau) fait la joie des Marseillais, c'est la rue de la Cannebière. Ils la comparent naïvement à la rue Royale, bien qu'elle soit irrégulièrement bâtie. Si Marseille, qui ne possède qu'une affreuse Bourse provisoire en bois, en construisait une monumentale au haut de cette rue, en regard de la perspective curieuse du bassin Saint-Jean qu'elle domine, cela pourrait être une belle voie d'où ce peuple noir d'agioteurs, tant juifs que soi-disant chrétiens et plus ou moins arabes, pourrait spéculer en vue des navires qui sont souvent l'objet même des spéculations.

A Marseille, pas de monuments remarquaquables. Trois millions sont prêts pour l'érection d'une cathédrale. Chaque jour, d'élégants hôtels s'élèvent dans les rues qui toutes convergent vers le port, et sont lavées par des eaux courantes.

On éprouve de grandes difficultés à se reconnaître dans cette ville. Point d'écriteaux au coin des rues, point de numéros aux portes, du moins en l'an de grâce 1851. Nous avons eu toutes les peines du monde à découvrir les gens auxquels nous avions affaire. Tout cela se fera, sans doute. En attendant, on aligne, on perce, on bâtit sur tous les points, et l'édilité de Marseille néglige ce détail qui est pourtant assez utile. J'aime à croire que cet état de choses n'est que momentané, sans quoi Marseille ne serait qu'un labyrinthe moins le Minotaure.

Nous avons failli, grâce à l'incroyable ignorance des employés dans les services qui les concernent, avoir un réel ennui au moment de notre embarquement.

On nous avait dit et redit dans plusieurs bureaux d'intendance ou de mairies qu'il était tout à fait inutile de faire mentionner notre femme de chambre sur nos passeports.

Le matin même du départ, on nous déclare que c'est à tort; qu'elle ne partira pas ainsi, et, pour la faire ajouter sur ces papiers, il faut courir la ville en tout sens, de l'Hôtel-de-Ville à la Préfecture, chez le commissaire central, presque à l'heure du départ. Ces messieurs sont à déjeuner, ne rentrent qu'à onze heures, et peut-être plus tard, le paquebot part soi-disant à midi, du moins il faut être à bord à cette heure. Quelle ennuyeuse histoire! que de courses, d'explications, d'impatiences contre ces stupides donneurs de renseignements à tort et à travers, qui ne savent de leur métier, la plupart du temps, que tailler des plumes, faire des embarras et toucher des appointements!

Avis aux voyageuses qui se trouveraient en pareil cas. Les formalités qui semblent niaises ailleurs paraissent à Marseille d'une importance extrême. Je citerai comme exemple un fait arrivé peu de semaines avant notre départ.

Un officier retournait en Afrique, emmenant de France ses trois petits enfants, de six à dix ans. A l'intendance de la ville d'où il venait, on n'avait pas jugé utile de les porter sur sa feuille de route. Il devait être rendu à son corps au jour dit, et les bateaux ne partent que de dix en dix jours.

Au moment d'embarquer, on refuse le permis pour les enfants, et le pauvre père, ne connaissant personne à Marseille, doit se résigner à les laisser aux soins de la maîtresse d'hôtel! Tous leurs effets étant déjà portés à bord et descendus à fond de cale, il faut les laisser sans autres vêtements que ceux qu'ils avaient sur eux pour le voyage. La désolation de ces pauvres petits et celle non moins grande de leur père se comprennent du reste. Dix jours après, confiés aux soins du capitaine de l'autre paquebot, ils ont été transportés à leur tour en Afrique, à la grâce de Dieu qui, sans doute, les aura protégés à travers les admirables inventions des hommes.

Enfin, grâce à une activité et à des démarches qui heureusement ont réussi, nous avons pu nous rendre à l'heure fixée sur le *Sphinx*. Mais celui-ci, au lieu de partir après avoir terminé son chargement, n'en est pas moins resté jusqu'à quatre heures à l'ancre, pour attendre les dépêches de Paris. Ce n'était pas la peine de se montrer si exigeant pour l'heure, et cette immobilité, après les agitations incroyables de notre matinée, nous a été désagréable.

Quand on quitte pour la première fois sa terre natale, ce vieux sol dont on se sent l'amour au cœur bien plus encore au moment de s'en éloigner, mieux vaut brusquer le départ que de rester dans l'expectative. Les plus belles heures du jour se sont ainsi écoulées. Vers quatre heures nous chauffions, et la noire spirale de fumée s'élevait dans l'air pur et calme ; tout semblait d'un heureux présage pour notre navigation ; pourtant mon cœur s'est serré en voyant les côtes de Provence s'effacer dans le brouillard, et c'est avec quelques larmes cachées que je leur ai dit : Au revoir.

---

## V.

### De Marseille à Stora.

Le vent soufflait du Nord ; par conséquent il était favorable à notre marche vers l'Afrique; mais il imprimait au *Sphinx* un tangage assez violent. D'un autre côté, le golfe de Lyon, ou, pour parler plus correctement, le golfe *du Lion*, naturellement sujet à la mauvaise humeur, était encore agité par le mistral qui avait régné les jours précédents.

Le *Sphinx* avait largué ses voiles pour économiser son combustible, en fidèle serviteur de la compagnie Bazin, mais non pour aller plus vite, comme j'avais la naïveté de le croire.

Il résultait de cette allure beaucoup plus de

ıvement dans le bâtiment. La nuit tom-ıt. Une ligne rose reflétait encore à l'ho-ızon les derniers feux du soleil disparu. A ı'arrière une autre ligne vaporeuse se dessinait sous le ciel. C'était la France. Appuyée sur le bordage, je la contemplais en rêvant; ma pensée s'en allait à travers l'espace, vers nos vieux ports du Nord, si sombres à cette heure. Je trouvais du charme à ces souvenirs et je me proposais de prolonger mon séjour sur le pont. Retarder autant que possible le moment de m'enfermer dans notre cabine me semblait chose appréciable; déjà, sous je ne sais quel prétexte, ma fille y était descendue. Le pont se dégarnissait rapidement autour de moi, les cœurs sensibles...... au tangage s'esquivaient sans mot dire, tandis qu'attribuant à une mélancolie bien naturelle le malaise qui me gagnait à mon tour, je m'obstinais à rester dans la position verticale. Fatale obstination! présomption funeste! Un moment est venu où, la tête me tournant tout à coup, je n'ai eu que le temps de *dégringoler* (c'est le mot) dans notre chambre, où ma pauvre fille, déjà mourante, s'était prudemment couchée.

Sans avoir conscience de mes actes, j'en ai fait bien vite autant. Dirai-je qu'à partir de ce moment une mortelle série d'humiliations a commencé pour moi et a duré jusqu'en vue de Philippeville? Quant à notre pauvre femme de chambre, elle donnait à peine signe de vie.

Hélas! nous avions pourtant une belle confiance en nous-mêmes ! Nous nous croyions le pied ou plutôt le cœur marin. Plusieurs excursions de plaisir sur la Manche, un trajet maritime sur les côtes de l'Atlantique, de Bordeaux en Bretagne, s'étaient exécutés à ma plus grande gloire. Oh! déception amère ! C'est sur cette espèce de lac qu'on nomme Méditerranée que nous attendait le démon du mal de mer !

Rester plongée dans une ignoble prostration, pendant toute une traversée que l'on a dit si belle ! Ce que c'est que de nous !... Je supprime le reste du dicton comme trop connu et trop humiliant pour notre dignité humaine.

Une spacieuse cabine à huit lits nous avait été octroyée pour nous seules. C'était une précieuse faveur. Quelle chance que de ne pas être enfermées dans ces *boîtes* qui ouvrent sur la salle à manger même, sur cette pièce basse, étouffante, où des êtres privilégiés ont l'atroce courage de manger plusieurs fois le jour. L'odeur des mets, le bruit des conversations, des rires la bouche pleine, me causeraient en pareil cas une exaspération tout à fait tragique. Les femmes qui voyagent en compagnie de leurs maris sont obligées de s'arranger de ces petites chambres, presque toujours destinées à un ménage. Nous devions donc notre somptueux appartement à l'absence de nos protecteurs naturels, qui ne nous eussent pas protégées le moins du monde, les hommes les plus robustes ayant été singulièrement malades pendant cette traversée.

Le tangage éprouve beaucoup plus que le roulis ; c'est là l'explication de notre piteux état. Dans un voyage prolongé, on finit presque toujours par s'habituer à la mer, tandis que, ne restant que deux ou trois jours à bord, on a toutes les épines sans arriver aux roses, et c'est à recommencer à la première occasion.

Moins anéantie que ma fille, je pouvais de temps à autre lui donner quelques soins, lui faire avaler, par force il est vrai, une gorgée de bouillon ou de thé. Mais, après chacun de ces héroïques efforts, retombant à mon tour inerte, accablée, je perdais complètement connaissance et ne revenais à moi qu'avec les tintements d'oreille et les battements de cœur qui suivent les évanouissements, j'aurais pu dire comme les princesses de théâtre dans les moments critiques : Où suis-je? ou : Je me meurs?... je ne savais plus, en reprenant mes sens, dans quel lieu je me trouvais ou ce qui m'était arrivé.

Vers deux heures, le lendemain, me sentant un peu moins accablée, je m'étais traînée sur le pont, où le grand air me semblait devoir me rendre la force de lutter avec cette inexplicable souffrance.

La mer était momentanément plus douce ; quelques rares passagers avaient eu le courage de quitter leurs couchettes.

Le pont, couvert à l'avant de trois cents émigrants suisses ou allemands, hommes, femmes et enfants étendus à terre, roulés dans des couvertures, presque tous affreusement éprouvés par le mal de mer, présentait un fort triste spectacle.

Dans ces moments de prostration physique, tout sentiment, même le plus vivace, semble s'anéantir. On oublie jusqu'à soi-même, jusqu'à ses enfants !...

Je devais avoir un exemple de cette mortelle insouciance. Un domestique du bord, bon garçon, nommé Joseph, se trouvait avoir sur les bras (c'est bien le mot) un bel enfant de six mois à peine, dont la mère, le père, et la bonne gisaient mourants dans quelque cabine. J'ignore depuis combien de temps Joseph soignait ce pauvre abandonné, lorsque forcé pour quelque service de descendre dans l'entrepont, il m'avise sur mon banc, et, me trouvant sans doute une figure compatissante, il dépose son marmot, bien rose et bien gentil, sur mes genoux, pour quelques minutes, me dit-il, puis il s'éloigne en courant.

Me voilà donc dodelinant l'enfant qui, enchanté de revoir une figure féminine, se prend d'une parfaite confiance en moi.

Que faire, bon Dieu! pour y répondre convenablement? Pas le moindre aliment à donner à cette petite bouche affamée; je tenais à peine debout et ne pouvais m'éloigner de mon banc. Une demi-heure, une heure s'écoule, et Joseph ne revenait pas, j'étais à bout d'inventions pour distraire le poupon de ses idées fixes. Enfin, à force de le bercer sur mes genoux, j'avais fini par l'endormir; d'après le proverbe, qui dort dîne; il me laissait en repos et je crois que la tension de mon esprit avait dissipé le malaise de mon cœur. Voilà comme la vertu trouve sa récompense.

Enfin, Joseph, apportant une soupe au lait pour le pauvre petit, est venu l'enlever de mes bras.

Pendant ce temps, sa mère, belle jeune femme qui se rendait comme nous à Constantine, et son père, M. Colonna de Giovellina, major au 3e de spahis, oubliaient dans les anéantissements du mal de mer qu'ils avaient un bel enfant à soigner dans ce monde. Moitié rêvant moi-même au balancement de la mer, je me figurais presque qu'on allait me laisser le petit *Hugues Colonna* en toute propriété ; il était si beau, et j'aime si fort les babys, que j'eusse souscrit sur l'heure à cette donation.

Joseph l'emporta de mes bras à son grand désespcir et, le dirai-je, à mon grand regret. Il passe de drôles d'idées dans une tête creusée par le jeûne et le mal de mer.

Puisque j'ai parlé tout à l'heure de ces pauvres émigrants qui faisaient route vers l'Afrique sur le *Sphinx* afin d'essayer d'y vivre, et qui ne parviendront facilement qu'à y mourir de misère, c'est le cas d'en dire quelques mots.

On parle beaucoup dans les journaux de ces colons qui vont soi-disant peupler, enrichir les parties incultes de nos possessions d'Afrique. Ces gens, qui ne sont riches que d'enfants en bas âge, s'aventurent sur la foi des *on-dit*, sans prévoyance, sans réflexions et dans une complète ignorance de ce qui les attend de l'autre côté de la mer.

Le gouvernement leur accorde des secours de route, c'est-à-dire tant de soupe et de pain par jour, et le passage gratuit sur le pont des paquebots-courriers. La charité du capitaine y ajoute des couvertures contre la pluie ou le froid de la nuit. Si la mer est houleuse, qu'elle balaie le pont et en emporte quelques-uns à la mer, on encave les autres dans la cale ou l'entrepont, sans jour, sans air et comme on peut. On les débarque épuisés, sur cette rude terre, où de longues routes à pied leur restent à faire pour gagner dans l'intérieur le point qui leur est assigné comme concession.

On les dirige parfois sur un lieu entièrement désert, d'autres fois sur quelque village manquant de tout et déjà dépeuplé de ses premiers habitants par la fièvre et la misère.

Là, ce pauvre bétail humain s'essaie, sans ressources suffisantes, à cultiver et à vivre; mais le plus souvent, après de vains efforts, la famille se décime et disparaît peu à peu. On appelle cela coloniser.

Une assistance parcimonieuse, des essais tentés sur trop de points à la fois et sans suite de la part des gouvernements, voilà jusqu'alors ce que la France a fait pour sa colonie d'Afrique. L'Empire, encore bien nouveau, fera-t-il mieux?... Dieu le veuille, car cet état de choses qui dure depuis vingt ans est triste et stérile. Depuis quelque temps, des compagnies se sont formées pour guider et assister les émigrants, aider et soutenir les colons ; puissent-elles faire loyalement selon leur programme !

## VI.

Quelle bonne nouvelle renferme ce mot : Terre ! quand on est encore plongé dans les langueurs d'une traversée pénible ! comme chacun se ranime et reprend courage. Ma foi, vive le plancher des vaches, qu'il soit africain ou normand ! La terre des Papous, quand on vient d'endurer quarante-cinq heures de mal de mer, n'en serait pas moins la terre, c'est-à-dire la délivrance.

Il faut être dans une torpeur bien grande pour que cette annonce joyeuse n'agisse pas sur les organes détendus comme les cordes d'une harpe abandonnée et ne leur rende pas une certaine vigueur.

Nous en étions à peu près à ce triste degré quand le vendredi 25, vers dix heures du matin, le bon capitaine Bonnefoi est entré dans notre cabine avec son mot magique : « Terre ! terre ! Mesdames, un peu de courage et venez sur le pont.«

A ces paroles consolantes, ma fille n'a même pas entr'ouvert les yeux ; quant à moi, faisant un héroïque effort de politesse, car il y avait en ce moment recrudescence de ma souffrance : « Merci, capitaine, ai-je dit d'une voix dolente, à quelle heure aborderons-nous ? — Vers trois heures. — Vers trois heures, grand Dieu ! Eh bien ! vers trois heures il sera temps d'essayer de me lever. » Puis tournant la tête avec une morne indifférence, j'ai cessé d'écouter le capitaine qui, souriant de nos misères, s'en est allé déjeuner gaiment et vigoureusement à cette table où nos places étaient marquées. Cependant, espérant regagner des forces pour l'arrivée, j'ai voulu suivre son conseil et essayer de me mettre à table.

Dire avec quel profond dédain je regardais passer les mets, serait chose impossible ; enfin, voulant tenter d'avaler quelque chose, je n'ai rien inventé de mieux que d'attirer à moi un malencontreux cornichon qui, vivant depuis longtemps en compagnie des plus atroces piments rouges, devait produire un terrible effet dans mon pauvre estomac délabré.

Voilà la triste part que je me suis faite à la table excellente du gourmet capitaine Bonnefoi. Ce doit être, en mer, une agréable diversion que de bien dîner. D'autres voyageurs et les officiers du bord le prouvaient à qui mieux mieux, et utilisaient la somme qu'on doit toujours pour la nourriture, même en ne mangeant pas. Mon cornichon m'a donc coûté trente francs. C'est beaucoup. Que dis-je? il nous a coûté quatre-vingt-dix francs.

Quelques heures après, le capitaine venant m'annoncer qu'on voyait l'Afrique et que nous allions entrer dans le golfe de Stora, j'ai appelé à mon aide toute la résolution dont je suis capable pour me hisser sur le pont.

Il me semblait qu'au premier coup-d'œil jeté sur cette nouvelle France, encore si sauvage, quelque chose de l'avenir qui lui est réservé allait soudain se révéler à moi. Quelle folie! Je plonge avidement mes regards dans ces lignes encore brumeuses, j'y cherche en vain ce mot qu'il nous est interdit de lire en ce monde.

Cédera-t-elle à l'influence civilisatrice? Oui, sans doute, dans un temps donné; mais ses habitants en seront-ils meilleurs et plus heureux ? Qui oserait l'affirmer après réflexion ? En s'élevant à un point de vue philosophique, on doit reconnaître que leurs mœurs toutes bibliques, leurs vertus, que nous méconnaissons, parce que ce sont celles des temps passés, valent bien nos idées de convention, nos besoins factices, les exigences, les nécessités mesquines, les constantes inquiétudes de notre vie et de nos habitudes.

Beaucoup d'entre les Arabes du littoral conquis par nous, pour rester fidèles à leur foi et aux coutumes paternelles, reculent devant notre envahissement, s'expatrient enfin, emmenant les troupeaux qui font leur principale richesse, fuyant ce qu'on appelle pompeusement le progrès, mot qui trop souvent est synonyme de démoralisation, corruption, abaissement moral.

Ceux, au contraire, qui, voulant rester sur le sol natal, courberont la tête sous le joug étranger, perdant bientôt toute leur individualité respectable, toute leur couleur poétique et chevaleresque, tout leur cachet d'originalité intéressante parce qu'elle est naturelle et vraie, en arriveront bien vite à prendre nos vices d'abord, nos travers absurdes ensuite. Notre caducité maladive remplacera chez eux cette simplicité qui leur donne la force calme dans l'attitude, une certaine noblesse unie à de la naïveté et qui mêle un charme extrême à l'étude de leur caractère.

Cette fraction, ainsi transformée, se fondra dans le ramassis de toute nation que nous nommons colons; jusqu'alors, ces colons n'ont importé dans les concessions qui leur sont faites, que la paresse et l'incurie. Ce sera une fusion sans être une amélioration pour les peuples soumis.

Mais, dans quelles ambitieuses considérations me laissai-je entraîner ! Dans quel brouillard encore lointain va s'aventurer ma pensée ! Il s'agit pour moi de voir et non de prévoir. Cela regarde exclusivement nos seigneurs et maîtres, et je baisse pavillon devant leur supériorité en tout genre.

Voilà donc l'Afrique !... Comme ce rivage a une physionomie méchante ! C'est donc là ce continent voisin du soleil ! Du point où je suis placée, on le croirait composé seulement de crêtes arides et désolées.

Cette heure du jour est précisément celle qui fait ressortir en vigueur toutes ces pointes aiguës si bizarrement découpées sur le fond lumineux du ciel. Le soleil placé derrière elles dore leurs cîmes, mais laisse leurs flancs noyés dans l'ombre du côté de la mer, et leurs dentelures à la fois étincelantes et sombres ont quelque chose de farouche. Le mot italien *irsuto* peint bien l'étrange aspect de cette partie du rivage africain.

Est-ce bien moi, la Gauloise du Nord, la fille de la vieille Armorique, qui contemple face à face cette Numidie, patrie de Jugurtha ?

N'est-ce pas de cette plage rocheuse où je vais aborder tout à l'heure, qu'Annibal s'élança audacieux et superbe vers l'Italie alors reine du monde ? Non loin, sur cette même côte, sur la gauche en allant vers Tunis, ne trouve-t-on pas les vestiges de Carthage, de l'héroïque Carthage qui tint en échec les légions réputées invincibles de l'orgueilleuse Rome ? Quelle gloire immortelle pour cette cité, si le manque de foi de ses fils n'eût à jamais stygmatisé sa mémoire en donnant naissance à ce mot devenu une insulte : La foi punique !

Si mon regard, partant du Cap de Fer qui protége tant bien que mal le golfe de Stora si peu sûr, glisse dans la vapeur lumineuse vers Bône ; vers la triste Bône ravagée chaque année par la fièvre, grâce au peu de suite qu'on donne aux travaux d'assainissement, ne dois-je pas apercevoir d'ici même le point où fut Hippône illustre à jamais par son évêque saint Augustin, le flambeau des cœurs autant que des esprits? Que de grands souvenirs sur cette plage! que d'éloquentes ruines! L'Afrique est le pays des ruines, elle a brisé tant de jougs!

Mais aucune partie de l'Afrique n'est aussi fertile en traditions antiques que la province de Constantine, plus rapprochée de la Grèce et de l'Italie; elle a vécu et s'est développée à leur lumière tandis que les contrées plus éloignées restaient dans l'ombre.

Sur la droite, derrière le cap *Sebarous* ou *Soubaroun* (sept pointes), ce sont les sommets capricieusement superposés de la petite Kabylie, tandis qu'au pied même du cap s'abrite le modeste port de Djidjelli. De ce point jusqu'à Alger, le golfe excellent de *Bougie* et le port tout ouvert de *Dellys* sont les seuls refuges où les navires puissent s'abriter. En somme, excepté Bougie, notre côte d'Afrique n'offre que des abris peu sûrs.

Nous avançons.

Au fond du golfe, sur la gauche, Philippeville avec ses casernes, son hôpital et sa mosquée. Tout cela, neuf et insignifiant, s'étage sur un côteau.

En face de nous, la plus singulière rangée

de mamelons pointus s'en allant en s'abaissant vers la droite joindre le point nommé *Stora*, qui a donné son nom au golfe. Ce lieu de débarquement qui, dans l'antiquité, fut peut-être important, ne présente aux voyageurs que cinq ou six degrés de pierres inégales, un sentier étroit pour prendre terre tant bien que mal, et puis c'est tout. Plus haut, dans les broussailles, une vieille mosquée en apparence abandonnée, près de laquelle, dit-on, une bourgade française va s'élever.

La plage, aussi mauvaise d'un côté que de l'autre, force les bâtiments à mouiller au beau milieu du golfe.

L'eau est trop peu profonde, soit à droite, soit à gauche, pour leur permettre d'approcher à moins de deux ou trois kilomètres du rivage.

Il faut nécessairement gagner la terre dans des barques.

Qui pis est, du côté de Philippeville, quand la mer est mauvaise, les barques elles-mêmes ne peuvent pas aborder faute d'escale convenable.

C'est sur les épaules de vos rameurs, qui se mettent à l'eau au péril de leurs jours et des vôtres, que vous parvenez à mettre le pied sur le quai.

Souvent on a vu, dans ces espèces de sauvetages, de pauvres diables, soulevés par la vague, perdre pied malgré leurs efforts et se blesser grièvement. N'est-ce pas là un état de choses intolérable ?

Heureusement le temps magnifique aujourd'hui nous permettra de débarquer sans ce moyen extrême du côté de Stora. Et puis, ici, nous sommes, je l'espère, attendues. Celui que nous venons chercher si loin doit être venu à notre rencontre. Arrivé de Constantine à Philippeville pour nous recevoir, nous protéger, nous guider désormais, il est là, sans doute, guettant l'arrivée du *Sphinx*, et cette pensée donne un grand calme à l'esprit et au cœur.

La vapeur gronde en s'échappant, la marche du bateau se ralentit, un coup de canon résonne au loin dans les vieux ravins, et les échos d'Afrique en répercutent au loin le son. C'est notre arrivée qu'on signale ainsi à Philippeville. Aussitôt, des deux côtés du golfe, s'avancent de nombreuses barques qui font force de rames vers nous, guidées par des patrons maltais ou mahonnais. Leurs efforts paraissent lents au gré de mon impatience. Le doute me serre maintenant le cœur. Celui qui nous attend aura-t-il pu venir à

Philippeville? Le congé nécessaire a-t-il été obtenu à temps? Les devoirs militaires ont-ils permis ce déplacement? Les conventions par lettres sont si difficiles avec des courriers qui ne partent que de dix jours en dix jours!

Ah! quelle joie! c'est lui, c'est bien lui! debout à l'avant de cette grande barque qui s'avance du côté de Stora; il agite son mouchoir, je réponds à son signal. Il m'a vue, je cours chercher ma fille. Le bonheur la ranime. Son mari est là. Nous remontons ensemble sur le pont où, peu d'instants après, il est près de nous. Ces moments-là mouillent les yeux.

Quel bonheur de quitter le lourd *Sphinx* qui berce si rudement les malheureux qui se confient à lui! Le vent est complètement tombé. Nous avons jeté l'ancre sur un miroir, et peu d'instants après, descendues dans notre barque, nous voguons doucement vers Stora. Notre cher guide a choisi ce point et je m'incline devant lui désormais en tout ce qui touche la direction du voyage.

La barque glisse avec rapidité, tandis que, livrés aux premiers épanchements, aux propos interrompus et joyeux d'une pareille réunion, nous ne voyons plus que nous-mêmes sous le dôme du ciel.

Pourtant, ce dôme si radieux il y a un quart d'heure à peine, s'est obscurci tout à coup. De gros nuages noirs venant de terre répandent comme une ombre soudaine sur les flots qui changent leur azur en une teinte roussâtre. Voici le vent qui se réveille, mais ce n'est plus celui qui nous poussait vers la côte. Celui-là s'échappe, en sifflant, des antres de cette plage naturellement inhospitalière. Le grand souffle de la mer se lève déjà pour lui répondre. C'est un orage, voici la pluie, hâtons-nous. C'est un de ces grains violents qui naissent si rapidement dans les contrées montagneuses, éclatent en quelques instants, puis ébranlent souvent l'atmosphère pour plusieurs jours.

Le génie qui préside aux voyages, sachant que les imaginations artistes aiment les belles horreurs, avait disposé ce coup de théâtre dans les anfractuosités du rivage avec l'intention de nous être agréable. Quel changement de décoration ! Quelle singulière figure font à travers la pluie les étranges mamelons pointus qui bordent le fond du golfe, dressés sur la mer même, sans la moindre plage à leur base! Ils auraient l'air, si on les habillait de papier bleu, d'une rangée de pains de sucre géants. Par où passer dans la route qui retourne vers Philippeville où le gîte et le dîner nous attendent ? Dans les terres sans doute, derrière ces bizarres falaises et par un long circuit; il me paraît impossible qu'il en soit autrement. Qu'importe du reste, abordons. C'est-là le plus pressé pour ne pas être transpercées jusqu'aux os dans notre barque bientôt remplie de l'eau du ciel. Dans un voyage comme le nôtre, il faut s'amuser de tout, ne s'effaroucher de rien. Cette philosophie est la meilleure provision de route et nous en sommes heureusement pourvues.

---

## VII

O Stora ! je te salue ! J'aime ton nom sonore qui te vient sans nul doute de quelque Romain ! Te nomme-t-il ainsi en souvenir de sa maison des champs dans le Latium ? Peut-être ; on aime tant ces souvenirs-là ! Serait-ce Scipion-l'Africain, le sage Scipion, l'illustre Scipion abordant à cette même place qui... Mais abordons nous-mêmes avant tout commentaire sur cette terre africaine déjà glissante et fangeuse sous nos premiers pas. Il ne faut pas se laisser choir en pareille circonstance, ce serait là un funeste présage. Quelques degrés grossièrement taillés dans le roc nous permettent de gagner un étroit sentier, bordé de quelques maigres broussailles, au pied même d'une haute falaise.

De quai, d'escale, de maisons, il n'en est point question; d'auberge, encore moins; Voilà le port de Stora. Mais à quelques pas, dans le flanc de la montagne, une large grotte s'ouvre devant nous, un cintre en pierre de taille d'une grande hardiesse, d'une solidité admirable, comme ce que savaient faire les Romains, en soutient l'ouverture toujours béante du front de laquelle retombent comme un léger voile de verdure de belles lianes flottant au vent. C'est là le seul abri qu'offre Stora. Une centaine de personnes venues comme nous en bateau ; de plus, une douzaine de voitures tout attelées, des mules, des chevaux, sont déjà réfugiés sous ce vaste abri préparé par la nature et consolidé par les anciens conquérants de ces rives. Là, pour la première fois, nous apercevons des groupes d'Arabes encapuchonnés, fièrement drapés dans des bournous aux longs plis. Ils se tiennent à l'écart. Leur attitude est noble; ce ne sont, évidemment, que de pauvres kabyles, et déjà nous voudrions avoir à la main le crayon et l'album. Déjà la fraîche senteur du voyage, qu'on appelle le pittoresque, se fait sentir à nous. Déjà nous nous sentons hors de nos sentiers battus.

Au fond de la large grotte de Stora, une

antique fontaine en marbre blanc, jauni par les siècles, reçoit, dans une vasque à peine ébréchée, pour l'offrir à qui la veut, l'eau limpide d'une source filtrant du rocher, sans jamais s'arrêter, depuis le temps où les fils de Cham arrivèrent en ce lieu. Plus tard, les soldats romains y placèrent ce marbre, s'y désaltérèrent et y abreuvèrent leurs coursiers. Combien de kabyles, en compagnie de leurs ânes, en ont fait autant depuis lors ?

Aujourd'hui, nous, Françaises aventureuses, nous voici trempant nos mains à notre tour dans cette onde numide, lui demandant des souvenirs qu'elle nous gazouille tout bas, mais que je ne puis malheureusement consigner dans mes notes, attendu qu'elle ne parle pas français, Dieu sait même quelle langue elle parle. D'ailleurs ce n'est pas le moment de retourner vers les brumes du passé, la rêverie n'est pas de saison. Nos premiers pas doivent se diriger, non pas en arrière, mais bien vers Philippeville. Il faut prendre son parti, malgré la pluie qui redouble et obscurcit déjà le jour. Au lieu de rester ébahies dès nos premiers pas en Afrique, oublions Annibal, Jugurtha, Scipion lui-même pour atteindre nos parapluies, invention qui leur fut positivement inconnue, malgré que bien des gens affirment que dès le temps de Salomon il n'y avait plus rien de nouveau sous le soleil.

Ce dôme léger et portatif a bien son mérite avec le climat moderne. Partons sous son abri; à quoi servirait d'attendre ? Le temps se prend de plus en plus et le char-à-bancs qui doit nous emmener ne peut se transformer en voiture couverte. Nous voilà six et des bagages, traînés par un seul petit cheval; j'oserai même dire tout bas une véritable rosse, mais cette rosse est un coursier numide, rien que cela; dès lors, il ne faut désespérer de rien, elle se montrera digne de sa race ; formons une impériale de parapluies au-dessus de nos têtes et roulons carrosse en Afrique. Vive la civilisation !

En quittant la grotte que j'appellerai *du refuge* nous entrevoyons, à travers des nappes de pluie, le petit groupe de maisons françaises qui commence un bourg à Stora, mais sur la hauteur, près de la vieille mosquée arabe.

Là était le centre de quelques tribus ; mais les *douars* (c'est le nom des villages, soit en huttes, soit en tentes) sont sans doute maintenant plus loin dans la montagne, car nous n'en voyons aucune trace. Quant à la route que nous suivons, elle s'en va droit vers cette rangée de petits pitons que j'avais remarquée du bateau. On ne s'amuse pas, ainsi que je l'avais pensé, à faire un crochet dans les terres. On n'y gagnerait rien sans doute, toute la contrée étant accidentée de la sorte. Il est à croire qu'en Afrique, on ne se détourne pas pour si peu. On va donner du nez contre l'obstacle ; on le franchit le plus souvent, et tout est pour le mieux.

Une fois lancé, notre petit bucéphale arabe, secouant sa longue crinière d'un air fougueux des plus comiques, nous entraîne comme le vent tout au fond du ravin qui entoure la base du premier mamelon. Quelques instants nous tournons le dos à la mer ; mais bientôt revenant vers elle à toute bride, nous gravissons vaillamment, par une étroite rampe, sans le moindre garde-fou, la première des sept collines. Nous la contournons au-dessus de la mer sans ralentir notre allure audacieuse et fanfaronne, après quoi nous plongeons, tête baissée, dans un second ravin revenant dans les terres, et nous remontons une seconde colline au-dessus des flots. Ainsi de suite sept fois, c'est le nombre sacré. Puisqu'il n'y a point de plage, il faut bien procéder ainsi par escalades et dégringolades, sans que l'ardeur du petit cheval se ralentisse un moment.

La pluie tombait avec le même emportement. Faut-il croire qu'en Afrique tout se fait ainsi? Elle nous cachait l'abîme au-dessus duquel nous passions à chaque tournant comme un tourbillon. Nous entendions les vagues mugir sous nos pieds et nous abaissions nos parapluies pour ne pas avoir peur dans les moments où nous nous lancions ainsi en avant comme pour faire le saut de Leucade.

Sous la pression de la tempête qui augmentait de moment en moment, la mer devenait furieuse. Nos bienheureux parapluies, fort difficiles à retenir, nous dissimulaient le danger de cette course folle, qui doit être une ravissante promenade à pied par un beau temps.

Les gorges qui séparent ces singuliers mamelons sont assez boisées; elles étaient, lors de l'arrivée des Français sur cette plage, la propriété exclusive d'une multitude de singes, et ces indigènes ne s'effrayèrent pas tout d'abord à la vue des envahisseurs. Les macaques, tenant leurs petits dans leurs bras, s'arrêtaient à regarder les troupiers français plus ou moins troubadours tout comme des bonnes d'enfants aux Tuileries. Malheureusement, cette drôle de population a dû fuir devant notre présence. Les mauvais procédés des conquérants sont partout les mêmes. Demandez aux Incas! demandez aux Mohicans! demandez aux singes de Stora!

Maintenant, ils habitent plus loin, vers la petite Kabylie, la montagne de *Sikla*, où la paix règne pour elle... jusqu'à ce jour.

Mais nous arrêtons subitement. Il paraît que nous sommes rendus. Le trajet s'est accompli sans accident; nous refermons nos parapluies, nous sommes sur la plage de Philippeville, c'est-à-dire la rue, à la porte même d'un grand hôtel, nommé l'*hôtel de France;* c'est un nom de bon augure, et nous y sommes attendues.

Rien ne ressemble plus à des ruines que ces vilains commencements de ville. Philippeville en est là avec son air en désordre et inachevé. Les premiers éléments de population sont toujours des aventuriers qui ont tant soit peu l'air de bandits. Ils ouvrent des boutiques mal tenues et mal fournies pour y vivre de menu commerce. Ils vendent excessivement cher de mauvaises denrées, et le plus souvent, au bout de quelques jours, la pauvre boutique est fermée, tandis que le marchand s'en va ailleurs tenter d'autres essais.

Ici, des Maltais, race trapue et noire, des Espagnols de Mahon, forment avec quelques Français méridionaux cette classe entreprenante et nécessaire. Des soldats, oisifs la plupart du temps, de grands kabyles fiers et déguenillés, des spahis indigènes enrégimentés au service de France et reconnaissables parmi leurs compatriotes seulement à leur bournous garance, errent sans cesse dans les rues en construction et sur les trottoirs inachevés. Ils s'arrêtent par groupes sous les arcades qui bordent les principales voies par ordre du génie français. Ces arcades sont une précieuse ressource pour les flâneurs dans ces climats à la fois pluvieux et brûlants.

Au milieu des matériaux, entassés çà et là, des débris romains que les fouilles mettent à découvert, on édifie de mesquines maisons qu'un souffle semblerait devoir renverser.

Hôpital, caserne et mosquée sont construits sur la hauteur en vue du golfe. Quant à l'église catholique, elle n'est pas encore achevée.

Située vers le milieu de la rue principale, elle est entourée d'un large espace planté d'arbres, et devant son entrée, mais lui tournant le dos, on a judicieusement placé la statue d'un guerrier romain, trouvée en creusant les fondations. C'est là le goût du crû. Cette statue fort bien conservée, est médiocre au point de vue de l'art, et l'église française n'a aucun caractère. La salle de spectacle, à quelques pas de là, est aussi des plus vulgaires, comme tout ce qui est dû au génie, dans nos possessions africaines.

Je plains de toute mon âme les fonctionnaires forcés de résider longtemps dans de pareils lieux. Le désert avec son calme majestueux me semblerait bien préférable à ces agglomérations d'éléments hétérogènes s'agitant dans le désordre, sans unité, sans direction, et comme on dit si bizarrement : à la grâce de Dieu.

Les travaux qui devraient offrir un certain intérêt ne font que vous irriter, tant ils sont presque toujours mal conçus et mal exécutés. Cette population mercantile et mercenaire, composée presque entièrement de gens sur le front desquels se lisent au premier coup-d'œil la bassesse, la fourberie et la grossièreté, fait regretter la solitude.

Dame Oisiveté, avec tous les vices qui composent, dit-on, son intéressante famille, règne ici, malgré l'espèce d'activité avide et fièvreuse qui ne s'agite que pour le lucre.

On coudoie partout, dans cette ville naissante, des bandes de fainéants, des gens de sac et de corde qui vous feraient peur au coin d'un bois et même au coin d'une rue peu fréquentée.

On ne peut s'empêcher de frémir lorsqu'en passant à chaque pas, le soir, devant les larges tavernes, ouvertes et encadrées seulement de quelque vieux lambrequin de calicot jaune ou rouge flottant au vent, on entrevoit, dans une demi-obscurité, ces figures basanées et farouches groupées sur des cartes sales ou sur des dés usés. De rares quinquets fumeux, avares de lumière, percent à peine les vapeurs méphitiques de ces antres béants. Là, sous le capuchon, le fez ou le turban, des regards hébétés par l'ivresse ou étincelants tout à coup par l'âpreté au gain semblent toujours menacer. Ces hommes farouches, sans domicile régulier, viennent y dévorer le salaire gagné dans un travail de quelques heures à peine ; ils y boivent, y jouent et y dorment même couchés à terre, n'en sortant, comme d'un repaire, que pour aller à la recherche de quelqu'aubaine qui leur permette d'y revenir bientôt.

Souvent le bruit sourd d'une lutte, les éclats de voix rauques et avinées, annoncent au passant paisible qu'une querelle vient d'éclater. Les couteaux jouent aussitot, des éclairs jaillissent de ces yeux sombres comme la nuit, et l'on doit s'éloigner au plus vite si l'on ne veut assister à quelque dénoûment sanglant.

Comment le pillage et le meurtre ne sont-ils pas plus fréquents dans un pareil rassemblement, parmi ce ramassis d'aventuriers, qui me ferait fuir au bout du monde?

En somme, Philippeville offre un intérêt réel comme porte de la province de Constantine; elle deviendra, dit-on, importante. Elle offre aux touristes de magnifiques restes de constructions romaines. Chaque jour d'immenses citernes, les restes de temples, de théâtres, et une quantité de débris artistiques sont découverts et prouvent qu'un établissement considérable exista sur ce point.

En outre, sa vallée est fertile ; les légumes, les fruits y enrichiraient, par d'abondantes primeurs, les horticulteurs qui voudraient sérieusement la cultiver. Jusqu'alors ils n'y sont établis qu'en très petit nombre. Mais comme point maritime, je ne puis comprendre l'entêtement systématique qui veut y enfouir, en travaux coûteux, des sommes considérables, de préférence à Bône et à Bougie.

Ces deux villes offrent, par la configuration des côtes voisines, des abris sûrs aux vaisseaux qui viennent y mouiller, tandis que le mouillage est et sera toujours détestable à Philippeville. Les plages de son golfe, inabordables faute de profondeur, n'offriront jamais qu'un débarquement dangereux, et il faut un singulier aveuglement pour s'obstiner à vouloir faire de ce lieu le port de Constantine.

Comme preuve à l'appui de ce que je viens de dire, peu d'instants après notre arrivée à l'hôtel de France, notre bateau, le pauvre *Sphinx*, sans même pouvoir décharger ses marchandises, était forcé de s'enfuir sous nos yeux et de reprendre à toute vapeur la haute mer. Le grain violent dont notre débarquement avait été comme le signal, l'eût à coup sûr jeté à la côte.

De nombreux sinistres eurent lieu, et pour éviter un pareil sort, le *Sphinx* a dû s'en aller pendant quatre éternels jours louvoyer jusque devant Tunis.

Quelle abominable promenade nous eussions faite à son bord, si le ciel n'eût permis notre mise à terre une heure plus tôt !

Rien ne saurait donner l'idée du fracas épouvantable des éléments pendant notre séjour à Philippeville. L'hôtel où nous logions, situé sur la plage même, au fond du golfe, peut être agréable par un temps calme; mais quand la mer est méchante, c'est bien le séjour le plus insupportable qui se puisse imaginer.

Les lames, s'élançant par dessus le petit parapet et larue étroite qui seule le sépare de la mer, jaillissaient jusque sur le balcon du premier étage, couvrant d'écume nos croisées dont nous ne pouvions ouvrir les persiennes.

Nous admirions en frémissant toute cette furie, dont une simple vitre nous séparait.

Assourdies par le vacarme des vents et des flots et pourtant fascinées par ce spectacle, nous restions là des heures entières à contempler les bonds convulsifs de ces vagues, qui semblaient vouloir ressaisir la proie qui leur était échappée.

Etait-ce donc là cette douce Méditerranée, dont les flots naguère si caressants dans le port de Marseille, semblaient nous convier pour nous bercer mollement jusqu'à son autre rive ?...

Quelles nuits nous avons passées pendant notre séjour à Philippeville ! Quels bruits effrayants que ces cris du vent et des flots répercutés dans les rochers de la plage tourmentée qui entoure le golfe!

A chaque instant, pour ajouter encore à l'horreur de ce funèbre concert que je n'oublierai de ma vie, des troupes de chiens errants, qui vaguent dans toutes les villes d'Afrique, passaient en lançant leurs sinistres hurlements, et leur note, dans cet ensemble formidable, n'était pas la moins lugubre.

Vers le matin, une petite fanfare de clairon, entrecoupée et comme déchirée en lambeaux par la tempête, arrivait à mon oreille; c'était la diane réveillant les cavaliers dans la caserne, sur le coteau voisin.

Cette voix grêle semblait railleuse. C'était celle de l'homme vainqueur si souvent dans la lutte contre les éléments conjurés, et j'avais plaisir à l'entendre. Que de bénédictions montaient de nos cœurs vers celui qui a dit au flot: Tu n'iras pas plus loin! Quelle joie intime et profonde d'avoir pu échapper à cette affreuse tempête. Fatigués, presque sourds, ne pouvant nous parler qu'à tue-tête, nous n'en étions pas moins les gens les plus heureux du monde, les mieux disposés à s'amuser, à s'arranger de toute chose, même de ce tohu-bohu.

Les repas offerts par l'illustre *M. Guérin*, à ses hôtes passagers ou stables de Philippeville, méritent une mention particulière par leur excentricité.

D'abord la liberté du choix vous est interdite pour les aliments comme pour les heures des repas. Demandez un simple beefsteak, on vous répondra imperturbablement : « On va vous servir bien d'autres choses, soyez tranquille, vous allez voir. » Ensuite, fussiez-vous aussi solitaire que l'as de pique et aussi sobre qu'un chameau, M. Guérin, dans sa munificence, exige que l'on fasse défiler sur votre table une exhibition complète de tous les mets confectionnés ce jour-là dans son officine.

Ne croyez pas pourtant que le nombre étonnant de ces plats jette une grande variété dans votre menu. Non, vous vous tromperiez : viandes, légumes, œufs, volailles, tout cela est enduit d'une certaine colle grisâtre, sous prétexte de sauce, qui en fait, à la lettre, une seule et même chose difficile à définir et parfaitement insipide. Grâce au savoir-faire du chef, qui à coup sûr est un grand chef, grâce à son habileté à déguiser les vulgaires aliments dont on est obligé de nourrir l'homme, je défie au plus fin de dire ce qu'il a mangé chez l'illustre M. Guérin.... de Philippeville.

Une seule chose, je dois le dire, conserve sur cette table si abondante sa forme naturelle : ce sont les poissons frits. Mais quels poissons ! bon Dieu ! quels étranges poissons... frits ! quelles formes, quelle tournure! J'affirme ici que ce sont là des sirènes en bas âge, des dauphins à la mamelle et de petits tritons, en un mot des descendants en ligne directe de tous les monstres marins dont nous parle la fable.

Ils se mordent invariablement la queue sous l'habile main du chef, qui est un grand chef, et, malgré cette façon engageante de se présenter, je n'en aurais pas mangé pour un empire.

Ah ! quel bonheur que le fameux pisciculteur, M. Coste, n'aille pas à Philippeville ! il serait capable de vouloir transplanter dans la Manche et l'Océan ces abominables poissons de préférence aux honnêtes homards, aux saumons succulents dont j'attends toujours de lui l'infinie multiplication sur mes côtes de Normandie, et j'en aurais un désespoir extrême.

Quelques familles agréables habitent Philippeville en ce moment. M. de la G... et sa jeune femme entre autres, en font gracieusement les honneurs. Après avoir vécu à Paris dans le meilleur monde, M. de La G..., maintenant sous-intendant à Philippeville, prend gaîment son parti de cette résidence momentanée, qui me semblerait un triste exil. Peut-être le temps épouvantable qui n'a pas discontinué un seul instant pendant le séjour que nous y avons fait, a-t-il influé sur mes jugements. Je veux bien croire qu'un rayon de soleil eût changé mes impressions ; ce qu'il y a de certain, c'est que le 27 novembre au matin, je me sentais fort heureuse de quitter cette ville, malgré la perspective peu riante de voyager par la pluie torrentielle qui n'avait pas cessé et de pénétrer *quand même* dans cette contrée, dont le ciel nous avait fait jus-que-là un si maussade accueil.

---

## VIII.

### De Stora à Constantine.

N'est-ce pas une chose curieuse que de se lancer à travers la Numidie, dans une petite diligence Lafitte et Caillard, peinte en jaune, comme on irait à Asnières ou à Gonesse? Par ce moyen vulgaire de nos jours, mais encore à l'état d'invention nouvelle et merveilleuse en Afrique, nous allions atteindre le soir même Constantine, où nous devions passer l'hiver. C'était le premier but fixé à notre entreprise, sans préjudice des autres pérégrinations projetées pour le printemps.

A Constantine, nous serons à 450 lieues de notre demeure, et ce long trajet a été accompli, sans encombre, par trois femmes assez peu expérimentées en fait de voyages. Dieu soit béni!

La route que nous allions suivre, fort habilement tracée par le génie français, qui a dû rencontrer dans ce travail d'immenses difficultés, traverse des contrées continuellement montagneuses. Il faut rendre justice, quand l'occasion s'en trouve, afin de pouvoir dire les dures vérités; cette route, si bien tracée, est odieusement exécutée, n'étant ni bombée ni empierrée convenablement. Les pluies l'avaient mise dans un tel état qu'elle semblait une véritable rivière de boue jaune serpentant dans un paysage noyé de pluie.

Six étalons arabes, maigres, petits et blancs, couronnés de longues crinières flottantes et pourvus de queues retroussées en tresses, nous traînaient dans ce bourbier avec un admirable entrain.

De temps à autre passait sur l'extrême ourlet de la route quelque pauvre diable d'Arabe au burnous pénétré de pluie, mais fort peu crotté malgré sa longueur, grâce à la souple chaussure du voyageur. Il cheminait bravement pieds nus. C'est ainsi que devait procéder le père Adam, lorsqu'une fois hors du paradis terrestre il parcourut pour la première fois les chemins de la terre, fort mal entretenus dès ce temps-là.

Le plus souvent l'Arabe poussait devant lui son âne, bas sur jambes, orné d'une énorme tête beaucoup trop longue pour sa taille et de plus coiffé d'un énorme toupet frisottant comme une perruque à la Louis XIV. Ce toupet donne aux ânes du pays une physionomie piquante. Un *tellys*, grand sac en tissu de poil de chameau à rayures, contient les denrées que ce digne âne porte au marché. Au retour, quand le *tellys* est vide, le grand Arabe s'installe lui-même sur le petit âne, mais tellement en arrière qu'il semble posé sur la queue de l'animal. La disproportion entre la monture et le cavalier est telle que celui-ci pourrait aisément toucher la terre de l'orteil et communiquer ainsi à son *bourricot* une impulsion en avant, qui aiderait sa marche si la gravité majestueuse du maître se prêtait à un pareil manége.

Le *Safsaf*, cours d'eau en apparence peu important, arrose la contrée qui avoisine Philippeville. Il coupe la route en plusieurs endroits ; on le traverse alors sur des ponts que notre bon *génie* construit sur tous les points et toujours sur le même modèle. Aussi, dès que les eaux grossissent tout à coup après quelque orage, ce qui est le propre des rivières d'Afrique, elles emportent, du premier coup de collier, les ponts trop étroits et trop courts que cet excellent génie, malgré des expériences réitérées, s'obstine à ne pas mieux approprier aux habitudes des rivières. Les voyageurs arrivent, plus de pont. Souvent des douzaines de chariots chargés de marchandises sont abandonnés sans gardiens sur les bords, tandis qu'hommes et mulets sont à chercher secours, provende, ou gîte ailleurs, peut-être même le passage par quelque vieux gué arabe qui doit bien rire entre ses pierres des jolis petits ponts français.

Au passage de l'*Oued-Amar*, un incident de ce genre, mais peu grave, heureusement, nous attendait.

Le pont, récemment ébranlé par une crue d'eau, ne permettait à la diligence de passer qu'à la condition de s'alléger complètement de son contenu.

On nous prie donc de quitter notre coupé malgré la pluie et dans une boue huileuse dont nulle autre boue ne saurait donner l'idée; des agronomes en concevraient à coup sûr la plus favorable opinion de la fertilité du sol. On passe à bras malles et bagages et nous voilà glissant avec nos minces chaussures de caoutchouc dans cet effroyable gâchis.

Le sol est si gras dans cette contrée (je dis cela pour tenter les agriculteurs) que malgré toute la circonspection imaginable une glissade était imminente; le terrain était d'ailleurs très en pente jusqu'au pont branlant; chacun posant le pied avec précaution dans le trou formé par le pied d'un premier passant, s'aventurait en frémissant et en riant tout à la fois. Or, le rire est ce qu'il y a de plus dangereux en pareil cas. Une chute eut lieu, à petit bruit heureusement, chacun songeant fort à soi-même dans cette difficile expédition et très peu à son prochain; mais elle eut de tristes résultats pour les vêtements de la victime. Ils furent pénétrés de cette terrible boue qu'ils importèrent sur les pauvres coussins du coupé. Jugez de l'effet désastreux que cela dut produire sur le velours d'Utrech de Lafitte et Caillard!

Bientôt après, un premier village se présente. Il est français et tout neuf, sans en être plus attrayant pour cela, c'est Saint-Antoine.

Deux lieues plus loin un autre village tout pareil au premier : c'est Saint-Charles. Tous deux se prétendent fortifiés, parce qu'un fossé de quelques pieds et un talus gazonné en font le tour. On assure que ces clôtures suffisent pour arrêter l'Arabe nonchalant. J'ai peine à le croire. Ce qu'il y a de certain, c'est que le plus inexpérimenté des gamins de France, s'il avait la fantaisie de s'approprier un fruit ou un poulet, ne se ferait qu'un jeu de pareils obstacles. Il est vrai que le gamin de France est un soldat français en herbe.

A mesure que nous avançons, le pays devient plus sauvage. Les vallons se creusent en gorges profondes; ils se rétrécissent, et les hauteurs semblent s'élever en se rapprochant. Beaucoup de broussailles dans ces ravins, mais point de grands arbres. Pas de cultures, du moins apparentes à nos yeux, car dans ce pays où l'on sème à la surface sans sillons dans des terres sans clôtures, il est difficile de distinguer en cette saison le blé naissant de l'herbe. Pourtant on nous assure que ces terrains sont en grande partie ensemencés.

La route décrit des sinuosités continuelles afin de n'aborder que des pentes assez douces pendant les vingt-deux lieues qui séparent Philippeville de Constantine. Sur les collines les moins rocheuses nous apercevons çà et là de grands troupeaux gardés par une statue blanche, debout et immobile, sous son capuchon. C'est le berger kabyle. Un grand nombre de ces troupeaux sont composés de vaches d'une si petite espèce que la plupart ne sont guère plus grosses qu'un veau normand de trois ou quatre mois. Pas une maison isolée, pas un *douar* ou village arabe ne se laisse voir au loin, pas une de ces petites fumées si douces à l'œil quand on voyage, parce qu'elle indique la demeure de l'homme, qu'on doit croire hospitalière au besoin. Aussi, ces vastes solitudes sont-elles particulièrement affectionnées par les lions. Il y a peu de semaines, au moment même où la diligence passait, un beau lion traversa la route.

A sa vue, les chevaux effrayés reculent; une sorte de fossé était proche, heureusement peu profond; la voiture y versa doucement, et les voyagenrs surpris, mais ignorant presque tous la cause de l'accident, se débrouillèrent tant bien que mal; pendant ce temps, le noble *Saïd* (c'est le nom arabe du lion), peu soucieux de l'impression qu'il avait produite sur cette machine inconnue, continuait sa route gravement. Sans doute il avait déjeuné. On juge de la terreur rétrospective des voyageurs en apprenant la formidable rencontre qu'ils venaient de faire.

On continue le voyage, croyant en être quitte pour cette aventure; mais ne voilà-t-il pas qu'à trois lieues plus loin, deux autres lions se montrent au milieu du chemin ! Décidément le jour était néfaste... Qu'avaient donc en tête ces terribles indigènes pour suivre ainsi les chemins de la civilisation ? Etaient-ils assez arriérés, assez rococo, pour se faire des visites d'un antre à l'autre ? Nul ne le sut parmi les voyageurs effarés qui s'en allaient ainsi de Charybde en Scylla. Quant aux chevaux, qui avaient jugé par la première rencontre que ces monstres étaient doux et polis, ils ne reculèrent plus, ils passèrent rapides et frémissants en renaclant bien fort, il est vrai, mais sans dommage aucun pour le pauvre véhicule à demi détraqué, non plus que pour sa cargaison. Cette aventure toute récente lors de notre arrivée, faisait encore à Constantine le sujet de maintes conversations; elle m'a été racontée par un des témoins oculaires. Du reste, de semblables rencontres ne sont pas chose rare dans ces parages. Cette bonne ou mauvaise fortune, cela dépend des goûts, ne m'a pas été accordée, je n'ai pu mettre à l'épreuve le beau courage dont je me figure être douée à l'endroit du lion ; je n'ai jamais fréquenté ce monarque absolu qu'à travers une bonne grille. Dans cette position relative, sa magnanimité sentimentale envers plusieurs martyrs livrés aux bêtes, nombre de gladiateurs romains et enfin cette mère florentine qui n'hésita pas à se jeter à ses genoux pour lui redemander son enfant, sujet fort pathétique dont les gravures coloriées ornaient toutes les salles d'auberge dans mon enfance, toutes ces choses, dis-je, me revenant en mémoire, je me sens pleine de confiance et d'estime pour ce noble animal. Dieu veuille qu'à l'occasion ce sentiment soit réciproque.

*El Arouch*, bourg assez important par son marché, sa petite garnison de cavalerie, et le nombre de ses maisons, se développe dans un bassin assez fertile avant l'entrée des plus hautes montagnes de cette contrée. Ce lieu destiné à devenir une ville, possède autant de billards et de cafés que de maisons. Je ne parle pas des cabarets, ce nom vulgaire n'est plus admis. Du reste, des boutiques sans marchandises, des boucheries sans viande, des boulangeries sans pain, un hôtel des postes sans le moindre bidet, un hôtel de la gendarmerie où l'on répète, sans doute, à satiété cette jolie plaisanterie africaine : *Dans la gendarmerie, quand un gendarme rit, tous les gendarmes rient dans la gendarmerie.* Voilà ce qu'on aperçoit en passant à *El Arouch*.

Les habitudes de paresse des habitants du lieu se révèlent par des volets décrochés ou fermés encore à dix heures du matin ; un désordre et une incurie qui sautent aux yeux et empêchent d'espérer que la prospérité vienne jamais visiter ce village. On nous dit pourtant que des bois d'oliviers, les premiers greffés en Afrique, sont autour d'*El Arouch* un premier et utile pas fait par les colons.

En traversant ces vilaines bourgades, on n'aspire qu'à en sortir. L'immense campagne déserte nous semble du moins pleine de promesses. Vers midi, elles semblent vouloir se réaliser. Des aspects de plus en plus grandioses s'offrent à nos yeux et tout à coup, entassant sommet sur sommet, la vieille Afrique se décide à se montrer à nous dans toute sa farouche grandeur.

Nous montons depuis deux heures pour atteindre le caravansérail (1) d'*El-Kantourch*, dans lequel nous devons *faire la dînée*.

Là nous attend un étrange et magique panorama dont rien ne nous avait donné l'idée.

De la hauteur où nous sommes parvenues, presque sans nous en douter, une immense

(1) On nomme ainsi les hôtelleries dans nos possessions africaines.

contrée toute hérissée de petites crètes arides et de méchant aspect se déroule pour ainsi dire et semble nous montrer les dents.

Je ne sais si aucun pays de montagne présente un coup d'œil aussi saisissant. On dirait un effroyable bouleversement de la croûte du globe, arrêté et comme frappé d'immobilité par une baguette magique.

Heureusement, la pluie a entièrement cessé. Nous mettons pied à terre devant l'auberge, et nous pouvons de là contempler avec stupéfaction cette partie étrange de la province de Constantine.

Quel nombre infini de petites montagnes! On croirait voir des vagues aiguës sur un océan subitement pétrifié au milieu même de sa fureur. Voilà l'idée que fait naître en moi cet incroyable chaos.

Les gorges et les ravins qui se creusent entre ces pitons sont un inextricable labyrinthe où les bêtes fauves doivent seules habiter. On nous dit pourtant que des tribus assez nombreuses y ont leurs douars ou villages.

Deux pics géants et jumeaux nommés les *Toumieth* dominent cet ensemble sauvage. Ils règnent sur cet horizon et sont inaccessibles, ainsi que plusieurs autres du même panorama. Il est difficile de définir l'impression que l'on ressent en présence de ce spectacle. A coup sûr, on n'est pas tenté de s'écrier, avec le perruquier lettré de Versey : « Quelle belle chose que les pays bossus !... » Non, cet effrayant désordre de la nature n'est pas ce qu'on peut appeler *beau* : c'est une magnifique horreur. On est frappé par le grandiose de ces aspects ; c'est immense et saisissant. Au lieu d'un caravansérail hospitalier, c'est un ermitage qui devrait s'élever sur la cime désolée d'*El-Kantourch*. Je dois avouer pourtant que, dans les circonstances où nous nous trouvions, nous avons fort apprécié la locanda et la chère inattendue qu'elle tenait en réserve pour nos estomacs affamés.

Les sautés de veau aux champignons, fort galamment exécutés, les brochettes de cailles et les rognons au vin de Champagne qui nous ont été offerts avaient, en outre du mérite de la surprise, infiniment plus de charme que le pain noir et l'eau du rocher, seule ressource culinaire que l'anachorète regretté par moi eût pu mettre à notre disposition. Quatre diligences par jour, des rouliers nombreux et beaucoup de cavaliers voyageurs font la fortune de cette hôtellerie, qui deviendrait sans doute le centre d'un village si l'aridité du lieu ne s'y opposait.

Jusqu'alors l'hôtelier, à certaines heures, pourrait se croire seul entre le ciel et la terre. Il est probable que cette pensée, en sa qualité d'hôtelier, lui serait particulièrement désagréable, et que plus sa thébaïde est peuplée par une nombreuse *clientèle* (cela s'appelle ainsi de nos jours), plus il est content. *Foin de la solitude* pour un aubergiste ! Un seul cauchemar peut troubler ses songes : c'est l'établissement probable d'une concurrence. Quelque *Cheval-Blanc* ou quelque *Lion-d'Or* venant fièrement camper sa bannière ou enseigne tout juste en face de lui, sur son sommet d'*El-Kantourck*, Dieu qui a façonné cette cime si fière l'a faite pour tout le monde comme le soleil... Là est l'épine ; mais qui n'a pas la sienne ? A l'heure de repartir, nous avions peine à détacher nos yeux de cette étendue à la fois si calme et si tourmentée. Est-ce le déluge qui a bouleversé si profondément cette terre, ou des convulsions volcaniques ? Sans doute, Dieu avait mieux arrondi la surface de notre boule en la lançant parmi les sphères, et quelque cataclysme inconnu est venu la labourer ainsi. La terre est maigre bien entendu dans cette contrée ; elle montre ses os dénudés avec une foule d'exostoses. Peut-être y a-t-il là dessous des filons d'or, d'argent, de fer ou de charbon, qui sait? Alors en avant pinces et pioches. On parle beaucoup d'un chemin de fer de Philippeville à Constantine. Celui-là, tunnel continu, serait du moins à l'abri de la pluie qui recommence de plus belle à notre départ d'*El-Kantourch*. On pourrait l'appeler le chemin des Taupes. Sera-t-il fait ? Probablement. L'homme est un si drôle d'animal!

A quelques lieues plus loin, dans une vallée sur la gauche, se trouvent, nous dit-on, deux beaux villages fondés sous les auspices de deux princes de la maison d'Orléans : *Gastonville* et *Robertville*. Ils n'ont point prospéré malgré ce parrainage princier.

Les miasmes fiévreux qui se dégagent des sources chaudes de leur fertile vallée et des défrichements entrepris, ont peu à peu dépeuplé chaque maison; une seule restait ouverte dans celui de *Gastonville*, toutes les autres étaient closes par la main livide de la mort. Quelle tristesse ! quel deuil !... On prétend que peu de travaux, faits avec intelligence, suffiraient pour assainir ces lieux, et que plus tard on les habitera sans danger. Je ne sais si, à moins d'y parquer des condamnés, on parviendra à trouver des amateurs.

Le *Smendou* ainsi qu'un autre grand village

drôlement nommé *Petit*, du nom d'un brave général tué dans un engagement sur ce point, se rencontrent encore sur la route avant d'entrer dans la longue et fertile vallée du *Hammah,* qui doit nous conduire jusque sous les murs de Constantine.

Depuis ces deux bourgades, la route traverse des terres d'une apparence cultivable et même un peu cultivées. Aussi voyons-nous souvent en passant quelqu'Arabe au burnous toujours blanc, sinon propre, procédant avec dignité à la préparation de son champ pour faire les semailles. Après avoir préalablement tracé sur le terrain la forme sacrée d'un 8, puis jeté au hasard des poignées d'orge ou de froment sur la terre, il pousse devant lui un animal quelconque, âne, mulet ou vache, n'importe; la vigueur n'est point nécessaire, il ne s'agit que d'écorcher légèrement le sol à l'aide d'un petit soc traîné en tous sens selon le caprice de la bête. Point de sillon, mais des circuits bizarres. L'Arabe laboureur psalmodie pendant ce temps à demi-voix des paroles sacrées du Coran afin qu'Allah et son prophète daignent féconder ces égratignures. Pas le moindre engrais, cela va sans dire. Voilà toute l'affaire. Tout pousse à miracle et depuis des siècles. Quand le champ vient à verdir, on y parque des troupeaux qui broutent une ou deux fois ces blés en herbe.

On en coupe ensuite à volonté pour les chevaux des douars et enfin vers la mi-avril on se décide à les laisser monter et mûrir pour faire en juin la moisson.

La vallée du *Hammah*, longue de plusieurs lieues, a été évidemment affectionnée par les Romains. De nombreux thermes en ruines se voient encore près des sources chaudes qui fument en maint endroit et doivent avoir des vertus curatives appréciées des anciens, mais complètement négligées par les Arabes et par nous.

Une végétation assez fraîche commence à réjouir nos yeux ; quelques jeunes plantations de peupliers et de saules bien venants nous parlent de la France du Nord; des mûriers, des oliviers et des figuiers nous rappellent celle du Midi. Nous les saluons en passant comme des amis, implorant pour eux les bénédictions du ciel africain habité par notre père commun sous le nom d'Allah !...

Quelques rares palmiers se voient aussi sur cette route; mais ces élégants indigènes à la taille élancée, qui donnent tant de couleur locale au paysage, ne se montrent guère en nombre qu'à soixante ou quatre-vingts lieues dans l'intérieur.

Il est près de quatre heures. La route plus animée se peuple en quelque sorte. Des files de chameaux à la grotesque tournure, des Arabes avec leurs ânes ou leurs mulets chargés de bois de chauffage se dirigent dans le même sens que nous, tandis que des fourgons d'artillerie, des chariots ou prolonges, des convois conduits par les utiles soldats du train et des équipages, viennent, au contraire, à notre rencontre, se dirigeant sur Philippeville.

On se sent dans les environs d'une cité importante. Bientôt la vallée se rétrécit, les montagnes qui avaient presque déserté l'horizon élèvent de nouveau des fronts rembrunis par des nuages pluvieux, et nous cheminons sous l'influence mélancolique de ce temps menaçant.

Soudain une déchirure se fait dans les nuées. Un rayon inattendu en tombe, et nous apercevons comme une vision, à gauche sur la cime d'une hauteur bizarre toute teintée de rose... Constantine! Constantine blanche et lumineuse! l'antique, l'inexpugnable Cyrtha, la capitale si chère à Jugurtha, le héros qui peut-être admira d'ici même sa position unique et formidable ; Cyrtha, joyau conquis plus tard par les Romains, mais conquis sans gloire ; aire où leurs aigles ne purent pénétrer qu'à l'aide de la trahison ; fière cité, enfin, que voulut visiter le grand Constantin, empereur d'Orient, et à laquelle il donna son propre nom.

Nos regards avides la contemplent avec curiosité ; elle semble planer sur un nuage en défiant le voyageur de l'atteindre. Quelques instants seulement elle nous apparaît tout près du ciel. Soudain, à un nouveau détour, une montagne, dix montagnes s'interposent entre elle et notre regard. Elle disparaît pour deux mortelles heures encore.

Quand le but a été entrevu, c'est bien long deux heures ! Nous avons peine à comprendre combien de détours nous restent à faire, à travers cette contrée montueuse, pour arriver à cette ville en quelque sorte aérienne, relativement au point où nous sommes arrivés.

Un lit de rivière se présente. Il est ravagé, presqu'à sec, semé de quartiers de roche, à peine arrosé par quelques filets d'une eau trouble et jaunâtre, qui serpentent avec une singulière rapidité, et frétillent comme des anguilles entre les blocs de pierre et les amoncellements de galets. Ce reste d'eau, c'est l'*Oued-Rummel;* c'est le vieux torrent sauvage qui, au moindre orage, remplit tout à coup son vaste lit et même les vallées qu'il parcourt, emporte tout sur son passage et traîne à sa suite la désolation et la mort.

Pourtant salut à toi, vieil africain! Salut à toi, fleuve aimé d'Annibal et du noble Jugurtha! Salut à toi qui, dans les profondeurs inconnues de tes antres mystérieux, ronges depuis tant de siècles la base du roc formidable qui porte, comme une couronne de pierre, la fière Constantine sur son front!

Salut à toi! au nom de l'Orne, mon modeste fleuve normand; lui aussi porta jadis la fortune d'un héros, et Dieu sait qu'il ne manque pas d'en être vaniteux. Jamais tu n'entendis parler de lui, sans doute, mais il entendra parler de toi à mon retour sur ses rives tranquilles; je lui raconterai ton histoire, tes caprices, tes méfaits désastreux. Mes récits me ramèneront par la pensée sur tes bords et ces souvenirs me seront doux.

Nous commençons à gravir des rampes interminables en contournant une montagne nommée le *Koudiat-Ati.* Or, cette montagne est tout simplement une obligeante et proche voisine de Constantine.

Grâce à elle, on atteint la même élévation que le plateau où est bâtie la ville; puis, traversant le vallon sur une sorte de chaussée qui le coupe et qui est formée d'immenses remblais augmentés chaque jour, on arrive, par un accès facile, à la porte principale.

Le sommet terreux du Koudiat-Ati fournit les matériaux de ce terre-plein qui comble peu à peu la vallée et permettra d'agrandir la ville jusque-là isolée sur son bloc de rocher. C'est une ingénieuse idée, toute française, bien entendu.

Voici le ciel qui s'assombrit de plus en plus; de grandes nuées de passereaux s'enlèvent du fond de la vallée, pour s'y replonger l'instant d'après, avec mille cris aigus. Nous leur attribuons d'abord l'obscurité de l'air; mais c'est une illusion, nous ne pouvons plus nous y méprendre : c'est la nuit, la nuit qui tombe si soudainement dans ces contrées où il n'y a pas de crépuscule.

Avec elle revient la pluie qui avait fait relâche. Il est six heures, et sous un véritable et noir déluge nous faisons notre entrée dans Constantine, entrevue, deux heures avant, dans un rayon de soleil.

Eblouis désagréablement par les réverbères de la civilisation, nous parcourons quelques rues étroites et fangeuses où fourmillent des passants curieux.

On entoure la diligence, dont l'arrivée est toujours en ce lieu un événement plein d'intérêt.

Bientôt, délivrées des détails fastidieux d'une fin de voyage, nous allons trouver le repos sous un toît à nous, ce qui ne ressemble pas à l'abri banal d'une auberge, et nous promet un doux sommeil.

---

## IX

Constantine est la cité étrange entre toutes. Par quelque côté qu'on la contemple, elle frappe d'étonnement, et son aspect subit, par les jeux de la lumière dans les nuages qui l'enveloppent souvent, des changements si divers que le pinceau et la plume sont également insuffisants à en donner l'idée.

« On peut essayer, disait Horace Vernet, » venu à la suite d'un des princes d'Orléans, » lors de notre occupation définitive; mais » réussir, c'est autre chose : pour moi, ajou- » tait-il, qui ai vu à peu près tout ce qu'il y » a en ce monde de sites curieux, je ne con- » nais rien de comparable à la position de » Constantine et surtout aux ravins du Rum- » mel. »

Après cette opinion, on serait tenté de renoncer à toute description si, pour soi-même, on ne tenait à fixer tant bien que mal ce beau souvenir. Qu'on se figure un bloc isolé d'une superficie assez vaste pour supporter une ville de 45,000 âmes sur sa surface aplatie. Il est vrai que les corps où logent ces âmes sont pour la plupart logés eux-mêmes fort à l'étroit. Les parois de ce roc, inexpugnable avant notre conquête, sont d'un granit rose du ton le plus charmant; presque partout elles sont verticales et d'une élévation effrayante.

Cette espèce de piédestal d'une lieue de tour a le quart environ de sa base dans une vallée que l'on comble peu à peu en face de la ville; le reste de ce bloc étrange plonge dans une gorge si profonde et si peu large que l'obscurité presque complète règne au fond. Le torrent du Rummel y gronde sans cesse.

On suppose que, dans les temps les plus reculés, le mont Sidi-Messid se fendit dans un tremblement de terre, et que le rocher qui porte Constantine en est la moindre partie. L'Oued-Rummel qui, auparavant, suivait évidemment la vallée, s'engouffra dans la fente effroyable qui ouvrait sur sa droite de profonds abîmes, et ses eaux en augmentèrent l'horreur.

Rien ne saurait donner l'idée de ces profondeurs d'où l'on n'entrevoit une bande de ciel que par intervalles.

Quelques arcades naturelles subsistant depuis le jour du grand déchirement, rejoignent à mi-hauteur les deux gigantesques murailles ou parois du rocher vertical des deux côtés. Elles forment, de distance en distance, ce qu'on nomme les *ponts naturels du Rummel*. Mais ces soi-disant ponts sont inabordables soit d'en haut, soit d'en bas, et ne font qu'ajouter à l'étrangeté du lieu. Quelques pâles herbes, quelques cactus visités sur le midi par un fugitif rayon, ont poussé sur ces hautes arcades comme échantillons de ce qu'on voit là-haut sur la terre.

Le lit du torrent, semé çà et là de quartiers de roc tombés des arcades, occupe le fond tout entier de la gorge. Une sorte de galerie en planches s'accroche aux restes des remarquables travaux romains qui conduisaient l'eau jusque dans la ville, et que les Français ont utilisés dans le même but, permet aux curieux intrépides de parcourir une partie du ravin ; mais quand l'eau monte, cette excursion n'est pas sans danger.

Dans cet étrange parcours, les eaux du Rummel disparaissent en plusieurs endroits dans des cavernes inconnues Ces gouffres n'ont pu être explorés ni par nos aventureux soldats, ni par les Arabes intrépides ; ce qui fait que la plus grande partie des ravins reste à l'état de mystère. Bien des crimes, bien des drames mystérieux ont dû y trouver un sinistre dénouement.

Les oiseaux de proie habitent là en grand nombre. Leurs cris se mêlent sans cesse à la voix du torrent qui se précipite en bouillonnant et comme saisi d'horreur, hors des grottes souterraines où il s'était momentanément plongé. Ses eaux forment alors de larges nappes et des cascades qui descendent sur des degrés de rocher avec un fracas assourdissant. Dans les basses eaux, j'ai vu, à mon grand étonnement, des Arabes pêcher gravement à la ligne debout sur quelque pierre roulante. J'ignore quelle espèce d'animal mordait à leur hameçon, n'ayant pu descendre comme eux et m'approcher assez pour le voir.

Un froid pénétrant se mêle à l'impression étrange que l'on ressent en visitant ces profondeurs. On regrette de ne pouvoir les parcourir en entier, et n'en ressortir que par l'extrémité opposée, au lieu de retourner sur ses pas.

On y est étourdi par les bruits qui s'y répercutent, et la voix humaine s'y distingue à peine. Lorsqu'on veut passer quelques heures dans la partie abordable pour rêver, admirer ou dessiner, on risque toujours quelque peu sa vie, vu qu'il se détache assez souvent des fragments de rocher dont la chute écraserait le rêveur comme une mouche. De plus, malgré les défenses les plus sévères, on s'amuse souvent à lancer, de la ville qui surplombe à une prodigieuse hauteur au-dessus de ce gouffre ténébreux, des pierres ou autres objets, risquant ainsi, pour le plaisir puéril de constater qu'on ne peut entendre tomber l'objet lancé, de tuer un innocent curieux qu'on n'aperçoit pas d'en haut.

Constantine, plantée fièrement sur son rocher, domine au loin la province montagneuse et sévère qui porte son nom. Trois montagnes la serrent de près, et c'est précisément des flancs de ces voisines dangereuses que notre artillerie put la foudroyer en 1837, après avoir échoué dans une première attaque l'année précédente. Sans artillerie elle était imprenable. La première, le Sidi-Messid (le Seigneur-Messid) la domine de son front chauve: Il est formé du même granit rose que le support de la ville qui en a évidemment fait partie; le Mansourah aux larges flancs sur lesquels s'étendent les divers cimetières de Constantine; l'hippodrome servant aussi de champ de manœuvres, et divers établissements publics. Son sommet a mérité des Arabes un nom particulier. Je ne sais par quelle raison il se nomme Sidi-Mabrouck (Seigneur-Mabrouke). Un pont à plusieurs étages d'arches superposées, et remontant au temps de la domination de Charles-Quint, rejoint les flancs du Mansourah à la ville en enjambant les ravins.

Quant au Koudiat-Ati, dont j'ai précédemment parlé, c'est cette bonne montagne toute composée de terre végétale, où l'on prend tous les remblais qui amènent à Constantine et lui permettront sous peu de s'agrandir.

Les Arabes qui aiment les hauteurs, qui leur prêtent un rôle et un langage, commencent à mépriser Koudiat-Ati. Il est déshonoré, disent-ils, et bientôt il n'aura plus même de nom.

Quand on a vécu dans les montagnes et observé leurs divers aspects qui rappellent, selon les effets de la lumière, le jeu de la physionomie humaine, on comprend cet ordre d'idées des peuples rêveurs et poétiques. Quoi qu'il en soit, le pauvre *Koudiat-Ati*, découronné de son sommet, se couvre d'usines, prête ses flancs aux routes sinueuses et est sans cesse attaqué par une armée de piocheurs; il s'unit à l'antique cité, qui ne s'attendait pas à cette jonction. On ne peut plus dire: Il n'y a que les montagnes qui ne se rencontrent pas.

Cyrtha, la ville numide, avait été construite sur son roc avec des fragments de ce roc lui-même.

Il existe encore dans maint endroit de la ville des spécimens de ces habitations antiques. Lorsque de fréquentes démolitions les mettent à nu, on constate que les Romains avaient utilisé pour les étages inférieurs des maisons, qu'ils construisirent plus tard, ces salles d'une solidité cyclopéenne, faites de quartiers de rocher formant voûte et admirablement cimentés entre eux.

Une maison française que l'on va construire en face l'hôtel des Postes a donné lieu à des démolitions qui offrent un curieux spectacle. Quatre âges distincts, superposés, s'y montrent en ce moment, les souterrains numides, le rez-de-chaussée romain avec ses cintres en briques sur champ; des galeries arabes avec leurs faïences coloriées, leurs légers moucharabys, leurs marabouts mystérieux au premier étage, et enfin, enveloppant le tout dans un adroit rafistolage, la maison française, incommode, mal appropriée au climat, ouverte au soleil des étés, aux tempêtes des hivers, mais pimpante, sans souci, se collant, s'insinuant dans ces vénérables restes et les déguisant sous ses ornements criards. Quel résumé d'histoire! quels étranges récits les dieux lares de ces foyers tour à tour éteints pourraient se faire les uns aux autres!...

On n'arrivait aux portes de la ville, en ces temps reculés, que par des sentiers de chèvres grimpant aux flancs du rocher..Il était donc bien facile d'en défendre les abords.

Les javelots lancés du sommet du Sidi-M'ssid tombaient sans doute des parties de la ville la plus rapprochée, mais cela ne pouvait guère inquiéter les habitants de cette aire. Aussi ne fut-elle jamais prise que par trahison.

Cette position unique au monde devait séduire les peuples de Numidie lorsqu'ils devinrent guerriers. On comprend qu'ils y aient établi une ville importante. Sous les règnes de Siphax et de Jugurtha, Cyrtha fut considérée comme la perle de la Numidie et bien plus forte que Carthage elle-même, malgré que celle-ci, plus guerrière, peut-être, ait eu l'honneur de donner son nom aux peuples du littoral.

Le commerce de Cyrtha était considérable. Les cuirs d'éléphants, animaux qui abondaient alors dans la contrée, la laine des troupeaux et les coursiers rapides renommés comme aujourd'hui, en étaient les principaux éléments.

Elle fut fortifiée du côté de la vallée par les Romains. C'était du luxe, mais ils avaient au suprême degré *la manie de la truelle.*

Une tour carrée construite par eux, toute dorée par le soleil de vingt siècles, subsiste encore intacte à droite de la porte *Vallée* ou *de la Brèche.*

Cette entrée principale de la ville, une autre appelée porte *Djebia*, qui mène dans les quartiers restés arabes; enfin la porte d'*El Kantara*, mot espagnol qui signifie *du pont*, parce qu'en effet elle ouvre sur le pont dont j'ai parlé plus haut, tels sont les seuls accès de Constantine.

Charles-Quint, maître pendant un temps de cette province, laissa plusieurs monuments de sa domination. Notre génie français laissera-t-il, à son tour, quelque chose de digne de la postérité ?... On se le demande encore à cette heure.

Les maisons arabes ne sont point, dans cette province, couvertes de terrasses comme dans celles d'Alger et d'Oran. Des tuiles creuses, vernissées, très variées de teintes, s'entre-croisent sans presque de pente pour les couvrir; elles s'avancent jusqu'au plus extrême rebord du plateau comme pour ne rien perdre de cet étroit emplacement, et semblent défier l'abîme.

Le vertige devrait s'emparer de leurs habitants; mais l'Arabe, ami des hauteurs, ne connaît pas cette influence du vide, et le Français se fait à tout.

Je m'étonne que depuis tant de siècles les violentes tempêtes du ciel africain n'aient pas balayé cette surface exposée à tous les vents.

Quelques touffes d'aloës, des cactus à larges raquettes, nommés aussi figuiers de barbarie, essaient de vivre dans les fissures du rocher; mais ces plantes, de fer en apparence, seule végétation en harmonie avec la sauvage nature de ce lieu, pendent bientôt déchirées par les ouragans et sont emportées dans le vallon. Leurs dards menaçants, de couleur glauque, ne peuvent résister longtemps; ils jonchent le sol des vallées de leurs débris qui, sous ces latitudes, deviennent bientôt des boutures pourvu que quelques grains de terre s'y prêtent.

Au milieu des quinconces nouvellement plantés sur le terre-plein qui s'étend aujourd'hui devant la *porte de la Brèche*, une vaste fontaine où s'abreuvent les passants, bêtes et gens, réjouit les yeux. Aucun ornement ne peut être plus appréciable en ces climats.

De ce point élevé, avant d'entrer dans la ville, l'œil suit longtemps, sur la droite, la vallée où l'Oued-Rummel, avant de rencontrer les gorges où il sera longtemps caché, suit son cours bienfaisant. Des moulins importants, des maisons particulières et de grands établissements, tels que la caserne du Bardo (anciennes écuries du dey), s'élèvent sur ses bords.

Les dépendances considérables de ces casernes, avec d'immenses approvisionnements de fourrages, ont été brûlés par le feu du Ciel il y a quelques mois.

Cet incendie, au bord même de la rivière, a été, dit-on, un prodigieux spectacle.

Au confluent du Bou-Merzoug et du Rummel, près du jardin des plantes qu'on vient de créer, cinq belles arches encore debout attirent l'attention.

C'est ce qui reste d'un immense aqueduc

romain qui amenait l'eau en abondance à Constantine.

Cette noble ruine se détachant sur le ciel ferme le tableau de ce côté.

A gauche, après avoir plongé le regard dans les fraîches vallées du *Hammah* (eaux chaudes) et du Rummel ressorti par l'autre extrémité des ravins; après avoir remarqué sur les pentes inférieures les douars ou campements de nomades qui viennent là pendant quelques jours pour trafiquer de leurs denrées; après avoir admiré d'en haut des bois d'orangers et de citronniers fleuris, l'œil glisse de sommets en sommets jusqu'aux cimes presque toujours neigeuses de la petite Kabylie près de laquelle nous avons débarqué.

Ces cimes roses et blanches se fondent vers le nord-est dans la brume de la mer. Ce merveilleux tableau, à la couleur bien africaine, est animé par une multitude de passants de toute nation et de tout costume.

Des Arabes, des nègres à demi nus, d'élégantes amazones françaises gagnant au galop léger de leurs chevaux les routes plantées qui servent de promenades aux habitants de Constantine, des Arméniens, des juifs à turbans roses ou jaune pâle, de nombreux officiers de cavalerie caracolant avec coquetterie, des cheiks arabes, sombres comme la nuit, mais beaux comme elle, éclatants d'or sous le burnous écarlate de caïd, et qui passent comme des flèches à travers les files paisibles des chameaux et des ânes; tout cela entrant, sortant sans cesse de la ville, couvrant les routes qui serpentent sur les flancs des trois montagnes où l'œil peut les suivre longtemps ainsi qu'au fond des vallées, grâce à la couleur éclatante des vêtements. Tout cela donne une animation singulière à ce tableau.

Je passerais des jours entiers sur les bancs de ces jeunes quinconces dont rien ne peut rendre le charme. Si Dieu prête vie aux arbres qui déjà y projettent leur ombre encore bien légère, ce lieu deviendra plus charmant encore dans l'avenir. Des danseuses mauresques, almées de bas étage, des charlatans, des jongleurs, le choisissent pour théâtre de leurs ébats ; des musiques nègres, monotone exercice d'un tambourin à grelots, y accompagnent des espèces de mélopées bizarres, tandis que, non loin, des sorciers arabes, nommés *aïssaouà*, semblent en démence et avalent de grand appétit de l'étoupe enflammée ou des lames de sabre, à la vive satisfaction d'un cercle de troupiers flâneurs et de bonnes d'enfants juives pour la plupart. On voit qu'en outre de l'originalité du lieu lui-même, les spectacles gratis n'y manquent pas plus que sur les boulevards de Paris.

Mais une musique militaire résonne dans l'espace et retentit entre les trois montagnes : ce sont les zouaves ou bien les tirailleurs indigènes qui remontent les rampes ; ils reviennent de l'exercice et vont rentrer en ville. La foule s'écarte pour admirer ces belles troupes au teint bronzé, à la démarche leste, au costume pittoresque. Pénétrons aussi dans la ville, arrachons-nous aux enchantements extérieurs ; il faut tout voir et tout décrire pour les amis, qui l'ont exigé de moi comme pour ma propre satisfaction quand plus tard, je feuilleterai ces pages.

---

## X.

Avant de franchir le seuil de cette reine de la Numidie, un mot sur les anciens peuples de ces contrées.

C'est ce qu'on peut appeler remonter au déluge, j'en conviens; mais ce point de départ étant accordé au plus bavard des avocats, je m'autorise d'un tel précédent.

Donc *Noé*, le héros du déluge, eut trois fils plus ou moins respectueux, comme chacun sait. Après la destruction quasi complète du genre humain, quand la terre, séchée et reverdie, mais désormais déserte, s'offrit à eux comme un vaste domaine, *Sem* se chargea de repeupler l'Asie; *Japhet* eut l'honneur d'être notre aïeul, et *Cham* fit son affaire du continent africain. Des savants plus savants que les savants en *us* prétendent que *Sem* signifie lumière, *Japhet* étendue, et *Cham* chaleur. Quoi qu'il en en soit, le *Cham* qui fut la souche des peuples africains était déjà sans doute un peu brun en arrivant, et, le soleil de l'équateur aidant, ses descendants devinrent les mauricauds que vous savez.

Aussi, pourquoi pousser si loin vers le Sud? Pourquoi ne pas se contenter des belles contrées tempérées du littoral, fertiles bien que montagneuses et couvertes alors de forêts dont l'existence évanouie se révèle encore aujourd'hui par des racines d'un volume énorme?

Ces forêts qui assainissaient le pays disparurent, soit par la hache, soit par le feu, les peuples pasteurs, alors comme aujourd'hui, ne connaissant que ce moyen pour détruire les repaires des animaux carnassiers qui déciment leurs troupeaux. Ils ignorent même de nos jours que les bois ont des influences climatériques, des propriétés salubres, et, n'en faisant guère d'usage comme combustible, ils achèveraient volontiers aujourd'hui l'œuvre de destruction commencée jadis, si les plus sévères défenses des autorités françaises n'essayaient d'y mettre ordre.

Ismaël, enfant proscrit d'Abraham et d'Agar, vint à son tour chercher fortune dans l'Afrique du Nord, telle est l'origine de ces Arabes nomades qui, dans leurs pérégrinations, s'éloignèrent de plus en plus de la Palestine et de l'Egypte. Toutes les peuplades de pasteurs dont les mœurs n'ont point subi de changement depuis cette époque, descendent directement de lui. Elles apportèrent d'*Arabie* leur nom et leurs mœurs, cherchant seulement en ce monde les cours d'eau et les frais pâturages; elles parcouraient le littoral africain selon les saisons, comme le font encore les habitants du Tell, divisées en tribus ou familles comme dans la mère-patrie; elles se donnèrent pourtant des rois dont quelques tombeaux curieux, tels que celui de *Medraschem*, recouvrent la cendre. Malgré l'écrasement de leur forme, ces tombeaux rappellent les pyramides royales de l'Egypte.

Peu à peu quelques villes et des forteresses en pierre se construisirent sur les hauteurs. Des Phéniciens aventureux fondèrent des établissements sur les côtes, et ces tribus de bergers mêlées à eux commencèrent, sous le nom de Numides, à compter au nombre des nations.

Les Romains envahisseurs ne pouvaient

laisser grandir en paix un peuple aussi voisin du midi de l'Italie ; de longues guerres et d'héroïques résistances couvrirent le sol de sang et de ruines. Asdrubal, Massinissa, Annibal et Jugurtha égalèrent les plus grands héros de Rome, et Carthage tient une grande place dans l'histoire. Elle succomba pourtant. L'astre romain brilla en Afrique de tout son éclat.

Les villes nombreuses dont on rencontre à chaque pas les ruines en voyageant dans cette contrée et dont on peut encore admirer l'ordonnance et les magnifiques matériaux de construction, des restes de monuments de toutes sortes, temples, thermes, amphithéâtres, des voies pavées en larges dalles pour le parcours des chars, des aqueducs pour amener les eaux sur les hauteurs, se voient à chaque pas dans la province de Constantine, et ces nobles traces de la grande civilisation romaine ne sont pas le moindre intérêt d'un voyage en ce pays.

Un officier supérieur du génie me disait à ce sujet que la seule chose qui méritât l'intérêt, en Afrique, c'était les antiquités romaines ; cela n'est pas encourageant au point de vue de la colonisation, mais le génie vise à l'originalité.

Constantin, le grand empereur, vient en Afrique, il reconstruit Cyrtha démantelée, lui donne son nom comme à une princesse, comme à sa fille chérie, il enrichit toute sa province, qui rivalise alors avec l'Italie reine du monde.

Hélas ! à ces temps de grandeur et de prospérité succèdent les plus épaisses ténèbres. Les vrais barbares, les vandales, comme un flot dévastateur, sortent des forêts de la Germanie, poursuivent la destruction de l'empire romain jusque sur ces plages lointaines. ils les inondent de leurs hordes sanguinaires, ravagent, pillent, détruisent, répandent l'ombre là où règnait la lumière, et quand cette grande tempête est enfin passée, comme toute chose de ce monde, il ne reste debout dans toutes ces contrées que la tente de l'Arabe pasteur. Humble et frêle, elle se dresse près des ruines et survit à toutes les grandeurs anéanties. C'est le roseau qui se relève, tandis que le chêne superbe est brisé.

Des trois provinces qui composent nos possessions africaines, la plus intéressante est, sans contredit, celle de Constantine, à cause des vestiges si nombreux qui y ressuscitent l'antiquité. Celles d'Oran et d'Alger, appelées *Mauritanie*, plus éloignées de Rome, centre lumineux de ces temps, furent peuplées plus tard de Sarrasins venus d'Espagne, qui, mêlés aux indigènes, gardèrent le nom de Maures.

Les Turcs dominèrent à leur tour sur ces plages, conquises par Hariodan Barberousse, pirate fameux qui fit hommage au Sultan d'alors de sa conquête.

Des unions contractées entre eux et les Sarrasins ou Mauresques, se forma une troisième race, que l'on distingue encore sous le nom de Coulonglis. Les princes ou deys qui régnèrent sur tout ou partie de ces provinces, appartinrent alternativement à ces diverses races. De là des divisions et des guerres interminables.

C'est une étrange loi de la race humaine que de ne pouvoir vivre en paix ; elle est peut-être d'origine divine, puisque Jehova se nomme lui-même le Dieu des armées.

De bien rares manuscrits, des traditions obscures et confuses, permettent à peine de distinguer les éléments d'une histoire chez ces peuples longtemps oubliés. Le seul événement digne de remarque pendant une longue suite de siècles, c'est l'établissement de l'islamisme. Comment parvint-il à s'établir, sous ces tentes impénétrables à tout changement dans les idées? Je l'ignore. Le paganisme avait échoué malgré sa puissance. La loi de Moïse était seule conservée chez ces peuples, ainsi que les mœurs et coutumes d'Israël.

Il faut croire que l'alliance que Mahomet sut faire si habilement de ces antiques dogmes avec ceux qu'il prescrivit à ses adeptes, fut cause de cette adoption du Coran, dont ils observent les lois avec une scrupuleuse fidélité depuis plus de douze siècles.

---

## XI.

Après cette ambitieuse excursion dans le passé, suivons la foule et pénétrons avec elle dans les rues étroites de Constantine, incessamment remplies d'un incroyable pêle-mêle de gens et d'animaux.

Les Français font de véritables trouées dans cette pauvre ville pour en franciser au moins une partie. Heureusement les deux tiers encore sont restés purement Arabes. Cela ne veut dire ni beau, ni commode, j'en conviens; mais pour le touriste curieux, cela veut dire : couleur locale, et c'est beaucoup.

Plusieurs de ces rues sont devenues françaises au point d'être bordées de laides boutiques et de trottoirs de deux pieds de largeur, en conservant malgré ce luxe une chaussée en macadam assez large pour le passage d'une seule voiture; s'il s'en trouvait deux il faudrait rétrograder jusqu'au prochain carrefour, mais ce cas ne se présente pas encore; les charrettes et les voitures de luxe sont également rares jusqu'alors; il faudrait d'abord pouvoir s'en servir, cela viendra sans doute, mais lentement; il y a tant à faire en ce pays!

A tout seigneur tout honneur, dit-on : je commence donc en énumérant les passants de ces rues, par celui que le maréchal Bugeaud appelait avec conviction le vrai civilisateur, le bienfaiteur modeste auquel l'Algérie doit tant; je le nommerai, comme on le nomme sur les lieux, non pas l'*âne* mais le *bourricot*.

Cet humble et utile animal est réellement le pivot, le moteur du bien général à Constantine, et Dieu sait que rien ne se fait facilement dans ce lieu. De longues files de ces estimables quadrupèdes circulent sans interruption dans les foules les plus compactes, se faufilant avec une modestie, une douceur de procédés, je dirais presque une politesse bien rare de nos jours, surtout quand on a la conscience de son utilité et d'un mérite reconnu.

Leur nombre est fabuleux, leur courage à

toute épreuve, leur tournure impossible à rendre sans le secours du crayon. On les charge à les écraser. On les nourrit de rien ou à peu près, mais les Arabes âniers qui en sont propriétaires, ou tout au moins conducteurs, ne les battent jamais et leur parlent avec douceur, c'est beaucoup pour ces grands cœurs.

L'eau, le bois, les pierres à bâtir, le sable, la chaux, le charbon, tout ce qui se mange ou s'emploie chaque jour, monte à Constantine sur leur échine; les décombres, les fumiers, les débris de toute nature qu'il est défendu de jeter dans les ravins, descendent au fond des vallons sur cette même échine si infatigable et si précieuse.

Maintenant passons à l'homme. 45 mille habitants, dont 25 mille Arabes, 10 mille Juifs ou Arméniens, 5 mille Maltais et Espagnols et seulement 5 mille Français, habitent Constantine et fourmillent sans interruption dans ses rues. La garnison, presque entièrement casernée au dehors, n'est point comprise dans ce chiffre.

*Flâner*, telle est l'occupation favorite des Arabes, comme des militaires Français en garnison; il en résulte que ces deux éléments de la population constantinoise passent littéralement leur vie dans les rues. L'or des uniformes (tout le monde est en uniforme, même les fonctionnaires civils), l'or des vêtements brodés des riches Arabes, l'or ou les oripeaux des Juives, tout cela brille et circule, même sous la pluie et dans les jours les plus crottés ; cela prête un air de fête continuelle à la ville. Les Maltais et les Juifs font ici tout le commerce des menues denrées. Les premiers, trapus et noirs comme l'aile d'un corbeau, sont vêtus d'une chemise flottante en indienne rose ou bleu clair. Un pantalon de gros drap brun retroussé jusqu'aux genoux et un affreux chapeau de croque-mort, qui ne quitte jamais leur tête carrée, voilà leur invariable costume.

Ces hommes, actifs et vigoureux, font tous les rudes travaux, ils portent les plus lourds fardeaux suspendus au milieu d'une perche, dont chaque extrémité porte sur leur épaule droite.

Ainsi chargés, ils n'obstruent dans les rues qu'une largeur d'homme, marchant l'un derrière l'autre, les bras croisés, ils cheminent en cadence, avec une certaine grâce relative, comme des ours bien appris, et beaucoup d'adresse.

Excepté pour les gens doués du *septième*

sens, que j'appellerai le sens *artiste*, sans m'arrêter à énumérer les *six* autres bien et dûment admis, Constantine doit sembler affreusement laide à l'intérieur.

En effet, les constructions arabes, pour qui n'apprécie que la régularité, le soin et les ornements d'architecture, sont de vraies masures, tristes au dehors, négligées au dedans.

De plus, tout ce que les Français ont bâti jusqu'à ce jour, est mesquin et nullement fait pour embellir la ville; il faut donc savoir trouver du charme à l'originalité et au pittoresque, pour étudier avec plaisir ce labyrinthe curieux.

Malgré leur distribution tout à fait dépourvue de confortable, depuis le palais jusqu'à l'humble demeure, les maisons arabes sont préférables aux maisons françaises, sous ce climat. L'on fait bien, autant que possible, de s'y loger; elles sont beaucoup plus fraîches pendant les chaleurs, et l'hiver, en y faisant adapter des petites cheminées, on peut fort bien s'en arranger. Elles sont généralement dépourvues de cette heureuse invention, les indigènes ne connaissant d'autre mode de chauffage que le *canoun*, véritable *brasero* espagnol.

Toutes les habitations arabes sont construites dans le même esprit de mystère et de vie intérieure. Une porte surbaissée, tout ornementée d'énormes clous, comme le coffre-fort d'un vieux juif, avec un seuil si haut qu'il arrive au genou et a pour but évident d'entraver la marche des indiscrets et de briser les fémurs les mieux conditionnés, donne accès, comme à regret, dans une sorte de vestibule obscur, où se trouvent, la plupart du temps, un ou deux chevaux favoris, tout harnachés, attendant le bon plaisir du maître.

On *n'entre* pas, on *se glisse*, courbé en deux, dans ces ouvertures, d'où l'on n'aperçoit pas l'intérieur, car c'est toujours sur le côté, et tout au fond, que se trouve la seconde porte. Par celle-ci, on pénètre dans une cour carrée, plus ou moins grande, parfois ornée d'une fontaine et d'un sycomore ou d'un cyprès. Cette cour est entourée de galeries sur lesquelles ouvrent toutes les pièces de la maison, sans communiquer entre elles autrement que par les balcons, ce qui compose, selon nos idées, un décousu complet. Les murs et les marches d'escalier sont revêtus de petits carreaux en faïence d'Italie, imitant des mosaïques, ce qui est frais et agréable. Dans les maisons élégantes, confisquées pour la plupart pour y loger les fonctionnaires, les volets, les portes et les supports des galeries sont sculptés avec assez de goût.

Le palais des beys, souverains de Constantine, affecté maintenant à la résidence du général commandant la division, sert à loger aussi dans ses différentes parties l'administration du génie, celle du bureau arabe, l'une des plus importantes, des plus utiles de notre organisation en Afrique, et enfin les bureaux de la place. Il présente, comme parti pris à l'extérieur, l'aspect d'un amas de bicoques. Sa principale entrée, tortueuse selon l'usage oriental, est située à l'angle d'une place francisée qui jadis se nommait *Sôq el Ghazel,* Marché aux gazelles.

Des spahis, milice arabe qui répond un peu à notre gendarmerie, des zouaves à l'aspect intrépide et débraillé, des tirailleurs indigènes vulgairement appelés turcos, belle troupe arabe bien tenue, d'un aspect martial et grave, montent nonchalamment la garde devant ce palais.

Après quelques degrés de marbre blanc qui semblent ne mener qu'à un mur, on se trouve sans autre préambule sous de longues galeries dont les arcades ouvrent sur trois grands jardins remplis d'orangers.

Ces arbres couverts à la fois de fleurs et de fruits, poussent là en pleine terre, sous leur soleil bien-aimé. Les amateurs d'orangers, taillés en boule, emprisonnés dans leurs caisses aux Tuileries ou à Versailles, trouveraient ceux-ci quelque peu dégingandés, et, sans doute, préféreraient l'art du jardinier à la nature, œuvre de Dieu.

Pour moi, j'ai eu plaisir à les voir ainsi libres de prendre leur forme naturelle qui n'est nullement celle d'un pommier normand. Les colonnettes, en marbre blanc cannelé qui supportent toutes les galeries du palais, sont sveltes et gracieuses. En quelques parties, des treillages dorés remplissent les intervalles d'une colonnette à l'autre.

Des plantes grimpantes y forment un rideau léger et transparent qui préserve les promeneurs des galeries de la trop vive lumière, et l'air circule plus frais et plus embaumé. Ce détail, tout oriental, est plein de grâce quand les rayons du soleil sèment sur cette verdure des paillettes étincelantes, et que le vent fait trembler les treillages. Une fresque arabe, d'une naïveté qui m'a rappelé la tapisserie de la reine Mathilde, conservée au musée de Bayeux, couvre une longue muraille de la galerie du rez-de-chaussée, à droite.

Elle représente le voyage de l'artiste lui-même à la Mecque; pèlerinage que tout bon musulman doit entreprendre, on le sait, une fois en sa vie.

La loi de Mahomet défendant de reproduire, soit par le pinceau, soit par le ciseau, l'image de tout objet doué de vie, cette fresque ne se compose que d'une longue suite de villes en pain de sucre, ornées d'innombrables minarets, de forêts, où l'on distingue cèdres et palmiers; de navires voguant sans matelots sur une mer irritée, dont le courroux se manifeste par des vagues à pointes formidables, telles qu'on les voit en carton peint s'agiter au fond de nos théâtres forains; mais aucuns personnages n'animent cette suite de paysages morts où la perspective est aussi bien rendue que dans les œuvres des Chinois.

Des faïences ou mosaïques à fleurs courantes, à teintes vives sur des fonds roses, ou couleur abricot, sont incrustées sur tous les murs intérieurs du palais, et sont d'un charmant effet. Quant aux escaliers, ils n'ont ni beauté, ni largeur, et leurs marches en marbre blanc sont d'une hauteur déplorable.

Les salons où le général de division donne des bals laissent fort à désirer sous le rapport de la distribution comme sous celui de l'élégance. On n'y a rien ou presque rien changé pour les approprier à nos usages, et la forme des appartements arabes, toujours étroits et longs, s'y prête mal. En somme, ce palais tout oriental n'en est pas moins une charmante résidence. Le maréchal de Saint-Arnaud, qui l'habita pendant plusieurs années avec sa femme, en raffolait, et cela se conçoit.

La mosquée qui touche le palais est maintenant convertie en église catholique, et le petit palais des imans qui en dépend, s'est naturellement transformé en presbytère. Le Dieu a-t-il déménagé dans tout ce désarroi?

Dans la décoration intérieure de cette mosquée, on n'a presque rien changé pour l'ap proprier à notre culte. Deux autels ont été placés dans deux enfoncements, marabouts étincelants de mosaïques. Le Christ en croix qui se trouve abrité sous un de leurs dômes est entouré de versets du Coran incrustés sur les murs.

L'image vénérée de la mansuétude infinie, de la divine indulgence, ne repousse pas ces sentences où la sagesse musulmane parle le langage des prophètes.

On nomme *marabouts* ces enfoncements qui se trouvent dans toutes les constructions arabes. Depuis les mosquées et les palais, jusqu'aux écuries et aux cuisines, en passant par les salons, ce sont des réduits, des sortes d'alcôves dont l'emploi varie à l'infini. On donne aussi ce nom à des chapelles ou tombeaux de saints qui se rencontrent fréquemment dans Constantine, en outre des mosquées.

On voit sans cesse des Arabes rester de longues heures, pieds nus, appuyés aux colonnes de cette église, jadis leur mosquée la plus chère.

Respectueux et graves, ils semblent rêveurs plutôt que recueillis. Au lieu de se prosterner, comme ils le font dans les mosquées non profanées à leurs yeux, ils restent debout, regardant *Jésus* qui est pour eux un grand prophète, bien inférieur, il est vrai, à Mahomet, mais très supérieur à Moïse qu'ils vénèrent aussi jusqu'à un certain point. Ils sont fort surpris que nous livrions aux regards, ainsi nu et déchiré, cet objet de notre respect et de notre amour. La Vierge-Mère, placée sur le second autel, est pour eux le sujet d'un profond étonnement. Mais, toujours dignes et convenables, il n'y a pas d'exemple qu'un Arabe se soit montré irrévérencieux devant ces saintes images.

Les chapiteaux des colonnes de cette mosquée en pierre blanche et l'arête des cintres qui se rejoignent par des mascarons, sont bariolés d'arabesques aux couleurs les plus vives, d'après le goût arabe, ainsi que la chaire élégamment sculptée qui s'élève au milieu d'une des trois nefs ; cette chaire est la même qui servait aux imans pour la lecture du Coran ; ils s'en trouve ainsi dans toutes les mosquées.

De nombreux efforts ont été tentés pour opérer des conversions parmi les Arabes. Ils sont restés inutiles jusqu'alors.

Il serait plus facile de convertir des idolâtres. A la moindre clarté pénétrant dans leur esprit, leurs idoles tombent en poussière; tandis qu'une croyance qui n'a rien d'absurde et se rattache aux grandes vérités immuables de l'ancien Testament ne saurait s'abandonner aussi aisément. Jéhovah, le Dieu créateur de la Genèse, et Allah, sont le même Dieu. Ils le cherchent et l'adorent dans le ciel; ils l'admirent dans ses œuvres. Mahomet, le législateur, s'est placé le plus près possible de son trône; mais il ne l'a point usurpé et n'est, à leurs yeux, que le plus saint des hommes. Les détails de leur culte sont simples et beaux. L'exactitude scrupuleuse qu'ils apportent à suivre les prescriptions de leur loi religieuse, leur respect pour le lieu où ils parlent à Dieu, bien qu'aucun symbole ne s'y trouve exposé aux yeux, devrait être un exemple pour nous.

Quand ils assistent à nos offices, ce qui est fréquent à Constantine, ils doivent s'étonner, pour ne pas dire plus, du peu d'assiduité et de la tenue indifférente des hommes. Pourtant il y a, depuis l'Empire, une grande amélioration dans les apparences. C'est déjà beaucoup. Le gouvernement impérial impose à ses fonctionnaires l'obligation de donner le bon exemple en toutes choses dans ce pays. Après le relâchement scandaleux qui a régné en Afrique pendant des années, depuis les sommités les plus élevées jusqu'aux profondeurs les plus impures, cela produirait un grand bien au sein de cette société en quelque sorte fortuite sans autre lien qu'un intérêt momentané.

Un désordre, une immoralité effrayante s'étendaient de toute part sans que nos gouvernants d'alors prissent souci de porter remède au mal, occupés qu'ils étaient de leurs propres misères. Une main plus forte, des vues plus hautes, ont déjà imprimé leur action toute puissante sur cette contrée. Dieu veuille que cela continue et s'augmente; elle en a si grand besoin!

Le clergé de Constantine, composé seulement de cinq ou six Jésuites, est zélé; mais fort au-dessous, comme capacité, de sa difficile mission. Il faudrait ici des apôtres, non pas pour convertir les Arabes, ils pourraient échouer, mais pour convertir les Français eux-mêmes, pour parler morale d'abord, religion ensuite, dans une langue élevée, compréhensible, touchante. Les ecclésiastiques de France vont au Japon pour conquérir des âmes à Dieu; je crois que c'est le martyre qui les séduit et les tente, puisque, dans toute l'Algérie, où il y aurait tant d'âmes à conquérir, mais pas le moindre martyre à subir, il ne se trouve que bien peu de prêtres, et encore sont-ce des Jésuites obéissant, non à leur propre impulsion, mais bien à leurs supérieurs, en venant exercer ici le saint ministère.

Cet ordre, qui possède dit-on des capacités hors ligne, les réserve, à ce qu'il paraît, pour d'autres missions.

Il en résulte que toutes les villes d'Algérie ne sont pas mieux partagées, en fait de lumières, d'habileté et d'éloquence religieuse, qu'un pauvre hameau de France, souvent moins bien.

L'extérieur même des prêtres a son influence. On ne devrait donc point tolérer ces longues barbes, qui ne vont qu'avec les costumes orientaux, et non avec la soutane étriquée et le rabat du clergé français. Ces figures rébarbatives n'attirent pas ; elles ne représentent pas dignement le prêtre catholique dont la mansuétude et la douceur doivent être un des caractères distinctifs.

Les offices dirigés par ces Jésuites, à Constantine, sont bizarres jusqu'à présent sous plusieurs rapports. Pas de croix aux processions, qui pourtant se font dans l'intérieur de l'église; pas de chantres sachant le plain-chant.

Excepté le *Credo*, tout se dit à peu près sur des airs de fantaisie.

Une vingtaine d'enfants placés dans un coin du chœur chantent en partie les compositions, plus ou moins sautillantes, d'un certain petit monsieur qui les accompagne sur un harmonium.

Celui-ci, heureux d'entendre exécuter ses œuvres, n'épargne ni le temps ni le tympan des fidèles que les voix sur-aiguës et forcées des petits chanteurs finissent par fatiguer horriblement. On sent encore la pénurie dans l'établissement religieux , tout cela pourra s'améliorer; mais il faudrait que les efforts tentés dans ce but fussent dirigés avec intelligence et dignité. Il faudrait relever le culte, au lieu de l'abaisser au niveau d'un spectacle ridicule. Comme cela s'est fait en plusieurs occasions, notamment à la béatification de saint Jéronimo, où d'horribles tableaux transparents subitement éclairés avaient produit un si déplorable effet au Salut du soir.

On trouve à toute heure dans l'église des femmes mahonnaises et maltaises, encapuchonnées dans leur *faldetta* de soie noire. Agenouillées sur les grandes nattes de Biskra qui recouvrent le pavage en faïence, elles apportent là leurs enfants malades et récitent aux pieds de la Vierge de longs rosaires sans fin. Les rosaires des fidèles musulmans s'y sont aussi égrenés pendant longtemps en l'honneur d'Allah, car c'est à l'aide des grains d'un rosaire qu'ils énumèrent ainsi, plusieurs fois le jour, les perfections de Dieu, en bénissant son saint nom.

---

## XII.

L'ancienne kasba ou forteresse des beys occupe, dans la partie la plus élevée du plateau, un vaste emplacement qui contient de grandes casernes, un hôpital militaire et le parc d'artillerie. Les restes de ceux des nôtres qui succombèrent à l'assaut de la ville ont été placés dans son enceinte, sous un monument commémoratif qui forme le milieu d'une place très vaste où peut manœuvrer la garnison.

La vue dont on jouit de ce point est merveilleuse : d'immenses citernes dont la construction remonte aux Romains sont renfermées dans ce lieu; elles s'alimentent par un système admirable qui amène les eaux d'une source située sur le Mansourah en suivant le pont d'El-Kantara, puis, au moyen d'un siphon, les élève jusque dans l'intérieur des citernes et donne ainsi une énorme réserve d'eau en cas d'incendie.

Il ne se trouve dans les rues et les places de Constantine qu'une douzaine, au plus, de fontaines alimentées par ces mêmes eaux. Pour les besoins de ses habitants, bêtes et gens, et sous ce climat, une telle pénurie est fort triste. Il faut nécessairement de l'économie dans l'emploi de l'eau. L'autorité a été contrainte à faire fermer, pendant plusieurs heures du jour et la nuit entière, les robinets de ces fontaines; de là est venue une coutume des plus originales.

Comme l'encombrement, les disputes, les batailles mêmes étaient chose fréquente au moment où l'agent de police ouvrait le précieux conduit, on a imaginé de prendre rang à l'avance, sans pourtant faire queue *en personne* aux abords des fontaines. Voici comment s'est résolu ce problème : chaque individu voulant de l'eau, dépose à l'avance sa cruche, son seau ou son *bidon*, (vase en fer-blanc fort employé en Afrique), le long du mur qui avoisine le bienheureux robinet. Une file de vases différents de substances de tournure, de forme, de patrie même, s'établit bientôt et s'allonge indéfiniment sous la garde de la bonne foi publique ; puis les propriétaires desdits objets s'en vont vaquer à leurs affaires jusqu'à l'heure de la distribution de l'eau ; alors on accourt, on se place près de sa cruche ou de son broc, et l'on avance lentement vers le but. Si par malheur on attrape encore quelques taloches, si l'on est victime de quelque passe-droit, c'est bien moins fréquent que lorsqu'un désordre complet présidait seul à l'opération. La raison du plus fort, et c'est bien la meilleure, subsiste toujours un peu là comme partout.

Je n'ai jamais pu passer sans rire auprès de ces rangées immobiles de vases à l'aspect grotesque ; les uns ébréchés et mélancoliques, les autres étalant un ventre rebondi et une large ouverture gourmande; quelques-uns, au contraire, ornés d'un long cou avec un bec pointu ; enfin, aussi variés de physionomies que leurs possesseurs, ils avaient l'air de se raconter entre eux les secrets de ménage de ces maîtres absents, et si le spirituel auteur du *Pot de Terre* et du *Pot de Fer* avait pu les voir et les entendre jaser, nous aurions peut-être une amusante fable de plus.

Tous les bains maures ou les établissements français qui exigent une grande quantité d'eau, la reçoivent par l'entremise de nos amis les *bouricots*, qui montent du matin au soir, par la porte d'*El-Kantara*, des outres pleines ou même des petits barils, moyennant une légère rétribution.

La police des rues se fait à Constantine sous je ne sais trop quelle direction. Aussi se fait-elle singulièrement. L'autorité suprême est entre les mains des généraux, qui considèrent ces détails comme fort indignes de leur attention. Un préfet et un conseil de préfecture fonctionnent en second lieu. Entravés par la première puissance ; cela souvent empêche des mesures utiles, parce qu'on les juge trop militairement. Quant à un maire, à un conseil municipal s'occupant des intérêts matériels de la ville et des habitants, il n'y en a pas encore depuis 20 ans de possession dans les villes d'Afrique. L'ordre de choses, de 1830 à 1848, n'a pas eu le temps d'y songer, et cette absence de magistrature spéciale a arrêté tout progrès dans la plupart des villes africaines.

On va remédier d'ici peu de temps à ce grave inconvénient. Constantine sera érigée en commune, ainsi que plusieurs autres villes. On connaîtra donc l'emploi de ses revenus, qui, vu l'importance des marchés de grains. de laines et de cuirs, s'élèvent à plus de 700 mille francs par an.

Depuis de longues années, un système de spoliation se pratiquait dans toutes les villes d'Algérie au profit d'Alger, la favorite des gouverneurs. Les travaux les plus nécessaires étaient négligés sur tous les points pour subvenir à ses embellissements. Les pauvres villes sans défenseurs autorisés et spéciaux étaient maintenues à dessein dans un état de *minorité* déplorable qui cessera enfin, grâce à l'équité des nouvelles mesures.

Ce que l'on nomme les cercles militaires n'en subsistera pas moins dans les provinces, et le progrès marchera d'un pas plus égal et plus ferme. On verra plus clair dans toute chose. On pourra peut-être à Constantine, juridiction importante, construire un tribunal au lieu de louer éternellement une maison qui en fait l'office tant bien que mal; on pourra acheter ou bâtir une préfecture au lieu de louer aussi quatre ou cinq maisons qui en tiennent lieu, à des particuliers, au prix énorme de dix-huit mille francs par an; et encore on n'y peut danser, tant ces bâtiments sont peu solides. Il ne s'y trouve ni cour ni jardin, et leurs fenêtres ouvrent niaisement sur les trottoirs crottés de la rue Damrémont. On conviendra que tout cela demanderait des améliorations. La salle de spectacle, assez jolie à l'intérieur, ressemble au dehors à un magasin de bois ou de charbon. Elle est neuve, et je ne comprends pas pourquoi les dehors ont été ainsi supprimés. Peut-être reviendra-t-on là-dessus et fera-t-on un péristyle quand la vieille cité numide, debout sur son roc, qu'heureusement Dieu fit magnifique, pourra à son tour parer et orner son intérieur.

La confusion des pouvoirs, ou plutôt l'absence d'autorité municipale, se fait sentir à chaque pas dans les rues de Constantine. Ici d'immenses trous pleins de chaux vive, destinée à des maisons en construction, barrent une rue entière, sans aucun avertissement ni précaution. Un jeune enfant de 10 à 12 ans, fils d'un colonel d'état-major, y tombe et y trouve une horrible mort. Ailleurs, pour des différences de niveau, on creuse une profonde tranchée dans une rue fréquentée. On jette sur cet abîme nouvellement ouvert une vieille planche non assujettie, elle se rompt sous le poids du premier passant qui fait ainsi le plongeon dans un égout en allant faire une visite de cérémonie (*historique*).

Si l'on veut abattre une maison arabe, pour faire place à quelque construction française, le procédé de démolition est des plus simples: on pousse violemment de l'intérieur, à coup de balistes, les murailles faites de plâtre et de faibles traverses de bois, sans crier gare, tout cela s'effondre sur la voie publique. Tant pis pour ceux qui ont la maladresse de passer en ce moment. Le moins qui puisse leur arriver, c'est d'être aveuglés dans un abominable tourbillon de plâtre et de poussière.

Pareille aventure arrivait, il y a peu de semaines, à une dame de ma connaissance; avertie par des cris et de sourds craquements, elle se précipita à temps dans une boutique, de l'autre côté de la rue, et faillit tomber sur une jeune hyène attachée au comptoir en guise de chien. Du reste, l'animal ne lui eût pas fait de mal, étant encore fort jeune et ne manquant point de nourriture. Ces rencontres d'animaux féroces élevés ainsi chez des particuliers sont chose très fréquente à Constantine. Quelques personnes en font un amusement, d'autres une spéculation. Plusieurs jeunes lions vivent ainsi de pair à compagnon avec les enfants de la famille chez des personnes de notre connaissance.

On peut assez souvent se procurer un lionceau pour une trentaine de francs. Il est alors de la grosseur d'un très grand chat. Il faut une chèvre pour l'allaiter. Cinq ou six mois après on peut le vendre trois cents francs, et si l'on veut le conserver, le nourrir de viande de boucherie, fraîche et saine, à un an il vaut huit cents francs. Une peau, dans toute sa beauté, vaut à elle seule quatre cents francs, et l'on s'en procure difficilement.

Les gazelles sont fort à la mode dans les salons de Constantine; la douceur, la grâce et la propreté de ces charmants animaux permettent de les admettre sur les tapis les plus élégants.

Dans presque toutes les rues appelées *françaises*, les maisons nouvelles ne sont qu'un placage et l'habitation arabe subsiste derrière, ouvrant sur quelque ruelle étroite. Dans les quartiers adoptés par les Français, elles ont été, par un accord tacite, abandonnées par les Arabes qui les louent fort cher, faisant sourde oreille à toute réclamation, à toute réparation, même la plus urgente, demandée par les locataires français.

Du reste, comme les biens arabes sont indivis et appartiennent souvent à la famille et non à l'*individu*, cela leur sert de prétexte pour traîner en longueur.

Une famille de nos amis, fixée à Constantine depuis plusieurs années, occupait une belle maison appartenant à *cinquante-deux* propriétaires, qui tous, bien entendu, se rejetaient le chat aux jambes quand il s'agissait de réparer, mais tendaient avidement leurs 104 mains quand il s'agissait de recevoir les termes de loyer.

Rien n'est amusant comme de se promener à travers la population bigarée qui remplit les rues de Constantine. Chose singulière, malgré la foule qui s'y presse et leur peu de largeur, on n'est jamais heurté, du moins par les Arabes, qui pourraient servir de modèle pour le calme poli et digne du maintien, même dans les basses classes.

Ce beau type, noble et poétique jusque sous les haillons, enchante les yeux artistes. Plus tard, quand on se retrouve en France, on le cherche, on le regrette, et tout semble d'une vulgarité insupportable; le burnous aux longs plis moelleux, même lorsqu'il est sale, pauvre et frangé du bas par de longs services, puisqu'il se transmet, dit-on, de père en fils, n'en a pas moins une noblesse qui fait paraître étriqués tous les vêtements français. Le paletot, parlant au burnous, a toujours l'air d'un paltoquet.

Heureusement les uniformes dominent, et bien que leur forme soit sans ampleur et sans grâce, ils sauvent un peu l'extérieur de nos nationaux à travers tous les groupes blancs, ou écarlates, marchant avec lenteur, souvent en se tenant par la main. Quelquefois, ignorants qu'ils sont du respect humain à la française, ils s'assoient pour causer sur les bornes, ou même, quand il fait sec, sur le bord des trottoirs.

A travers ces Maltais affairés, ces chevaux presque tous fringants et doux tout à la fois, ces longues files d'ânes non dirigées, puisque l'ânier se tient derrière sans le moindre fouet à la main, glissent et circulent à toute heure et dans tous les quartiers de mystérieux paquets, objets informes et repoussants à la première vue. Ce sont les femmes arabes, enroulées dans de grands *haïks*, pièces de laine blanche à rayures vives, quelquefois dans une simple cotonnade bleue et blanche, que les plus riches ne dédaignent pas pour sortir des harems; elle tendent à plat, sur leur visage, un mouchoir blanc qu'on nomme ya-mak, à partir de la paupière inférieure. Le nez, quelque beau qu'il soit, y produit la plus laide saillie.

Les pièces d'étoffe dans lesquelles elles sont enveloppées avec un certain art forment au-dessus du front une sorte d'avance qui projette son ombre sur le haut du visage comme les coiffes de nos religieuses et, dans l'étroit espace laissé au regard, on entrevoit en passant de ces yeux inconnus dans nos contrées, noirs, ardents, curieux, farouches et caressants tout à la fois, qui vous lancent en passant de sauvages éclairs.

Ces femmes, mariées à douze ou treize ans, sont vieilles à trente. Elles passent alors du rang d'épouses en titre à celui de femmes de confiance. Elles font toujours partie de la famille et sont chargées des relations extérieures, font ou défont les mariages pour lesquels de pareilles négociatrices, quand elles sont habiles, ont une influence toute puissante.

La jeune fille à marier n'étant jamais vue à visage découvert par d'autres hommes que par ses proches, c'est la description de ses charmes et de ses mérites faite par ces matrones qui détermine le choix des épouseurs.

Leur activité, longtemps comprimée, prend un libre essor quand l'heure de la liberté sonne enfin pour elles ; une volubilité extraordinaire dans leurs paroles, une ardeur fébrile de leurs gestes la révèle et s'unit par un singulier mélange à une indolence extrême dans les habitudes de vie.

Peu de femmes, relativement, arrivent, dit-on, à cet âge dans les harems de Constantine; la consomption de l'ennui et de la réclusion les atteint et les fait mourir jeunes.

Sans parler des Espagnoles, des Mahonnaises et des Françaises de toutes conditions, fort nombreuses dans la ville, une autre sorte de femmes attire l'attention du passant par le plus étrange aspect. Ce sont les juives mercenaires. Il est impossible d'offrir, selon moi, une apparence plus repoussante que ces créatures qui, pourtant, sont généralement assez belles. Elles vivent pour ainsi dire sur la voie publique, et la nécessité de se servir d'elles comme servantes, faute d'autre ressource, est un des plus grands désagréments qu'il y ait à Constantine.

Leur accoutrement choque les yeux, leur paresse et leur saleté passent tout ce qu'on en peut croire. Toujours groupées autour des fontaines ou traînant à la promenade les enfants qu'on est forcé de leur confier, elles se balancent nonchalamment d'une hanche sur l'autre, étalant les oripeaux de leurs vêtements de couleurs claires, fanés et souvent souillés de boue.

Leurs pieds nus dans de vieilles babouches, sont, ainsi que leurs bras, toujours énormes, rougis par l'air et ornés de bracelets d'argent ou de cuivre, scellés à la cheville et aux poignets ; de larges manches ouvertes et flottantes en crêpe rose, jaune ou vert bien fané et chiffonné, pendant le long d'une taille informe qu'entoure, sur les hanches, dans la partie la plus épaisse du corps, une ceinture en cuivre doré et estampé, large de deux mains. On songe en voyant ces ceintures au vieux proverbe : « Bonne renommée vaut mieux que ceinture dorée. » Les robes, superposées, sont étroites et se reserrent autour du cou, mais sont étagées du bas afin de laisser voir celles de dessous. Leur tête, couverte d'une sheshia arabe, calote plus ou moins propre en velours noir, brodé d'or, est encadrée d'un voile de crêpe lamé qui part de sous la sheshia.

Leur soin constant ramène un coin de ce voile sur le menton. Il paraît que c'est là ce qu'elles doivent cacher à tous. Leurs sourcils longs, peints et vernis au koheul (poudre d'antimoine gommée) se joignent au-dessus du nez et plusieurs rangs de chaînettes de cuivre flottent des tempes sous le menton comme la gourmette d'un cheval. Un foulard rayé d'or et de soie, mis ouvert sur la tête, complète ce vilain costume, où la prétention se mêle au mauvais goût.

Il est impossible de se figurer rien de plus choquant que cet accoutrement dans la crotte, dans la neige, pour porter des fardeaux de ménage sur la tête et se livrer aux travaux domestiques. Il est à peu de chose près celui des femmes arabes, seulement celles-ci, riches et oisives, passant leur vie assises sur les coussins de soie ou les tapis de Smyrne et de biskra de leurs appartements, le composent d'étoffes magnifiques et de bijoux d'un grand prix, quoique mal montés.

Les juives mercenaires sont généralement grasses et peu grandes; elles ne savent pas enfiler une aiguille et se refusent à tout service le samedi, jour du Sabbat.

Souvent elles se montrent exigeantes au point de préparer leurs aliments dans des vases à part, afin de ne communiquer en rien avec les chrétiens qu'elles servent. Selon la chronique, elles ne sont pas toujours aussi exagérées dans leur répulsion.

La difficulté de se faire servir est un vrai

tourment dans cette ville pour les familles étrangères qui y résident.

Les domestiques que l'on amène de France vous sont bientôt enlevés par l'appât des gages énormes qu'on leur offre. Femme de chambre médiocre, cuisinière fort ordinaire, se paient 75 ou 80 fr. par mois, et encore n'en trouve-t-on guère, même à ce prix.

Beaucoup de fonctionnaires se servent, comme cuisiniers ou domestiques, de soldats intelligents qui trouvent à cela un bon profit. Des chefs d'administration emploient souvent à cet usage les tchaous arabes qui leur sont accordés comme interprètes ou intermédiaires nécessités par leurs relations d'affaires avec les indigènes.

Nous avons été ainsi servis à table chez une femme de notre connaissance, par une manière de prince des *Mille et une Nuits*, beau comme le jour, habillé comme un sultan, empressé et gracieux comme un chevalier et qui disait : *merci* en souriant à chaque assiette sale qu'on lui passait.

Quelques jours après ce dîner, nous trouvant un soir au spectacle, nous fûmes très étonnés de nous voir saluer à plusieurs reprises, d'un air de connaissance, par un grand Arabe placé au parterre et qui semblait s'amuser extrêmement, sans comprendre, selon toute probabilité, un mot de la pièce que l'on jouait. C'était le tchaous *Ali* que ses maîtres avaient régalé, ce soir là, du spectacle, et qui, nous reconnaissant de loin, aurait cru nous manquer en ne le montrant pas par les saluts les plus courtois.

On a donné aux rues principales de la ville les noms des héros morts à sa conquête : *Damrémont, de Perregaux, de Caraman, de Serigny, Combes, Desmoyens* et bien d'autres sont ainsi rappelés au souvenir des Français. Plusieurs autres rues portent des noms tels que *Rue du 29e de Ligne, Rue du 7e Léger*, etc., etc.

Les quartiers exclusivement habités par la population arabe sont fort curieux à visiter. Ils s'étendent sur la partie du bloc qui va s'abaissant jusqu'à la pointe du roc, nommée *Sidi-Rached*, qui tombe à angle aigu dans les ravins du Rummel, à leur entrée, et leur sert en quelque sorte de porte. Cette pointe porte à son sommet un petit moulin arabe, tout à fait primitif, mais fort ingénieux. Ses rouages sont mis en mouvement par le torrent, à quelques cent pieds au-dessous de lui, par le moyen de cordes qui descendent le long des parois verticales du rocher jusque dans l'eau.

Les rues arabes sont pavées : elles sont étroites, au point de permettre à peine à trois personnes d'y passer de front. Chacune d'elles est affectée spécialement à tel ou tel commerce, d'autres aux maisons des riches, dont les habitations, à l'extérieur, ressemblent fort à des prisons. Dans ce dernier cas, elles sont souvent recouvertes de constructions légères qui en rejoignent ensemble les deux côtés. Lorsqu'une famille s'accroît et veut agrandir sa résidence, on achète la maison d'en face et l'on couvre la rue pour y accéder ; c'est ce qui fait que ces rues, en grande partie voûtées, ne sont à vrai dire que des couloirs très frais en été et très abrités l'hiver.

On s'étonne de leur grande propreté. La raison en est simple. La vie frugale et sobre des Arabes n'entraîne pas après elle les monceaux de débris qui sortent journellement de nos cuisines.

Quelques gâteaux, des sucreries assez fines, du couscoussou, préparation de semoule mise en grains et cuite à la vapeur d'une volaille ou d'un peu de chair de mouton; dans les grandes fêtes de famille, un petit bœuf ou un mouton rôti entier, voilà les aliments des riches. Pour les pauvres, ils se contentent d'un peu de pain sans levain et de quelques dattes. Du laitage de chèvre et des piments rouges sont aussi assez appréciés de ce peuple, qui semble considérer les besoins matériels du corps comme la chose la moins importante de la vie.

Le café est le seul aliment dont il se montre avide. Hommes, femmes, riches ou pauvres, en prennent plusieurs fois le jour. Ce café, servi dans des tasses fort petites, est à peine grillé, point clarifié; on l'avale trouble, brûlant et sans sucre, bien entendu.

Les rues marchandes, composées seulement de maisonnettes fort basses à usage de boutiques, portent le nom du commerce spécial qui s'y fait.

Aucun métier, aucun négoce n'est considéré chez les Arabes comme abaissant l'individu. Cependant on leur accorde un degré d'estime plus ou moins grand selon les instincts de la nation; les gens qui travaillent les métaux, surtout le fer, sont les premiers des artisans et considérés comme *habiles en politique*.

Ceux qui préparent et emploient le cuir, depuis les corroyeurs qui habitent sur l'extrême bord du plateau au-dessus des ravins jusqu'aux selliers, aux cordonniers et aux brodeurs qui l'ornent de soie et d'or, viennent ensuite ; enfin les passementiers qui fabriquent à la vue des passants, à l'aide de métiers et d'outils qui datent, assurément, du temps de la reine de Saba, les gances, les glands, les *agréments*, c'est le mot technique, employés à profusion dans le costume des riches Arabes et de leurs coursiers.

Les boutiques étant sans devanture, on voit tout ce qui s'y passe comme tout ce qu'elles contiennent.

Le bijoutier frappe sur sa petite enclume et confectionne sous vos yeux ces bracelets et aumônières en filigrane d'argent, qui sont une spécialité de l'industrie de Constantine On peut s'arrêter, regarder, apprendre le métier, rien ne s'y oppose.

La rue des cordonniers, l'une des plus fréquentées par l'aristocratie arabe, contient en outre de ses myriades de babouches de toutes couleurs, brodées de soie et d'or, bien rondes et bien larges du bout afin que le pied s'y étale à l'aise selon la volonté d'Allah, une multitude de cages où s'égosillent des rossignols.

Il paraît que ces adeptes du Saint-Crépin musulman ont le précieux talent d'élever Bulbull, l'oiseau chanteur par excellence, qui pourtant n'est pas naturellement sociable.

Ils vendent aux femmes riches et recluses un rossignol bien instruit dans son art et apprivoisé, au point de chanter en nombreuse compagnie, jusqu'à trois cents francs; souvent ils les louent pour les fêtes de famille, ce qui m'a paru une invention tout à fait locale.

Les rues des bouchers sont peu fréquentées comme promenade par les oisifs. La chair du mouton et celle plus rare du bœuf sont séparées avec soin des os dont on ne tire aucune espèce de parti, elles sont à peu près hachées et arrangées en lots plus ou moins forts sur le devant de l'échoppe ; on les vend pour la confection du couscoussou. Le regard et l'odorat sont également offensés en traversant ce quartier.

Quant au pain, il est empilé à terre n'importe à quel coin, fût-ce près du ruisseau et souvent sous la pluie. C'est une sorte de mauvais gâteau sans levain et très fade. Du reste, les Arabes en font une fort petite consommation, et l'on en revient toujours à se demander de quoi ils vivent?

La rue des juifs ou des mozabites est la seule où la variété règne. Ce sont les fantaisistes parmi les marchands : étoffes de Tunis, burnous, gandouras, cafetans de soie brillante, fez neufs ou d'occasion sont suspendus avec des haïks et une multitude de foulards bariolés à l'auvent de la boutique, sans souci de la poussière ni du soleil. Les jolies lanternes ornées en or et couleur, ainsi que les étagères du même genre, sont de la fabrication arabe. Le maître de l'échoppe se tient accroupi au milieu de tous ces objets, comme un saint dans sa niche entourée d'*ex voto*.

Les plus grands seigneurs ne dédaignent pas de s'asseoir sur le devant de la petite boutique, qui sert à la fois de seuil et de table. Tout en avalant leur breuvage favori, ce café épais qu'on prépare à tous les coins, ils devisent avec le marchand, comme au bon temps d'Aroun-al-Raschid. Le commerce, la guerre, les règlements français, la politique, que sais-je? sont les sujets de ces conversations journalières.

De quoi peuvent parler les hommes d'une nation ainsi asservie, sans journaux qui les instruisent des cancans de l'univers? Cependant, ils savent les nouvelles par dessus les haies et s'intéressent beaucoup en ce moment à la guerre entreprise par le sultan Napoléon III, en faveur du grand sultan Abdul-Medjid, auquel ils reconnaissent une sorte de suzeraineté.

Malgré leur aversion pour la domination turque, ils ont pour ce prince, chef de leur religion, une respectueuse vénération, et ils approuvent chaudement cette alliance tout en discutant pour passer le temps.

Pendant ces longs discours, le marchand sert la pratique, plie, déplie, replie ses marchandises, vante leur mérite, mais toujours sans insister. Si le chaland est Français, il doit tutoyer les marchands de crainte de les humilier. Le *vous* étant injurieux en arabe, il ne doit donc point se choquer d'être tutoyé par eux. De distance en distance, des *marabouts*, lieux de prière que nous nommerions des chapelles, restent nuit et jour ouverts à la piété des fidèles musulmans. Selon l'usage, une collection de vilaines babouches obstrue les marches. Ces sanctuaires contiennent d'ordinaire le tombeau d'un saint ou santon. Je suis entré dans plusieurs d'entre eux. L'intérieur est nu et délabré. Quatre ou cinq *thalebs* (lettrés, savants) y faisaient leurs dévotions.

Ils s'y succèdent sans cesse pour prier. Moi, je les soupçonne fort d'y dormir, car des coussins, empilés dans un coin, derrière une sorte de rideau à ramages turcs, me révélèrent ce petit secret.

Le vénérable santon, couché dans une bière ouverte qu'entoure une vieille balustrade, dort lui-même du grand sommeil et se soucie peu de ce manque de respect.

J'ai eu la curiosité de regarder dans le cercueil, dont le couvercle était brisé par suite de la négligence insouciante des Arabes. Un squelette était là, couché sur un peu de terre noire, qui sans doute avait été sa chair... Où était l'âme?...

Les thalebs, prosternés à l'entour, avaient, à s'y méprendre, l'apparence de Dominicains en oraison. Ils égrenaient pieusement leur rosaire, ne s'interrompant que pour boire de temps à autre du café qu'on leur apportait.

L'un d'eux, vieillard à longue barbe, au regard doux et fin, à qui j'adressais des questions en langue sabir (espèce de jargon mêlé d'italien, d'arabe et de français, à l'aide duquel on se comprend tant bien que mal dans tout l'Orient), se prit d'une belle amitié pour moi, et me donna quelques feuillets de son Coran, crasseux et déchiré, tout entier écrit à la main avec de l'encre de diverses couleurs. Plus tard, je l'ai retrouvé promenant ses enfants ou petits-enfants sur le Mansourah, en vue de la ville. C'était en février, aux *fêtes du printemps*, et j'en parlerai en son lieu.

Mieux vaut continuer mes explorations dans l'intérieur des quartiers arabes.

Après avoir parcouru un labyrinthe de rues dont je puis toucher les deux murailles en ouvrant les bras en croix, après avoir descendu de fréquents escaliers, traversé de larges passages voutés, éclairés par des lampes en plein jour, et encombrés de monceaux d'oranges de Toudjà, de raisins, de dattes, de grenades, de figues et de piments, tout cèla se vendant au poids et pesé Dieu sait comme, à grand renfort de gestes et d'éloges de la marchandise; on débouche, enfin, sur une vaste place, déserte les trois quarts du temps. C'est la place du Caravansérail. Aucune maison habitée, mais seulement de vieux bâtiments sombres, avec de grandes logettes fermées de volets, la bordent de deux côtés. Par les antres, le regard s'étend, vu la déclivité soudaine du plateau, sur les montagnes et la campagne, en passant par dessus les toits des maisons qui avoisinent la porte d'El Kantara et les ravins. Ces boutiques, que personne ne garde, contiennent de véritables richesses. Chaque jour, d'une heure à trois, les volets s'ouvrent, la foule qui semble sortir des pavés afflue tout à coup par des issues, des passages presque invisibles, dans ce lieu si calme quelques instants avant. Elle l'inonde de mouvement et de bruit. On dirait un coup de baguette magique : la place était vide, la voilà si encombrée qu'on n'y peut circuler qu'à grand'peine.

L'air retentit de clameurs bizarres ; on se coudoie, on s'interpelle dans les idiômes les plus durs avec une volubilité, une effervescence qui surprend chez ce peuple habituellement si calme. Des femmes empaquetées dans leurs haïks, des négresses, servantes dans les riches familles, viennent faire les emplettes de leurs maîtresses recluses dans les harems ; des Kabyles grands et nerveux, des nomades apportant des tribus lointaines les produits de leur industrie, ou achetant les vêtements qu'ils remportent dans les tribus ; de beaux nègres à demi nus, force juifs, coiffés de turbans en mousseline et richement vêtus, parcourent la foule en tout sens, traitant de toute sorte d'affaires. Avant notre domination, ces derniers étaient condamnés à ne se vêtir que d'une affreuse soutanelle noire et misérable.

Beaucoup d'entre eux portent, comme nos marchands d'habits-galons, un fardeau de vêtements d'occasion sur les épaules. Ils plient sous ce poids en fendant la presse où rarement il éclate un différend.

Si par hasard une contestation survient, on entre chez le cadi nommé par l'autorité française, mais Arabe de nation. Ses jugements sont sans appel. Si la chose est très grave, il en réfère au tribunal français.

Les volets des logettes en se développant ont laissé voir mille objets séduisants, mais souvent un peu défraîchis.

Tapis magnifiques, cachemires des Indes, étoffes tout or, ou soie mêlée d'or pour les robes et les cafetans des jours de fêtes et de *fantasia*, les narghileh précieux, les chibouks au long tuyau de jasmin, terminé par un bout d'ambre jaune, cartouchières et blagues en velours et or tenant à de larges bandoulières richement ornées ; sheshia si élégantes qu'elles donneraient envie de s'en coiffer, puis, à côté, de belles armes damasquinées, de longs fusils incrustés de corail et de pierres précieuses, des guéridons en nacre de perle destinés à supporter, à un pied de terre, l'échiquier des riches seigneurs, ou le plateau de cuivre gravé, couvert de tasses à café qu'entoure un filigrane d'argent. Au fond, on apperçoit les grands coffres à clous dorés qui transportent à dos de chameau les richesses des scheiks en voyage, et les vases d'argent destinés aux ablutions des grands seigneurs ; là, se trouve aussi la belle sellerie arabe si perfectionnée et si riche. Cette sellerie, en cuir rose brodé d'or et de soie, est un luxe incroyable chez les Arabes.

Des gens très dignes de foi m'ont affirmé que dans les trois mois qui précédèrent les courses établies à Constantine il y a quatre ans, il s'en vendit pour quinze cent mille francs; ce chiffre ne paraît nullement exagéré si l'on songe à la suite nombreuse que tout sheik, tout caïd, tout chef de tribu doit pourvoir ainsi qu'au grand nombre de ces seigneurs arabes qui de toute la province de Constantine viennent assister aux courses.

Une chose véritablement curieuse dans cette cohue bariolée et bruyante, c'est la confiance avec laquelle trois ou quatre vieilles femmes arabes, le bas du visage caché par leur affreux *ya mack*, étalent dans un coin par terre sur quelque lambeau de linge une quantité de bijoux qu'elles sont chargées de vendre. Soit caprice, soit nécessité, les riches *dames* des harems envoient là des valeurs considérables en pierres précieuses et bijoux d'or.

Des masses de perles fines, des rubis, des émeraudes et beaucoup de saphirs montés en diadèmes, mais taillés en cabochon, ce qui en ôte l'éclat, des bracelets et des chaînes d'or par douzaines sont exposés aux passants. Vingt, trente mille francs de pierres précieuses et d'or sont souvent jetés sur ce sale chiffon. Si l'on veut acheter un bijou, ces femmes, qui ne sont que commissionnaires, entament une série de discours et de difficultés que la nécessité d'un interprète rend interminable; elles ne veulent point dire le prix, elles l'ignorent, disent-elles, elles vous prient d'attendre; l'une d'elles s'en va, revient, retourne, vous fait des discours les plus étrangers à la question, et, même avec la volonté bien arrêtée de ne point marchander, on ne peut arriver, la moitié du temps, à acheter ce que l'on désire. Les diamants sont peu employés dans ces parures généralement mal montées et lourdes.

Une remarque à faire ici, à la louange des Arabes, c'est que le vol, la fraude et les disputes sont excessivement rares dans les transactions. A trois heures, tout est fini, la foule se disperse et disparaît en un clin d'œil. Les logettes se referment jusqu'au lendemain, et ainsi tous les jours excepté le samedi, jour sacré du Sabat pour les juifs qui forment la majorité des trafiquants.

Le marché des produits du sol tels que les grains, les animaux vivants, tant bétail que volailles, les cuirs et les laines, qui sont la source principale des richesses de Constantine, se tient hors la ville sur le flanc applani du koudiat-ati. Là, des chameaux apportent les plus lourdes charges, tout espèce de chariot étant inconnu. Vers la tombée du jour, les petites caravanes s'en retournent dans les tribus lointaines rapportant au douar l'argent des denrées vendues. Les besoins étant à peu près nuls chez les nomades, on enfouit l'argent au lieu de l'échanger contre d'autres objets. C'est ce qui explique la richesse des indigènes ; mais le résultat est fâcheux pour l'avenir commercial de nos colons.

Dans les rues marchandes, les divers trafics ont continué sans tenir compte de l'heure, comme cela se pratique au caravansérail ; mais la nuit tombe, les passants deviennent rares ; le marchand descend majestueusement de sa niche, ferme l'huis à l'aide d'un énorme cadenas qui date de quelques siècles d'existence, puis il s'en va vers le quartier où est située sa maison retrouver femmes et enfants, laissant avec confiance la boutique et ce qu'elle contient à la garde de Dieu.

Chaque famille arabe loge dans une maison séparée. Les mœurs et les usages de cette nation ne permettraient pas d'habiter une maison commune à plusieurs ménages. Par cette raison. il y en a d'infiniment petites; si, par hasard, à une heure avancée de la nuit, on vient à traverser les rues marchandes, on est tout surpris de voir, couchées sur la pierre saillante du seuil élevé des boutiques, des formes blanches, immobiles comme des statues tombales. A la clarté de la lune on les dirait sculptées dans la pierre. Ce sont de pauvres Arabes, étrangers et sans maison, qui dorment là comme sur la plume, roulés dans leurs burnous, un peu abrités par le vieil auvent et le capuchon rabattu sur le visage. Ils s'inquiètent peu des richesses laissées à portée de leur main ; l'antique cadenas et les planches mal jointes les défendent suffisamment. Allah est grand et Mahomet est son prophète.

---

## XIII

La laideur est excessivement rare chez les Arabes. Les Juifs de Constantine sont également d'un assez beau type. Presque tous les marchands, vieux ou jeunes, des logettes, pourraient servir de modèles pour de belles têtes d'étude. Grâce à l'extrême simplicité de leur nourriture, ils conservent des dents magnifiques jusqu'à l'âge le plus avancé.

Ces râteliers, étincelants de blancheur, seraient leur plus précieuse marchandise, s'ils pouvaient être *transplantés* dans des mâchoires *civilisées*.

Constantine ne possède plus que deux grandes mosquées. En outre de ses nombreux marabouts ou chapelles, la plus jolie, due à la munificence, jadis princière, de la famille des *Salah-Bey*, porte leur nom; elle est ornée d'un élégant minaret qui domine la place du Caravansérail.

A droite des degrés qui y conduisent, se trouve une galerie voûtée où sont allignés les tombeaux de cette illustre famille, presque éteinte aujourd'hui.

Ceux des hommes sont ornés d'un turban sculpté dans le marbre. Ceux des femmes sans aucun symbole. Mais les murs portent quelques noms ainsi que des versets du Coran.

Après une vingtaine de marches en marbre blanc, on se trouve sur une terrasse ou cour élevée à ciel ouvert Elle est ornée d'une fontaine et du sycomore de rigueur. La mosquée ouvre sur cette cour. Sa porte en cèdre finement sculptée est entourée de la collection désagréable des babouches; des vases ébréchés posés à terre près de la fontaine servent pour les ablutions.

L'Afrique, comme l'Orient, est le pays des ruines, des débris, des choses brisées, vermoulues, usées, fanées. Une sorte d'apathie, de rèverie continuelle, empêche ces peuples de souffrir d'un tel état de choses dont ils ne semblent même pas s'apercevoir.

La mosquée de Salah-Bey, garnie de tapis,

revêtue de faïences, selon l'usage, est maintenue dans un demi-jour favorable au recueillement elle ne contient rien autre chose qu'une chaire, délicatement travaillé, d'où l'iman lit le Coran.

Elle était cependant ornée, lorsque nous l'avons visitée, d'une multitude de petites lanternes arabes, gracieuses de formes et de bariolages qui, suspendues à des cordes d'une colonne à l'autre, formaient comme des guirlandes de feux de couleurs.

Cet ornement y avait été placé pour la fête des enfants, célébrée peu de jours auparavant, qui correspond à la Noël des chrétiens.

Quelques vieux Arabes priaient prosternés dans ce lieu quand nous y pénétrâmes. Ils murmurèrent en nous voyant garder nos chaussures ; mais en observant notre attitude respectueuse, en nous entendant parler bas, parce que la pensée de Dieu, quel que soit le nom dont on l'appelle, inspire le respect à toute âme élevée, ils se réconcilièrent avec nous et nous saluèrent en portant alternativement la main droite à la tête et au cœur, accompagnant leur salut de ces paroles : Que la bénédiction d'Allah accompagne les femmes pieuses ! *Bono muchrer ! bono !*

Malgré cette courtoisie de parade, les Arabes ne permettent point à leurs femmes, tant qu'elles sont jeunes, de venir aux mosquées, même pendant le rhamadan, et j'ai toujours vu les vieilles rester à la porte sans oser pénétrer dans l'intérieur ; du reste, les mauvaises langues prétendent que ces orgueilleux ne leur reconnaissent point d'âme, du moins d'âme à la hauteur de la leur. A quoi bon les laisser prier ? Pauvres femmes, nos sœurs, comme ils vous traitent ! Grand merci, Messieurs les bédouins, grand merci ! Heureusement, nous savons, nous femmes, à quoi nous en tenir là-dessus.

En visitant cette jolie mosquée, je me suis fait instruire sur ce qui reste des riches seigneurs qui l'ont fondée jadis.

La famille des Salah-Bey n'est actuellement représentée dans l'aristocratie de Constantine que par une veuve, remariée au bach-agha, et son fils, du premier lit, le nain Salah-Bey, dernier du nom. Ce nain, d'une beauté surprenante, est âgé de dix-huit ans, très large d'épaules et nullement contrefait. On songe à le marier, et l'exiguité de sa taille est, selon le peuple de Constantine, l'effet d'un sort qu'on lui a jeté. Son teint est d'un éclat si incomparable et ses yeux d'une telle limpidité que l'on reste frappé de surprise à le contempler. Je l'ai rencontré maintes fois, et cette figure étrange m'a toujours causé une impression désagréable.

Ici se place pour moi le souvenir d'une délicieuse promenade à cheval, faite par nous le 1er février, à deux lieues dans la montagne, jusqu'à une *maison des champs*, nommée le Marabout des Salah-Bey. Pour la raconter, j'interromps mes descriptions du monde de Constantine; j'aurai le temps d'y revenir.

Février est souvent en Algérie ce qu'était le doux avril pour nos aïeux, un renouveau charmant. En mars revient la neige et la froidure. Rien ne saurait donner une idée de la pureté du ciel et de la transparence de l'air pendant ces premiers jours de février; seulement, le soleil était trop chaud pour nos vêtements d'hiver. On croyait voir sourire la terre, couverte d'innombrables fleurettes, entre autres de soucis microscopiques extrêmement doubles, du plus charmant effet dans l'herbe, auprès des iris nains d'un bleu délicieux. Ces teintes n'étaient point celles de nos fleurs du Nord. Elles s'harmonisaient avec le ton général du sol et les reflets chauds du ciel. A cheval tous trois et franchissant alternativement des bourbiers à grenouilles ou des pentes que les chèvres auraient peine à escalader, nous étions à midi rendus au marabout, ainsi nommé du tombeau qui se trouve en ce lieu. Un petit dôme et trois palmiers indiquent que là repose un saint de la famille.

Tout auprès jaillit de terre une abondante source chaude sur laquelle les Romains avaient construit trois arcades pour se baigner à couvert. Elles sont encore parfaitement intactes, et l'eau qui s'en échappe, après avoir formé une large nappe entourée d'aloès géants, s'en va couler dans les jardins.

Rien n'enferme ni n'arrête cette belle eau, peut-être douée d'une vertu précieuse. Les passants y baignent leurs chevaux, puis les attachent à un cyprès, et se baignent eux-mêmes sous les arcades.

A quelques pas de là, une rangée de tombes, simplement recouvertes de briques posées sur champ, s'étend tout le long d'un chemin ouvert à tous. Ce sont les serviteurs des Salah-Bey qui viennent se coucher là après une vie entière de dévouement et de fidélité à leurs maîtres.

Rien de fermé autour de ces tombes, autour de ces eaux. A chaque instant des cavaliers arabes, jouissant comme nous de ce beau soleil, descendaient de la montagne et passaient près de nous.

Assis sur l'herbe, en face du petit bain romain, nous nous disposions à prendre un premier dessin du dôme, des eaux et des palmiers de la petite terrasse, lorsqu'un jeune Arabe, d'un extérieur très noble, est sorti de la demeure qui semble abandonnée et s'est avancé vers nous.

*Courtoisie* est le mot qui peut le mieux caractériser la manière d'être des Arabes. *Politesse* n'est pas assez dire et rentre trop dans nos mœurs, du moins dans ce qu'étaient nos mœurs. Il y a en eux une certaine noblesse de maintien, une réserve digne inspirée sans doute par leur crainte de manquer à nos usages. Ces deux traits distinctifs atténuent ce qui pourrait nous choquer dans leurs manières, d'une simplicité et d'un naturel qui se rapprochent de la familiarité.

En promenade lui-même dans ce lieu qui appartient à sa famille, il venait gracieusement nous offrir d'en visiter l'intérieur, proposant de nous servir de guide. Rien ne pouvait nous être plus agréable ; ce jeune homme parlait purement le français. C'était pour nous une précieuse rencontre, et nous répondîmes de notre mieux à sa politesse en le tutoyant, bien entendu, ce qui nous semblait fort étrange.

Il nous conduisit d'abord au marabout, semblable à tous les lieux de ce genre, c'est-à-dire fort délabré. A notre grande surprise, une jeune fille arabe-kabyle de 14 à 15 ans s'y trouvait, je ne sais pourquoi, et nous y reçut le visage découvert. A quoi attribuer sa présence en ce lieu? Cela nous fit croire à quelque entrevue d'amour près des restes du saint des Salah-Bey. Du reste, il ne fallait point juger cette aventure avec nos idées françaises, et puis cela ne nous regardait pas. Je lui demandai son nom. Elle s'appelait *Zolica*, joli nom qui signifie *jonquille*. Coiffée du petit turban noir des femmes kabyles, qui ne se voilent point le visage comme les Arabes, elle nous parut assez jolie et se montra naïvement contente de nous voir, ne déguisant en rien sa curiosité à notre égard; pourtant elle ne sortit point du marabout pour nous suivre ailleurs dans notre visite.

Les divers bâtiments de cette habitation semblaient tous abandonnés depuis des années. On ne pouvait deviner à quel usage ils avaient dû servir. Un assemblage de maisons sans meubles et sans distribution précise, des bassins sans eau, entourés de chambres ouvertes et nues, mais qui ont dû être destinées aux femmes, quelques minces coussins jetés à terre çà et là, des murs en ruines, et dans les brèches ouvertes des ronces, des ronces françaises, de ces affreuses ronces qui poussent dans tous les chemins de ce monde et que je maudis de si grand cœur dans le parc de Vermont. Si jamais les jardins de Salah-Bey ont été soignés, ils ont dû être un lieu de délices. De belles eaux vives sur une montagne seraient partout quelque chose de ravissant; à bien plus forte raison en Afrique. Mais quel abandon ! l'incurie la plus complète régne de toute part dans ce ravissant parc naturel, sans aucun dessin, sans autres allées que les sentiers qui suivent le bord des ruisseaux; des bouquets de grands hêtres auxquels s'enlacent de longs festons de vignes qui, retombant ensuite sur un autre arbre de moindre hauteur, forment des treilles naturelles et gracieuses.

Vingt, trente ruisseaux charmants qui courent en tous sens dans ce paradis, l'animent de leur frais murmure. Ces eaux vives et limpides, bordées de mousse et de plantes inconnues, m'ont paru, malgré leurs airs capricieux, circuler dans des lits faits de main d'homme. Cet habile travail remonte assurément au temps où les Arabes, moins indolents ou moins découragés de la vie terrestre, passaient pour les peuples les plus habiles dans l'art des irrigations.

Les Sarrasins, qui fertilisèrent les provinces les plus desséchées de l'Espagne, une fois chassés de ce royaume, apportèrent sur le littoral africain cette science si précieuse, et peut-être quelque Abencerrage, ancêtre des illustres Salah-Bey, arrangea ce domaine avec amour.

De vastes espaces, ombragés par de magnifiques citronniers, des orangers déjà fleuris, des grenadiers et des abricotiers qui poussent sous les grands hêtres, s'ouvrent aux pas vagues des promeneurs. Des oliviers, vieux comme le monde, tordus capricieusement par le temps, des figuiers encore sans feuilles, en ce moment, des palmiers peu nombreux, tels sont les ombrages de ce beau lieu où le printemps semait déjà une multitude de fleurs sauvages, mais charmantes. Quelques petits semis de fèves de marais et de piments rouges, une cinquantaine d'arbustes venus récemment de France, étaient les seules traces de culture qui révélassent l'existence d'un propriétaire quelconque. Ces pauvres arbustes français, plantés là sans discernement et sans goût, avaient l'air tristes et malheureux. Je ne sais quel sera leur avenir au milieu de cette nature si généreuse pour les plantes indigènes.

Partout l'abandon des hommes dans ce domaine, mais partout aussi la bénédiction de Dieu sur ce sol fertile. Je n'ai vu aucune porte à ces beaux jardins. Nous y étions entrés sur les pas de notre guide, par le lit des ruisseaux, en sautant de pierre en pierre; nous en sommes sortis en enjambant avec lui les décombres des murailles renversées en maint endroit, à travers les ronces et les cactus épineux. Ce jeune homme nous guidait dans ces ruines, dans ce triste désordre, sans paraître éprouver le moindre embarras de l'état déplorable où ses parents laissent ce séjour.

Nous l'avons questionné sur eux, et ses réponses, faites en très bon français, nous ont appris de curieux détails sur la famille arabe. Il est propre frère du bach-agha qui épousa, il y a peu d'années, la veuve de Salah-Bey et devint beau-père du nain dont j'ai parlé ailleurs. Son frère, nous disait-il, était désolé de n'avoir pas encore d'enfant à lui. Si Allah lui en accordait un, ce serait encore un *Salah-Bey*, ajoutait-il, puisque pendant huit années de cessation d'un premier mariage, un enfant peut avoir dormi dans le sein de sa mère, et qu'à sa naissance ce premier né du second lit appartient à la famille du mari mort et en porte le nom.

J'avoue que ceci me parut singulier.

Il nous raconta ensuite que le plus beau, le plus remarquable des seigneurs de Constantine, le riche et brillant *Achmet*, époux de *Zaïra*, la fille des Salah-Bey, sœur unique du jeune nain de ce nom et, comme lui, belle à miracle, mais d'une taille élevée, venait dernièrement de rendre Constantine témoin d'une fête toute biblique, comme on en voit encore quelquefois chez ces Arabes aux mœurs antiques.

Il s'agissait de rendre grâce à Allah pour un bonheur ardemment souhaité. La grossesse avouée de Zaïra lui promettait un fils.

Après plusieurs pélerinages inutiles, Achmet désespéré de la stérilité de sa belle Zaïra, s'est rendu à la Mecque et, à son retour, la jeune femme est devenue enceinte.

Quand cette certitude est venue le combler de joie, *Achmet*, paré de ses plus riches vêtements, entouré de tous les hommes de sa famille, suivi de ses nombreux serviteurs, qui menaient un bœuf et des moutons tout couverts de guirlandes, s'est promené au son des fifres et des tambourins dans les rues de la ville, s'arrêtant à tous les lieux saints pour rendre grâce.

Les servantes, portant des vases pleins de

lait sur la tête, suivaient le cortége en psalmodiant une sorte de poésie sur l'heureuse fécondité de leur maîtresse. En rentrant au logis d'Achmet, on a égorgé les animaux; séance tenante, on a rôti leur chair, fait des couscous; enfin, un gala complet en l'honneur du futur *ben Achmet shérif* que l'on attend de jour en jour (1).

Après avoir pris quelques croquis et fait baigner nos chevaux dans ces eaux tièdes et abondantes qui donnent à la végétation de ce beau lieu abandonné une richesse à laquelle on ne s'attend pas sur une montagne, nous avons pris congé de notre cicérone et redescendu les pentes sinueuses qui nous avaient amenés.

Une fois sur la route française de Philippeville, qui devait nous conduire à Constantine, après cette journée pleine d'enchantement, il nous a pris un tel regret de rentrer dans une enceinte de pierres, que malgré l'heure déjà avancée, nous avons tourné bride en sens contraire. Un temps de galop effréné de deux lieues vers le Nord, nous a rapprochés

(1) Peu de temps après cette promenade et ce récit la belle Zaïra mourait en couches, laissant, au désolé Achmet, une fille pour toute consolation.

de la France, disions-nous !... Le soleil, caché déjà derrière les montagnes, laissait dans les airs comme une poussière d'or ; il était six heures, les ombres s'allongeaient dans les vallées, et il a fallu se décider au retour. Une tristesse singulière succédait à la surexcitation de notre course folle ; nous nous sommes mis à monter lentement les rampes du Koudiat-ati, laissant flotter les rênes comme pour retarder notre arrivée.... Ce déplaisir, cette appréhension étaient sans doute un pressentiment, quelque chose nous disait de retarder notre retour.

En effet, une mauvaise nouvelle nous attendait depuis plusieurs heures déjà sous la porte de la brèche. Elle montait la garde pour nous saisir au passage sous la figure d'un sous-officier porteur d'un pli pour M. de G... C'était l'ordre de partir le soir même avec son régiment pour Sétif. Cette ville importante, aux portes de la grande Kabylie, se trouvait dégarnie de troupes par suite du départ des zouaves pour l'Orient. Voilà la vie, la vie militaire surtout. Deux mois entiers venaient de s'écouler, bien remplis et charmants, dans cette ville où des relations précieuses nous avaient affectueusement accueillis, où des études et des explorations intéressantes occupaient si bien nos journées, tandis que les soirées (on était en plein carnaval) étaient égayées par des réunions que la France eût pu envier, et tout cela va déjà finir! Mais la sagesse a parlé par la bouche de M. de G...; il ira seul à Sétif d'abord; ralliant ses divers détachements, il y fera un premier séjour, nous préparera un gîte convenable pour plus tard, puis il reviendra nous chercher dans quelques semaines.

En attendant ce retour désiré, nous restons entourées d'amis et d'aimables connaissances dans notre commode installation de Constantine.

Le soir même, vers dix heures, trois cavaliers en tenue de voyage quittaient notre logis arabe pour se diriger sur Sétif.

Quelques larmes peu raisonnables coulaient en cachette, et moi je songeais à me hâter de finir mes études avant notre propre départ.

---

## XIV.

Un procès fort dramatique, qui met en cause deux jeunes Arabes des plus baut placés dans la province, vient d'émouvoir Constantine et ses environs.

Chaque jour une foule énorme stationnait devant le tribunal, dont la salle n'en pouvait contenir la vingtième partie.

Les Arabes, patients et calmes se contentent, faute de mieux, d'apprendre quelques mots des débats par ceux des auditeurs plus heureux de l'intérieur qui, fatigués et à moitié étouffés, viennent respirer au dehors.

Il s'agit d'un meurtre commis dans une maison d'almées, pour une rivalité d'amour. Les accusés sont les fils d'Ali, le kalifa, commandeur de la Légion d'honneur, un des hommes les plus influents du pays, et de *Madame* Zohra, sa femme unique, dont les hautes vertus et le savoir (elle lit et écrit couramment) sont l'objet de l'admiration générale.

Ces deux vieillards, plongés dans la douleur depuis l'arrestation préventive de leurs fils, intéressent au dernier degré le public constantinois.

Oh! pauvre Zohra! pauvre Zohra! dit-on autour des fontaines, sous l'auvent des boutiques et dans les bains maures. Pauvre *Madame* Zohra! répète-t-on dans les salons français, où cette femme intéresse par sa tendresse maternelle, la distinction de ses manières et les restes d'une grande beauté.

Depuis six mois que dure l'enquête relative à ce meurtre, les fils d'Ali, détenus dans les prisons de la Kasba, se mouraient faute de liberté.

*La liberté, c'est la vie*, disent les Arabes!

Enfin, l'heure des débats a sonné.

Nous avons obtenu, ainsi que quelques personnes de notre intimité, des places sur l'estrade même où trois juges, oui, trois juges tout simplement, décident toute espèce de question judiciaire à Constantine. De jurés, de Cour d'assises, de tribunal de commerce, point.

Ces trois juges suffisent à tout, absolua ment comme aux enfers d'autrefois, où Minos, Eaque et Rhadamante décidaient le destin des pâles humains pour le *civil* et le *criminel*, j'avais envie de dire le *contentieux*, mais je ne sais pas ce que cela veut dire.

Un président, un procureur impérial et ces trois juges, voilà tout le personnel de la justice pour les Français comme pour les Arabes. Cela prouve qu'on peut simplifier à l'occasion.

Notre curiosité était vivement éveillée par cette grave affaire, qui devait nous permettre de voir *à visage découvert* (chose inouïe) ! ces belles almées qui avaient tant menti sous leurs voiles dans leurs dépositions préalables, que la justice en avait décrété la suppression, du moins pendant la prestation du serment et l'interrogatoire ; tout cela allait se passer tout près de nous.

Quelle chance pour des touristes, avides de voir et de savoir !

Sur le premier banc, devant *nous* et la *Cour*, s'asseoit Ali, le kalifa, sa femme Zohra, et, plus loin, la mère et le frère du mort.

Le *kalifa*, que j'ai rencontré aux bals de la préfecture, est un superbe vieillard, véritable portrait du roi Salomon, il a, de plus que ce grand roi, le cordon de commandeur au cou, peut-être a-t-il de la sagesse en moins. Du banc où il est assis il regarde ses fils, *Mustapha* et *Allahouah*, placés sur la droite au banc des accusés, tous deux beaux, mais pâles et amaigris, puis il pleure, le pauvre père, sans cacher ses larmes, qui roulent sur sa longue barbe, il pleure noblement comme un père peut pleurer et s'essuie de temps à autre les yeux avec un foulard tissé d'or, qui doit être fort rude pour cet usage. *Zohra*, la triste mère, ensevelie sous ses voiles, est près de lui, immobile et affaissée sous le poids de son chagrin. Ces deux vénérables vieillards, jugeant avec les idées de leur nation où l'on se fait justice soi-même sans crime, se sont longtemps refusés à croire que le procès pût avoir lieu et que leurs fils dûssent encourir une punition. Pendant la longue détention nécessitée par l'instruction, ils s'attendaient sans cesse à les voir revenir.

« C'est demain qu'ils reviendront, les en-» fants, ils sont assez punis maintenant, di-» sait Zohra. » Le procès lui-même lui semblait la fin de la prison et la délivrance de ses enfants. C'est à grand'peine qu'elle a compris qu'un autre châtiment les menaçait désormais.

L'attitude des accusés dénote un grand accablement, mais le remords n'y entre pour rien, ils sont à demi couchés sur ces bancs de bois, fatigués d'y rester et ennuyés de la prison. Tous deux sont mariés depuis le très jeune âge et pères de plusieurs enfants. *Mustapha*, à qui, pendant une des séances, le président rappelait qu'il lui naissait un fils le jour même de ce meurtre dans lequel il a trempé, répondait simplement : « C'est possible, je ne » m'en souviens pas, cela regarde le kalifa » mon père, comme chef de la famille. » Derrière eux, trois de leurs serviteurs et deux turcos; en face d'eux, un groupe compact de femmes, serrées les unes contre les autres comme pour se rassurer et enveloppées de haïks qui ne laissent entrevoir que des yeux noirs à l'expression farouche : ce sont les almées.

La directrice de leur maison, ex-beauté, nommée aujourd'hui la mère *Taous-Ben Telioul*, est appelée la première; elle écarte ses voiles en pleurant de rage et prête serment sur le Coran, aux pieds d'un christ en croix, étrange rassemblement ! Nous savions à l'avance l'aventure tragique que les débats devaient éclaircir à travers les lenteurs des interprètes. Un jeune Arabe de la classe moyenne, amoureux d'*Ouréida*, la plus belle des almées, avait été tué dans leur maison et sous leurs yeux, dans une querelle jalouse, par les fils d'Ali ou du moins par leur ordre; ceux-ci, dit-on, l'ont fait écraser avec une poutrelle par leurs serviteurs, et les almées, lui renversant un *canoun* plein de feu sur le visage, l'ont achevé pour le précipiter dans le ravin.

On voit que ces demoiselles ne sont pas tendres quand elles s'en mêlent.

Tout l'intérêt de ce procès était pour nous la vue de ces visages expressifs, de leur fureur, de leur beauté étrange ; car, pas un des personnages, excepté Ali, Zohra et la mère de la victime, qui a été sublime dans sa douleur en racontant le meurtre et demandant vengeance, ne nous inspirait la moindre sympathie. Celle-là pouvait se passer d'interprète; son geste, ses yeux, ses sanglots ou plutôt ses cris étouffés ont soulevé toute la salle, et le pathétique accent de cette douleur se faisait comprendre au cœur autant que sa pantomime aux yeux.

Pendant ce temps, l'attitude d'Ali et de

Zorah était douloureuse à voir, tandis que leurs fils paraissaient indifférents ou plutôt languissants. *Ouréida, là belle des belles*, appelée à son tour comme témoin, s'est montrée superbe de fureur en se découvrant la figure. Lançant son *ya-mack* aux pieds des juges, et rejetant en arrière le pan du haïk relevé sur sa tête, elle est restée aux yeux de tous coiffée seulement de la sheshia de velours noir toute brodée d'or et garnie des chaînettes qui entourent le bas du visage. On ne comprend la colère de ces femmes en se dévoilant que par quelqu'idée particulière qu'elles attachent à cet acte. Cette créature, un peu trop grasse, est en effet d'une beauté frappante. Malheureusement le *koheul* qui rejoint et teint ses sourcils, et le *henné* ou le *betel* qui enlaidit ses dents, ses lèvres et ses doigts, gâtent à nos yeux français toute cette beauté. C'est pour elle que le meurtre fut commis. En étendant son beau bras nu sur le Coran, je ne sais pourquoi c'est à nous qu'elle a lancé un regard flamboyant. Son humiliation lui était sans doute plus cruelle en présence de femmes françaises.

Toutes ces *filles folles* portant la large ceinture dorée, qui, selon nos aïeux, ne vaut point bonne renommée, ont défilé tour à tour devant nous. L'une d'elles, *Tima*, au profil fier comme celui d'un camée antique, a été arrêtée comme faux témoin, séance tenante, et conduite en prison. Cette mesure a produit une grande rumeur dans l'assistance. Je ne sais pourquoi cette *Tima*, stygmatisée du surnom français de *Misère*, est fort connue dans Constantine. La mère *Taous-ben-Telioul* a été arrêtée en même temps.

Toutes les têtes qui formaient une seule masse dans l'auditoire, tous ces turbans, ces keffieh, ces capuchons à demi baissés, tous ces yeux noirs et étincelants aux diverses péripéties du drame offraient un spectacle d'un mouvement presque effrayant, tant il était passionné. Par instant, on eût dit une traînée de poudre en voyant les éclairs jaillir de tous ces regards.

L'arrêt, très doux pourtant, qui, après huit longues séances, a condamné les fils d'Ali le kalifa à six autres mois de prison *pour l'exemple*, a consterné au-delà de toute expression les accusés et leurs parents. — C'est la mort ! c'est la mort ! criait Zohra en sanglottant. Peut-être, comprenant qu'elle disait vrai, fera-t-on plus tard abréger la peine.

Un hasard favorable réunissait à Constantine, pendant l'hiver que nous y avons passé, une société française offrant les relations les plus agréables et les plus sûres, ce qui n'existe pas toujours dans les villes de l'Algérie. Malgré l'absence du général marquis de Mac-Mahon et de sa jeune femme, absence qui fermait le palais, de jolis bals donnés par M. et Mme Zœpffel à la préfecture, des soirées charmantes à la recette générale avaient lieu chaque soir.

Parmi les maisons qui composaient ce qu'on appelle *le monde*, comme disent les Français, une entre toutes était un centre précieux, et c'est avec le cœur autant qu'avec l'esprit qu'on l'appréciait. Le souvenir de pareilles rencontres, loin du pays natal, est trop doux pour qu'il puisse s'effacer au retour. On l'emporte avec soi et il se conserve frais et cher dans la mémoire.

M. D..., intendant divisionnaire de la province, et Mme D..., tous deux bons, aimables et spirituels, avaient le rare talent de mettre en relief les agréments, le mérite des autres, d'attirer, d'encadrer dans leur salon, toujours ouvert, un noyau de gens faits pous se plaire réciproquement, offrant ainsi, dans cette ville africaine, des ressources de société fort rares de nos jours, même dans les grandes villes de France.

Il faut pourtant faire ici une triste remarque, c'est que, parmi les hommes si nombreux en Afrique qui, par leur position et leur éducation, devraient se trouver trop heureux d'être admis dans des salons agréables, on a toutes les peines du monde à en attirer un certain nombre. Les mieux nés, les mieux élevés tombent, comme en France, dans une sorte d'engourdissement, sous l'influence abrutissante du tabac.

Ce qu'on appelait jadis plaisir dans la bonne compagnie ne les séduit plus. L'exemple vient de haut souvent.

Le sans-façon, la négligence de sa personne, la liberté des cercles, paralysent leurs velléités mondaines, et le joug d'une lâche paresse ne peut plus être secoué par eux.

Le temps leur montrera-t-il les inconvénients de cette vie maussade et tout animale? La mode, reine du monde, ramènera-t-elle par un tour de roue d'autres coutumes? J'en doute, et en tout cas je ne le verrai pas.

Ce n'était pas sans de grandes difficultés que l'on pouvait, dans cette ville originale, mener une vie *mondaine*. Les rues étroites, les escaliers si fréquents, les passages aux voûtes basses n'eussent point permis la circulation des voitures, s'il y avait eu des voitures.

Mais ce genre de véhicule n'est représenté dans cette capital du Beylick que par quelques carioles destinées à aller recueillir les blessés ou les fiévreux dans les expéditions. On les nomme voitures *Masson* et elles appartiennent à l'hôpital militaire. Celui-ci les louerait volontiers, mais le moyen d'aller au bal dans de pareils équipages ?

Trois ou quatre chaises à porteurs existent en outre dans la ville. L'une appartient en propre au palais, les autres à la préfecture, etc., etc. On se les prête gracieusement et les *tchaous* arabes emportent comme des plumes quelques danseuses françaises jusqu'à la maison où l'on reçoit, mais ce moyen est loin de suffire et il faut bravement, avec de petites bottes fourrées, des pelisses à capuchon et la lueur d'une ou deux lanternes, se rendre au bal à pied, quand une liaison intime ne vous permet pas d'aller faire votre toilette chez les maîtres de la maison. Ces difficultés même, loin de décourager, donnent du piquant au plaisir rencontré sur cette terre lointaine.

Les jeunes gens viennent généralement à cheval pour ces expéditions pacifiques. Leurs ordonnances les suivent pour ramener les chevaux.

Ces escadrons joyeux encombrent les ruelles de la vieille cité toute surprise de ce mouvement nocturne.

Les plus élégantes maisons arabes, confisquées par le gouvernement pour y loger ses fonctionnaires, sont en partie situées dans les quartiers habités par les indigènes. C'est ce qui nous a permis maintes fois d'entrevoir en passant, par quelque volet mal joint, l'intérieur des cafés maures, où le vitrage est inconnu. Le monotone tambourin à grelots attirait notre curiosité. Il accompagne d'habitude la danse d'une ou deux almées. Des fumeurs, aux figures graves et basanées, assis à la turque autour des murailles enfumées par les nombreux chibouks, forment un cercle de spectateurs. On y boit invariablement du café, le silence y règne et ces gens ont tout l'air de s'amuser, comme on s'ennuie ailleurs.

Chez les hauts fonctionnaires de Constantine, les chefs Arabes viennent aux fêtes et n'en sont pas le moindre ornement. Leur beauté, la noblesse de leur maintien, l'élégance de leurs vêtements les font ressortir même auprès des toilettes féminines. Ils gardent, pardessus leurs riches habits de soie aux couleurs claires, de légers bournous blancs ou gris de perle qu'ils laissent ouverts et rejetés en arrière. Les cafetans brodés, les larges culottes roses, bleues ou amaranthes, les multitudes de petits boutons à l'espagnole qui ornent tout cela n'en sont pas moins en vue. Des bas blancs, luxe encore tout nouveau chez les indigènes, sont généralement adoptés par eux dans les soirées, avec les babouches en cuir rose ou noir couvertes de broderies.

*Larby ben Zagoutha*, jeune homme dans la famille duquel nous avons été gracieusement admises, a même poussé le progrès social jusqu'à mettre des gants paille. Cela a fait sensation, et c'était vraiment drôle.

Dans les salons français, les seigneurs arabes ne s'asseoient guère. Nos fauteuils étroits, nos maigres banquettes les tentent peu. S'ils peuvent, dans une pièce écartée, rencontrer un large divan, ils s'en emparent, repliant bientôt leurs jambes comme des tailleurs, sans songer que cela n'est point reçu.

Dans les réunions où on les invite, ils jouent volontiers aux échecs ; quelques-uns même à l'écarté. Beaucoup d'entre eux, civilisés complètement sur ce point, avalent avec infiniment de grâce et de plaisir, du punch, du vin chaud, du champagne mousseux.

Tout cela n'est point du vin pour eux ; allons-donc! *Bono sôbet*, disent-ils en récidivant, *bono sôbet !*

O Mahomet! sage législateur! aurais-tu jamais songé à ces perfides *sorbets?* Pauvre prophète, arriéré et naïf, qui défendis le vin à tes enfants! Comment prévoir que le jus de la treille se transformerait un jour en tant de boissons attrayantes? Tu n'as parlé que que du vin, Mahomet! Mais qui est-ce qui boit du vin? Dû vin! c'est du petit bleu de barrière... De l'aï, du chambertin, du tokai, du madère, du lacryma-christi, voilà des petits *sôbets* généreux et réconfortants. On voit qu'avec le ciel des musulmans comme avec celui du *Tartufe*, de Molière, il est des accommodements.

Demander à un Arabe des nouvelles d'une de ses femmes est une inconvenance ; il ne répondrait pas à la question. Lorsqu'on est en connaissance avec lui, il vous présente respectueusement la main. Je pense que c'estpar imitation et que cette manière d'agir n'était nullement dans leurs coutumes.

Une légère keffich (coiffe transparente) enveloppe le fez, souvent très haut qui couvre leur tête rasée. Elle y est retenue par une petite corde en poil de chameau dont les tours plus ou moins nombreux indiquent, dit-on, les degrés de noblesse, puis elle retombe sur les épaules et va se prendre dans la ceinture et la bandoulière d'or, toutes deux travaillées en ronde-bosse. Quelle différence de ce costume au frac noir!

D'un tour d'esprit, louangeur et poétique, ils savent vous dire, par le moyen des interprètes, toujours présents, des phrases gracieuses; mais on assure qu'entre eux ils se moquent fort de nous et de nos usages. Les toilettes de bal des Françaises sont surtout, ainsi que certaines danses, l'objet de leur stupéfaction, et ils se raillent fort des maris qui les autorisent.

Groupés près des danseurs, ils se communiquent à voix basse leurs observations en souriant avec malice, mais toujours avec une extrême convenance; leurs beaux yeux sombres, leur barbe brune et soyeuse, leurs dents si éblouissantes ressortent sous la keffich satinée qui voile leurs traits expressifs et les rendent vraiment remarquables. J'aurais bien voulu entendre leurs réflexions sur les Françaises.

On dit qu'ils ont de la femme une opinion assez peu avantageuse. Pour conserver leur supériorité sur notre sexe, ils le maintiennent dans une ignorance qui rend leurs pauvres femmes puériles et ennuyées ; malgré la galanterie superlative de leurs poésies, ils craindraient, en ouvrant davantage leur esprit, de rendre pour elles la soumission plus difficile et la réclusion impossible.

Quant à la femme française, c'est autre chose ; elle est pour eux un livre fermé.

C'est un être amphibie qui possède en même temps le charme et la force, l'intelligence et la douceur, la liberté d'action et la réserve prudente ; ils l'admirent et la blâment à la fois. Quand ils l'aimeront..... ils seront civilisés.

Il court à ce sujet une jolie petite histoire romanesque que voici : Dans le monde constantinois, on avait remarqué l'hiver dernier, aux fêtes du palais, un jeune et beau sheik des environs de *Djemilah*, nommé *Idjelib*. Investi des fonctions de caïd, il avait momentanément quitté sa maison de commandement pour venir traiter de quelques affaires avec le bureau arabe, puis il devait s'éloigner sans retard pour rejoindre les spahis irréguliers et les goums dont il avait le commandement. Mais le temps s'écoulait, le printemps allait reparaître et Idjelib ne partait pas. Drapé dans le manteau d'investiture que l'Empereur donne aux caïds, il était partout où les Français se rassemblaient. La couleur écarlate de ce beau vêtement faisait ressortir la pâleur, chaque jour plus grande, de son visage; chaque jour ses yeux sombres comme la nuit se creusaient davantage, et chacun se demandait, en le voyant dépérir ainsi, quelle pouvait être la cause de sa souffrance. Enfin il disparut. On sut plus tard qu'il avait été vu à Philippeville un jour où le *Mérovée* appareillait pour la France. Il était resté immobile sur la plage, le suivant du regard; puis, quand le navire se perdit dans les brumes de la nuit, il s'éloigna lentement sans qu'on sût où il se dirigeait. Peu à peu les rapprochements, les inductions allèrent leur train, et l'on se souvint que le *Mérovée* avait remporté en France, à cette époque, une ravissante et blonde Parisienne qui avait passé à Constantine deux ou trois mois chez des amis, s'amusant de son mieux dans ce milieu si nouveau pour elle.

Peu après cette demi découverte, une pièce de vers arabes, comme il en circule souvent à Constantine, se passait de main en main, et les tchaous la traduisaient en prose française avec leurs encres de couleur. En voici la plus exacte reproduction remise en vers, ce qui est la rendre à sa véritable nature :

Tu t'en vas, ô femme de France !
Le noir bateau fumant t'emporte sur la mer,
Et le pauvre Idjelib reste sans espérance....
Allah prenne en pitié l'humble enfant du désert !

Pourquoi venir ici, gazelle enchanteresse,
Nous montrer ton regard aussi bleu que le ciel ?
Pourquoi nous parlais-tu d'une voix qui caresse ?
Pourquoi dis-tu des mots plus doux que le doux miel ?

Pourquoi ne pas voiler, à nos yeux, ton visage ?
Pourquoi troubler nos cœurs si tu veux repartir ?
Pourquoi semer ainsi partout sur ton passage,
Même sans le savoir, l'amour et le désir ?

De tes cheveux flottants en spirale légère,
La couleur inconnue enchante le regard ;
C'est le blé mûr des champs, l'or, trésor de la terre,
C'est le rayon qui luit dans l'œil du léopard.

Tu passes souriante et si ton pied s'arrête
Près de l'esclave, hélas ! tout éperdu d'amour,
Tu ne devines pas, tu détournes la tête
Et mille riens brillants t'attirent tour à tour.

Que sommes-nous pour toi, nous, fils de l'Algérie,
Sauvages ignorants, brunis par le soleil ?
Des objets curieux vus loin de ta patrie,
Au pays où tu vins chercher un ciel vermeil.

Au pays des palmiers où les nuits sont si douces,
Où sur le sable aride on chemine en rêvant,
Subissant du chameau les tranquilles secousses
Au sein d'un atatish au long tapis traînant.

Les plus riches palais de nos cités bénies
Que sont-ils devant toi ? Tu connais d'autres lieux
Où les splendeurs du ciel sont, dit-on, réunies
Pour enchanter les sens, pour séduire les yeux.

Un caprice fatal aux lointaines contrées
T'amena. Je te vis, ô soleil de mes jours !
Et je t'aime !... Et déjà tes traces adorées
Sur la vague des mers s'effacent pour toujours.

Tu t'en vas, ô femme de France!
Le noir bateau fumant t'emporte sur la mer,
Et le pauvre Idjelib reste sans espérance. ..
Allah prenne en pitié l'humble enfant du désert ?

Voyageuse frivole, inconstante et cruelle,
Je maudis le moment où tu vins en ces lieux,
Je maudis ta beauté qui ne laisse après elle
Que regrets, désespoir et pleurs silencieux.

A tes yeux souriants je n'étais qu'une chose,
Parmi celles qu'ici tu voulus regarder.
Bijoux, tissus, parfums de jasmins et de rose,
Eventails et poignards, tu veux tout posséder ;

Prends-donc aussi mon cœur, ce cœur si plein de [flamme
Au cœur de tes Français ne ressemblerait pas!...
Prends-moi pour te servir, sultane de mon âme!
Pour protéger tes jours... pour suivre tous tes pas!...

Comme le goëland, sans fatiguer mon aile,
Même au-delà des mers, partout, je te suivrais,
Heureux et fier pourvu que ton regard m'appelle
Et peut-être qu'un jour... un jour tu m'aimerais...

Toi m'aimer !... qu'ai-je dit !.. quel trouble ? quel [délire
Cette seule pensée allume dans mon sein ?...
Toi m'aimer ?... oh ! ma bouche ose à peine le dire,
Une femme française aimer un Africain ?...

Non, non !... vit on jamais une blanche colombe,
Pour l'aigle du désert roucouler doucement?
Vit-on jamais le soir, à l'heure où la nuit tombe,
L'antilope accourir vers le lion puissant ? ..

Pourtant je suis caïd. Le burnous écarlate,
Par ton Sultan de France. en signe de grandeur,
Me fut donné naguère, et mon orgueil se flatte
De porter le ruban, collier de commandeur.

Eh bien ! sans regretter ces honneurs qu'on m'envie,
Bien loin de ma tribu, des champs de Djemi'ah,
Heureux de te servir, j'irais passer ma vie
Sous ton ciel qu'on dit triste, à guider ta smala.

Comme ton chien fidèle ou tes coursiers agiles,
En tous lieux, à ta suite, on me verrait marcher,
Semblable à ces lions que Si-Mihr rend dociles,
Te gardant de tous ceux qui voudraient t'approcher.

Emmène-moi, te dis-je, houri de mon doux rêve;
Ici trop de douleurs me viennent accabler.
Je sens mon corps brisé retenu sur la grève,
Je sens mon âme entière avec toi s'envoler...

Tu t'en vas, ô femme de France,
Le noir bateau fumant t'emporte sur la mer,
Et le pauvre Idjelib reste sans espérance...
Allah prenne en pitié l'humble enfant du désert !...

Un certain nombre de mariages ont eu lieu entre des officiers français et des femmes arabes ; généralement ils ont offert peu de bonheur aux époux, par des raisons qu'il serait trop long de développer ici.

Entre un Arabe et une Française, je ne sais si l'on en peut citer plus de deux, et tous deux ont réussi à souhait ; l'un est le mariage d'un caïd qui habite près de Bathna, avec une jeune Espagnole de naissance, française d'éducation ; l'autre, l'union si heureuse du général Jussuf avec M^me ***. Celui-ci devrait monter la tête aux mères de famille en peine de filles à marier, comme il s'en trouve tant de nos jours.

Si quelque agent matrimonial organisait ces sortes d'affaires, au lieu de doter les filles, les parents recevraient des chefs arabes de riches présents. Quel immense avantage ! Et si ces demoiselles étaient tant soit peu adroites, elles sauraient bientôt former leurs maris aux *belles manières,* obtenir d'eux une vie moins renfermée, et confectionner le couscouss d'une manière satisfaisante...

Le dénigrement des indigènes semble être un parti pris chez les fonctionnaires et les officiers français en Algérie. C'est à qui racontera le plus d'anecdotes pour prouver leur fourberie et leur déloyauté, sans songer que les exemples contraires sont au moins aussi nombreux, et que leur condition de peuples vaincus et asservis est précisément ce qui doit développer ou même faire naître en eux de mauvais instincts.

On raconte, à ce propos, que *Sidi-Ahmoudhah,* l'un des plus riches et des plus lettrés de Constantine, qui, dans une sorte de petit palais tenu avec un soin presque français, possède une bibliothèque précieuse et de-

curieux manuscrits sur l'histoire de sa nation, avait été nommé, lors de notre installation définitive à Constantine, gouverneur militaire pour les Arabes. Appelé en cette qualité à faire partie d'une commission chargée d'inventorier les objets précieux saisis dans le trésor du bey *Achmet*, récemment dépossédé. il reconnut, parmi les bijoux, une pierre d'une grande valeur montée en sceau, qui avait appartenu à sa famille, et qui avait passé dans les mains du prince, j'ignore par quelle circonstance.

En vertu de la maxime connue : chacun prend son bien où il le trouve, Ahmoudhah empoche d'abord le bijou, sans juger nécessaire d'en demander la permission à des étrangers qui venaient envahir son pays, s'emparer de ses richesses, le tout parce que le prince voisin, *Hussein*, vieux dey d'Alger, avait donné, chez lui, un coup d'éventail au consul de France qui lui parlait avec arrogance. Cependant, on s'était aperçu de l'absence du sceau précieux, on s'enquit aussitôt, et Ahmoudah dut le restituer, séance tenante, à ceux même qui, à ses yeux, pillaient le trésor de son maître. Cette histoire sert de thème aux accusations d'indélicatesse dont les Français usent et abusent envers le caractère arabe. L'équité naturelle dit pourtant bien haut qu'il est difficile d'apprécier les actes d'une nation dont les idées, les lois, les mœurs diffèrent tant des nôtres, et qu'il est souverainement injuste de tout mesurer à son aune et de tout juger à son point de vue. Donc, je reste et resterai, après étude et réflexion, *arabomane;* permis à vous, Messieurs, d'être *arabophobes* si cela vous plaît.

Les grands airs de matamores se montrent quelquefois en Afrique d'une façon bien ridicule et tout à fait comique, chez nos nationaux. J'ai vu plus d'une fois de minces officiers, pour se donner des allures de conquérants, cravacher des Arabes à tort et à travers, en passant à cheval dans les rues. S'ils croyaient se montrer *forts* en agissant ainsi, leur erreur était grande; l'insolence et la grossièreté sont des armes qui blessent celui qui s'en sert plus encore que son adversaire.

Deux genres d'aristocratie existent parmi les Arabes. La première est celle du savoir. Chez cette nation soi-disant *grossière*, cela étonne. La seconde, celle des armes, est de beaucoup la plus nombreuse.

Les thalebs, les imans portent seuls du

jaune au bas de leurs vêtements, on les reconnaît à cette distinction. Un jour, je marchais dans la rue derrière deux Arabes de haute condition, se tenant affectueusement par les petits doigts enlacés de leurs deux mains voisines : l'un était le savant *Ahmoudah*, dont je parlais tout à l'heure; l'autre, qui m'était inconnu, cheminait de la plus bizarre façon en se dandinant sur le bout rond de ses babouches (je ne puis dire la pointe des pieds); une haute bande jaune bordait son burnous.

A chaque passant de sa nation qu'il rencontrait, il ouvrait ce burnous d'un air paternel, et tout aussitôt l'autre accourait déposer sur l'épaule droite qu'on lui montrait un respectueux baiser.

Ce manége m'amusa fort, le soir, dans le salon de la préfecture; j'aperçois mon Arabe du matin, grave et digne, causant avec le préfet.

C'était tout simplement *un saint*, me dit-on, rien que cela. Autrement dit, un célèbre marabout, une manière d'évêque mahométan, pardon de l'expression, qui comblait les passants de bénédictions et de joie en leur permettant de baiser son épaule droite en guise d'anneau pastoral.

Venu à Constantine pour être admis dans

une académie savante qui existe dans cette ville, il devait, dès le lendemain, repartir pour Djidjelli où réside sa famille. Je suis grandement aise d'avoir eu l'insigne honneur de rencontrer cet illustre personnage, bien que je n'aie point baisé sa vénérable épaule droite.

Nous mourions d'envie, ma fille et moi, de pénétrer dans quelque intérieur arabe. La chose est fort difficile (du moins chez les principaux seigneurs de Constantine).

Cependant, grâce à une jeune et charmante femme de nos amies, dont le mari, directeur des domaines dans cette province, est en fréquentes relations avec les riches propriétaires du pays, nous en vinmes à nos fins.

Peu de temps avant, Mme M*** avait été conviée aux fêtes nuptiales d'*Imouna*, la plus jeune des filles de *Sidi ben Zagoutha*, sœur de *Larby*, le jeune Arabe aux gants paille que j'avais vu à la préfecture.

Voulant faire une visite de remercîment dans cette famille, elle a demandé au seigneur et maître de nous y amener avec elle, ce à quoi il a consenti avec une bonne grâce parfaite, et le jour a été fixé au surlendemain.

Pour donner ici une idée de la courtoisie de ces sauvages, je dirai que dans ce court délai, le bon ben Zagouth a fait poser dans le salon de ses femmes une cheminée en marbre destinée à nous chauffer selon nos habitudes, puis il a été acheter, chose inouïe, des fauteuils en acajou, dont le velours cramoisi est venu montrer ses tons sévères parmi les coussins de soie pailletée épars sur les tapis. Cette attention fort aimable pour nous a fait également le bonheur de ses femmes, si avides de la moindre distraction, et pour qui ces objets étaient entièrement inconnus.

On nous avait prévenues qu'il était convenable de nous parer un peu pour entrer dans les idées de nos hôtes, surtout de mettre des bijoux. Dès midi, précédées du tchaous de la direction des domaines, nous nous dirigions par un dédale inextricable de couloirs voûtés, blanchis à la chaux, de ruelles sans passants, où quelques portes basses couvertes de gros clous indiquaient seules que derrière ces murs il y avait des habitants. Vers la demeure de Sidi ben Zagoth, de rares lucarnes bien grillées qui permettent dans les étages supérieurs de jeter un regard au-dehors, de hautes murailles surmontées d'une raie de ciel d'un bleu foncé, voilà les riches quartiers arabes.

Peut-être avons-nous, ce jour-là, sans nous

en douter, fait événement dans les harems.

Il nous eût fallu le fil d'Ariane pour nous retrouver dans ces mille détours où rien ne peut aider la mémoire. Heureusement un *tchaous* marchait devant nons. Au fond d'une ruelle déserte, dans un clair obscur mystérieux malgré le badigeon blanc des murailles, effet que le pinceau de Decamps a su si bien rendre dans maint tableau; un groupe immobile, composé d'hommes, appartenant à la famille ben Zagoutha, nous attend près d'une porte entrebaillée; tous sont tous parés de leurs plus beaux cafetans, et ressortent en lumière sur le ton sombre de l'entrée.

Ils sont six, gendres et fils compris. Tous nous offrent respectueusement la main et un échange de compliments commence par l'entremise de Larby, le jeune fils, qui parle facilement français.

Quarante-trois personnes composent cette famille et vivent patriarcalement sous le même toit. Leur maison, agrandie par le procédé ordinaire, enjambe sur plusieurs rues ou passages, et contient deux ou trois cours; le luxe très rare d'un jardin au bord même du rocher devant le mansourah, lui donne une grande valeur. Ce jardin est cultivé dans le genre de ceux des Salah-Bey. Ben Zagoutha, très beau vieillard vigoureux, à la longue barbe blanche, mais au regard plein de feu et d'intelligence, et son fils aîné, *Caïd* Mustapha, couvert du manteau écarlate à glands d'or, nous précèdent pour nous guider. Le beau *Salah ben Salah*, l'un des gendres, Larby et deux autres nous suivent. Les autres hommes de la famille sont absents; *ils sont aux champs*, dit-on, et seront au désespoir *d'avoir perdu l'honneur de notre présence si flatteuse pour leur maison.*

Dans une première cour entourée de galeries, plusieurs groupes de femmes âgées nous regardent, avec une vive curiosité, du haut des balcons, en chuchotant à voix basse.

Trois jeunes femmes, très belles, s'avancent alors et nous offrent la main, comme l'ont fait les hommes; elles nous font entrer dans un salon étroit et long du rez-de-chaussée dont un rideau de gaze blanche à rayures satinées ferme seul l'entrée sur la galerie.

Dans l'intérieur, de beaux tapis de Smyrne et des coussins épars composent tout le mobilier; les murs blanchis, comme toujours, à la chaux, sont ornés de filets de couleur formant arabesques aux angles. Deux panneaux de cèdre sculpté semblent recouvrir ou des placards ou des fenêtres. Au milieu du salon, un assez grand enfoncement élevé d'une ou deux marches forme l'inévitable *marabout*, et contient la fameuse cheminée ainsi que les beaux fauteuils français.

C'est là qu'on nous conduit. Un naïf orgueil éclate sur tous ces visages d'une expression grave à la vue de notre surprise simulée, car nous savions à l'avance ces préparatifs. Nos remercîments, pour cette attention toute gracieuse, comblent de joie ces gens véritablement primitifs dans leurs mœurs.

La conversation commence, toujours grâce à Larby; une seule des jeunes femmes est l'épouse *actuelle*. Ses deux compagnes sont des filles mariées de Ben Zagoutha, qui en a plusieurs autres encore, mais mariées ailleurs.

Bientôt on apporte le café servi sur des plateaux marocains en cuivre gravé que l'on pose sur des guéridons en marqueterie de nacre, hauts de dix-huit pouces à peine. Toute la compagnie, assise à terre sur des coussins, se trouve à portée des tasses, tandis que du haut de nos fauteuils nous semblons des princesses entourées d'esclaves.

Nous goûtons à ce breuvage épais et amer,

par pure politesse, puis, au bout de quelques instants, nous voulons remettre nos tasses sur les plateaux; aussitôt les dames arabes s'emparent de nos restes et les avalent pour nous faire honneur avec l'apparence d'une vive satisfaction.

On parle toilette, bijoux. On se complimente à qui mieux mieux par l'organe de Larby.

Leurs étoffes sont réellement magnifiques. Elles ont trois ou quatre robes l'une sur l'autre, et celle de dessus est souvent de deux différentes couleurs, partagée de haut en bas. Ces robes sont étagées par le bas de quatre doigts, afin qu'on les voie toutes, et la plus belle est en dessous portant sur la *gandoura* (chemise) en coton et soie très fine à rayures satinées.

Le brocard d'or, les palmes d'or, en un mot l'or sous toutes les formes se trouve dans l'ajustement des Arabes, hommes et femmes. Mais la manière dont ces dernières posent leur large ceinture est désolante; je ne puis comprendre pourquoi elles ne marquent point leur taille où la nature l'a placée, mais beaucoup plus bas. Cela ôte toute jeunesse à leur tournure. Une longue gaîne en brocard contient ou est censée contenir leurs cheveux; elle tombe en arrière jusqu'aux jarrets, la calote ou sheshia de velours brodé, les diadèmes sur le front, les chaînes d'or et de sequins flottant autour du visage, puis, en arrière, le voile en crêpe de France, rose, vert, orange ou bleu, lamé d'or, voilà le complément de leur coiffure. Bien que les robes montent au cou, les bras sont nus, chargés de bracelets souvent scellés et voilés en arrière par de larges manches ouvertes, en crêpe, semblable au voile. A part la richesse des étoffes et des bijoux, ce costume est le même que celui des juives des rues.

Ces femmes, vieilles et jeunes, nous reçoivent à visage découvert. Le henné, le koheul et le bétel gâtent leur beauté ; elles sont généralement grasses et blanches, on les dit un peu fardées; la réclusion où elles vivent altère souvent leur santé. A douze ans elles sont femmes, on les marie et elles paraissent en avoir vingt ; à trente elles sont vieilles et peuvent sortir. Des bonbons à l'ambre, à la rose, à la jonquille nous sont constamment offerts. Nous demandons à voir les enfants. *Menoubia*, femme de *Ben Zagoutha*, donne un ordre attendu sans doute, et soudain quatre ou cinq négresses effrayantes de laideur font irruption dans l'appartement, apportant où traînant une douzaine de petits arabichons effarouchés, les plus jeunes presque nus, d'autres emmitoufflés de burnous à capuchons, d'autres enfin parés comme messieurs leurs pères et coiffés de larges turbans en mousseline rose ou blanche, ce qui leur donne un faux air de champignons. Tout ce petit monde ouvre des yeux incroyables à la vue des dames françaises; mais au premier mouvement que nous faisons pour nous approcher d'eux, un concert de cris perçants éclate sur toute la ligne, et les petits sauvages courent se blottir entre les jambes de leurs esclaves, où ils se cachent la figure en pleurant de frayeur. *Ruggiah*, le benoni, bel enfant de trois ans que Madame Menoubia nourrit encore de son lait, bien qu'on le pose déjà sur un vrai cheval dans la cour, fait seul bonne contenance. Réfugié près de son père Ben Zagouth, qui l'entoure d'un de ses bras, il ne montre aucun effroi et sa chevelure ébouriffée, à laquelle le henné communique un rouge sombre, se mêle à la barbe blanche qui tombe à flots sur la poitrine du beau vieillard son père; il nous laisse prendre ses petits doigts barbouillés aussi de ce vilain henné qui ressemble à des confitures trop cuites, et ses parents semblent fiers de le voir si courageux et si brave. Pendant ce temps, le caquet baroque des servantes noires qui cherchent à rassurer leurs petits maîtres, forme la plus drôle de cacophonie. On dirait une bande d'oiseaux de basse-cour, se communiquant une trouvaille agréable.

A notre grande surprise, *Imouna*, la nouvelle mariée, dont le mari est invisible, nous propose de visiter sa chambre. Comme on voit, nous sommes, dans ce harem, bien loin des mœurs anglaises.

Nous la suivons ainsi que toute la famille, hommes et femmes. Après une suite de galeries où sèchent des vêtements, de salles nues et tristes où des vieilles femmes pétrissent des gâteaux sur des planches posées à terre, les tables étant inconnues, d'escaliers dont les marches ont presque un mètre de haut, nous arrivons enfin dans le domaine particulier de la jeune femme.

Là, point de sièges à nous offrir, tout le monde s'asseoit par terre sur le tapis, et nous, on nous place sur le lit même ou plutôt sur les grands coussins qui servent à cet usage; ils sont posés à terre sans aucun bois de lit pour les exhausser, libre à nous de les prendre pour un divan. Des draps brodés d'or aux angles, des cachemires et des haïks pour couvertures, une quantité de petits coussinets ressemblant à des sachets à gants, tous en soie brodée d'or qui servent, nous dit-on, à mettre sous un coude, une oreille ou un talon, enfin partout où le besoin s'en fait sentir en dormant, voilà la couche d'*Imouna*.

En fait de présents de noces, elle nous montre, comme une merveille, une méchante glace d'auberge dans son cadre en plâtre doré. Ce miroir grand d'un mètre à peine est posé à terre contre le mur. Elle n'a point imaginé de le suspendre, et ce splendide objet sera brisé au premier jour.

Des pièces d'étoffes diverses cachent en partie les murs où elles sont irrégulièrement suspendues; de charmants coffrets contiennent des bijoux, des étoffes ; enfin de très beaux vases en argent ciselé, pour les ablutions, complètent l'exhibition.

Il nous faut ensuite visiter les chambres à coucher de Madame *Salah ben Salah* ainsi que de *Menoubia*, sa belle-mère ; tout cela se ressemblait fort et ne mérite aucune mention particulière. Cependant, dans cette dernière, on nous montre un objet fort beau, qui devient rare de nos jours, c'est une *sarmah*, très ancienne et haute coiffure terminée en pointe, tout en or repoussé, d'une valeur considérable.

Cela ressemble au hennin des anciennes reines de France ; je ne sais par quel procédé on la faisait tenir debout sur la tête dans les grandes cérémonies. Aujourd'hui cette parure n'est plus *de mode*. Voyez un peu jusqu'où va l'empire de cette reine qui passe pour française : va t-elle soumettre ces femmes qui, depuis la plus haute antiquité, sont restées fidèles aux toilettes de Rebecca, de Sarah ? et cætera. On conserve la sarmah dans le trésor des familles sans y substituer du cuivre doré, comme feraient nos jeunes duchesses, celles du moins qui remplacent leurs diamants héréditaires par des strass d'une plus belle eau.

Nous commencions à être excessivement fatiguées de tous ces compliments et de tous ces *salamalcks* ; nous avons pourtant demandé à voir, en descendant, le jeune mari d'Imouna. Cette requête a paru souffrir de graves difficultés. Cependant, après un long conciliabule entre les hommes, Laiby nous a dit que son père nous présenterait, en bas, son jeune beau-frere, Sidi-Omar, le nouveau marié.

Nous levant donc pour partir, nous avons de

nouveau traversé les grandes pièces où les femmes *passées de mode* et les négresses esclaves, toutes encapuchonnées de blanc comme des bénédictines, sont accourues sur notre passage. Ces pauvres créatures, exaltées outre mesure par la joie de nous voir, et enhardies par notre air avenant, saisissaient nos poignets avec leurs mains enfarinées, ou leurs pattes noires, pour admirer nos bracelets, nos bagues, et s'accrochaient à nos jupes. On nous avait averties de nous méfier d'elles. Ces curieuses, si avides de voir, sont souvent tentées de prendre. Une aventure arrivée à Mme Jussuf, dans le Sud, après la prise de Laghouat, nous revint en mémoire en ce moment.

Le général Jussuf désirant réunir chez lui, dans une fête à la campagne, les principaux cheïks des tribus nouvellement soumises des environs de Laghouat, Mme Jussuf, la gracieuse Française, imagina d'inviter, de son côté, les femmes de ces chefs et de les recevoir dans ses appartements particuliers.

Au jour dit, les cavalcades arrivent de tous les points de la contrée.

Les chameaux apportent dans des atatish les épouses, les filles richement parées sous les haïks qui les cachent.

L'atatish, dont je crois n'avoir pas encore donné la description, est une sorte de litière qui se pose à dos de mule et surtout de chameau. Cette litière est une sorte de nid assez grand pour contenir deux ou trois femmes accroupies.

Il est doublé de tapis qui retombent en dehors, sur les flancs de la monture. Du milieu, part une perche très haute et dorée terminée par une touffe de plumes d'Autruche. Elle sert à retenir de longs rideaux de soie brillante, soit rose, soit bleue, dont les plis légers enferment les femmes.

La *Prise de la Smala,* tableau si connu d'Horace Vernet, montre une ou deux de ces curieuses litières, dont les rideaux un peu entr'ouverts laissent apercevoir un œil noir et brillant.

Heureuses de la complaisance, sans doute un peu forcée, de leurs seigneurs et maîtres, toutes ces femmes arrivent chez le général français; les chameaux s'agenouillent devant l'entrée, et sur les tapis traînants elles posent leurs pieds nus dans les babouches élégantes, en faisant sonner les bracelets scellés au-dessus des chevilles.

Elles entrent, quittent leurs grands haïks, ainsi que lè *yamack*, puis s'examinent réciproquement avec curiosité. Bientôt installées sur des coussins, on les divertit par des spectacles destinés à amuser les enfants en France; les sorbets, les bonbons, le café circulent sans cesse; puis enfin, au son d'une musique cachée derrière des tentures, la maîtresse de maison leur distribue, comme cadeaux, une foule de jolis objets qu'elle croit devoir leur être agréables.

Oh! surprise! elles jettent derrière elles avec dédain tout ce qui leur a été offert, puis au bout de quelques instants, sans même se cacher, elles saisissent avidement et s'emparent de toutes les pièces d'un magnifique service à café en argent, cadeau du sultan Abdul-Medjid au général Jussuf et auquel celui-ci attache le plus grand prix.

Les nombreuses tasses, leurs enveloppes en filigrane et tout disparaît en un clin d'œil dans leur corsage.

Madame Jussuf, désolée de cette aventure et ne sachant comment contraindre ces femmes à restituer ces objets précieux, fit appeler son mari pour lui raconter ce qui se passait.

Aucun expédient ne pouvant être même essayé envers les femmes, le général se décida à raconter le fait à tous les maris rassemblés en ce moment dans ses salons du rez-de-chaussée. A cette révélation, une colère africaine s'empare de tous ces hommes; ils se précipitent vers les degrés, entrent comme un ouragan chez M^me^ Jussuf, et se jettent sur ces houris effrayées, leur arrachant les objets dérobés en leur ordonnant de se voiler en toute hâte et de repartir au plus vite. Mais tous les visages avaient été vus sans voiles par les maris *respectifs*, ce qui a fait un scandale déplorable; certes, bien des répudiations en auront été la suite.

Quant à nous, nous sommes sorties saines et sauves des mains de la Smala féminine de Ben-Zagoutha.

Arrivées dans la cour, Larby a amené devant nous un enfant de 13 ans, sans maintien, l'air décontenancé d'un écolier mal élevé, ni beau, ni laid, point grand, mourant d'envie de faire quelque singerie. Il l'a tenu devant nous par les épaules quelques instants, puis l'a laissé s'échapper. C'était *Sïdi-Omar*, le mari de cette jolie et forte personne, qu'on appelle *Imouna*, et qui n'a, dit-on, que 12 ans. Ils sont bel et bien mariés depuis quelques semaines.

Pendant trois mois, Si-Omar, selon la coutume, doit vivre dans une sorte de retraite, ne voir aucune autre femme que la sienne et encore ne voir celle-ci que la nuit. J'avais donc été fort indiscrète en demandant qu'on le fît venir, à la face du soleil, et Ben-Zagouth avait fait preuve d'une grande condescendance en y consentant.

Quant à Imouna, semblable à Psyché, elle n'avait peut-être pas vu encore les traits de ce vrai gamin qui était son mari. Hélas! qu'adviendra-t-il de mon indiscrétion ? Heureusement elle n'avait pas en main la fatale lampe de la fable.

Ben Zagouth a reçu, selon les mœurs arabes, du père de ce petit bonhomme, de riches présents en échange de sa fille. Cette coutume a du bon, elle semble dire que le don d'une femme est un don précieux. Chose étrange ! c'est précisément dans les contrées où la condition des femmes est inférieure que cet usage se perpétue, tandis que nous, peuples aux idées élevées et soi-disant chevaleresques, nous payons les hommes qui veulent bien épouser nos filles, et qui souvent les marchandent d'une façon humiliante pour nous autant que pour eux.

Enfin nous approchions de la porte de sortie. Du haut des galeries et tout autour de la cour, les servantes gesticulaient en criant :

*beuslemà*, *beuslemà* (adieu), noires et blanches nous jetaient leur éternel *bono* ! qui s'applique à tout. Ben Zagouth nous assurait que sa maison était la nôtre ( grand merci !) et nous faisait mille promesses d'éternel souvenir ; toutes les douceurs imaginables, tous les compliments les plus raffinés, les plus fleuris, les plus emphatiques s'échangèrent entre ces dames et nous, moitié des yeux et du geste, moitié transmis par Larby, et j'ai cru un moment que cela ne finirait jamais. C'était à pouffer de rire; rien qu'en y songeant, je m'en tiens les côtes, je ne me serais jamais crue moi-même capable de dire de si belles choses, mais il fallait se mettre à la hauteur.

Nous sommes sorties de cette demeure, charmées de nous sentir françaises de cœur et de condition, l'air nous a semblé léger, la vie heureuse, la liberté douce. nous avions vraiment le cœur affadi de toutes ces tendresses comme de ces bonbons à l'ambre et à la rose. En somme, ces femmes, je parle des *dames*, se sont montrées calmes et dignes dans leur ignorance; c'est beaucoup. Peut-être la présence des maris a-t-elle imposé à leur curiosité et leur langue aura pris son essor aussitôt la porte fermée derrière nous.

Trois jours après cette séance intéressante pour nos études africaines, on nous remettait au retour d'une promenade les trois cartes de visites dont voici le *fac simile*, l'une des trois écrite à la main :

| |
|---|
| **HAJEL MAKI BEN ZAGGOUTA.** |
| **SALAH-BEN-SESSY,**<br>Cadi Méléki. |
| **MOHAMMADI BEN BRAHEM,**<br>Loukil de Bitte El mal. |

On voit que l'un des trois seigneurs savait écrire et que les autres étaient bien avancés en fait d'usage et de belles manières, car ils avaient chargé le domestique de nous dire *qu'ils venaient nous rendre leurs grâces pour l'honneur fait par nous à leur maison.*

Je me suis longtemps demandé comment, avec l'immense quantité d'ânons que l'on *coudoie* à Constantine, l'oreille n'est jamais offensée par l'organe sonore outre mesure de cet estimable animal.

On devrait endurer en Algérie des symphonies formidables de ces clarinettes vivantes près desquelles la trompette éclatante du Jugement dernier n'est qu'un faible soupir, puisque dans nos contrées, ce beau timbre est donné en partage à maître Aliboron. Comment se fait-il qu'en Algérie il ne se fasse jamais entendre ? Tous ces bons petits bourricots s'en vont discrètement à leurs affaires sans produire le moindre son.

Un jour qu'une de leurs longues files, portant aux bains maures des outres pleines d'eau, m'avait innocemment trempée et aplatie contre le mur dans une rue arabe, je faisais cette réflexion physiologique. Quelqu'un me mit dans le secret. J'appris donc que pour détruire dans son germe la faculté musicale de l'ânon, on lui fend le nez à sa naissance, *et oncques depuis il ne chanta.* C'est par cette raison péremptoire qu'ici jamais leur voix n'a frappé mon oreille. Ah ! mon Dieu ! cela fait un alexandrin ! Qu'Apollon me pardonne celui-là ! Je me hâte de parler d'autre chose, de peur d'en faire un second sur le même sujet.

Les Arabes n'ont décidément pas le sens

musical développé. Leurs instruments se bornent au bruit monotone du tambour de basque auquel se mêlent parfois de petites flûtes aigrelettes roulant des phrases insaisissables, impossibles à noter. Tous les motifs soi-disant arabes qui font nos délices sont nés dans l'oreille de nos chers compositeurs Félicien David, Reyer et autres d'une vague imitation, jointe à de charmantes inspirations. C'est là de la *couleur locale*. Je crois que ce peuple pourrait se former sous ce rapport. L'excellente fanfare des turcos, milice arabe dont je parlerai plus loin, en est la preuve.

On la suit au retour de l'exercice ou le soir à la retraite, et ces bons Arabes ont l'air enchanté de leur savoir-faire tout nouveau.

Un piano est *aux yeux* des indigènes un charmant joujou. Pour leur oreille, ce n'est rien qu'un bruit dont ils se détournent bien vite parce qu'ils n'y attachent aucun sens. Ils lui préfèrent le tambour à grelots qui fait danser les almées dans les cafés maures chaque soir. Là, un entourage où se mêle, au manteau rouge du spahis, le cafetan bleu du turco, et les vêtements blancs des Arabes dont la teinte éclaire pour ainsi dire ces lieux sombres, se tient immobile et silencieux contre les murailles. Ce sont des tableaux à la Rembrandt, la fumée des chibouks monte en petites spirales autour de la danseuse, forme un dôme de fumée qui cache la voûte sombre et l'enveloppe d'une vapeur légère ; cela est à la fois sombre et lumineux, il faudrait un habile pinceau pour en bien rendre l'effet.

Les tirailleurs indigènes, vulgairement appelés *turcos*, sans doute à cause des turbans qui font partie de leur uniforme, sont une milice arabe dont les officiers supérieurs sont Français et moitié des officiers subalternes pris parmi les Arabes. On a fort à se louer de cette troupe intrépide et fidèle.

L'organisation des spahis réguliers est assez curieuse. Bien que commandés, comme les turcos, par des officiers pour la plupart français, ils résident, dispersés çà et là dans leurs propres tribus, dans leurs douars écartés, et font avec une parfaite loyauté un service analogue à celui de nos brigades de gendarmerie dans les campagnes de France.

Requis à chaque instant pour des missions de confiance, ils les accomplissent avec la plus louable fidélité ; les escortes, les guides, sont pris parmi les spahis.

Si un Arabe commet quelque méfait, aussitôt on met des spahis à ses trousses. Grâce à leur connaissance du pays et des mœurs, ils découvrent infailliblement le malfaiteur et le livrent à la justice.

Réunis en corps, quand le besoin l'exige, pour combattre des tribus rebelles, on les voit toujours, fidèles à la foi promise, obéir comme les troupes les mieux disciplinées de France; leur costume a de la grandeur. Quand on voyage en Afrique, on aime à rencontrer ces figures bronzées et pleines d'énergie, ces hommes de fer, que l'honneur militaire a rendus français; leur long manteau garance flotte sur leurs vêtements blancs, et la selle turque, au dossier élevé, semble leur offrir le seul repos nécessaire à ces cavaliers infatigables. Ils vivent en famille; leurs officiers supérieurs, tous français, vont les inspecter dans leurs douars.

Vous partez pour traverser des déserts, fût-ce pour votre plaisir ou votre fantaisie, vous demandez deux spahis d'escorte, cela s'obtient facilement. Ces fidèles compagnons, sans espoir de récompense, nourris seulement de quelques dattes qu'ils ont mises au départ dans le capuchon de leur burnous, abreuvés à l'eau du ruisseau, vous guident, vous protègent, vous défendent pendant des jours et des nuits, couchant sur la dure, près de votre tente, entre les jambes de leur cheval. La montagne, le désert, le feu du soleil sur la tête, le sable brûlant dans les yeux, la neige qui donne le vertige, que leur importe ! vous leur êtes confié, ils vous aideront, vous sauveront au péril de leur propre vie.

Ce sont des Arabes pourtant, des Arabes pur sang, pris au sein même de cette nation décriée systématiquement par ceux qui devraient se taire, par convenance et par politique, si ce n'est par conviction.

Quant aux spahis irréguliers, ils dépendent des bureaux arabes et sont employés à divers services, tels que celui de porteurs de dépêches ; leur burnous est noir.

Lorsqu'on a des expéditions à faire, ils se réunissent en *goum* ou escadron léger, contingent de chaque tribu, et amènent des mulets de réquisition pour les bagages.

Ces institutions militaires sont ce que nous avons le mieux réussi en Afrique.

Le climat africain a subi, comme toute l'atmosphère qui entoure notre planète, des changements qui modifieront forcément les habitudes de vie, même pour les indigènes.

Constantine, vu son élévation au-dessus du niveau de la mer, est sujette à de singuliers revirements de température.

Un soir, c'était le 9 février, nous nous rendions au bal, au bruit du tonnèrre, à la lueur des plus vifs éclairs et par un air si étouffant qu'on se serait cru en plein été ; à trois heures du matin, au moment d'en sortir, à pied, bien entendu, un mètre de neige couvrait le petit pavé des rues.

Il fallait, coûte que coûte, s'y frayer un chemin pour regagner son gîte.

Des domestiques et une douzaine d'hommes de notre connaissance ouvraient la marche et faisaient une trace malgré laquelle nous en avions jusqu'au genou. Une lune resplendissante semblait rire de notre mésaventure, d'autant plus complète, que nous avions pris ce soir-là l'engagement de reconduire assez loin une jeune femme dont le mari était absent, et que nous avions menée au bal avec nous.

Eh bien ! le croira-t-on ? nous prîmes un plaisir d'enfant à traverser cette neige immaculée sous l'œil étincelant de cette vieille lune africaine.

Un peu plus, on aurait fait des pelottes de cette belle neige pour les lui lancer à la figure, car elle a une figure. Il ne faisait pas le moindre froid ; tout dormait dans l'antique Cyrtha, les ombres des Numides qui rôdent à cette heure sous les voûtes sombres s'arrêtaient sans doute saisies d'une surprise farouche.

La neige était le linceul de leur patrie et nous, Français, nous le foulions en riant.

Marchant les pas dans les pas, en longue file encapuchonnée, nous eûmes excessivement chaud à cause des difficultés de la marche; et, malgré nos jambes mouillées, pas le moindre petit rhume ne résulta de cette belle équipée.

Au coin du feu, sur des tapis, dans le boudoir ou *marabout* le mieux clos, il s'en rencontre dans chaque fente de porte pour vous sauter au nez où à la gorge sans rime ni raison.

Cette neige tombée au bruit du tonnerre nous semblait étrange. Etait-ce donc là cette Afrique brûlante, où, sous l'action torréfiante du soleil, des broussailles s'embrasent seules au pied des montagnes?

M^me F... nous racontait avoir été témoin à Bougie, au bord même de la mer, d'un pareil phénomène; par un beau jour de canicule, les coteaux avaient pris feu. Chaque touffe de broussaille se tordait en gémissant; grenadiers, jujubiers, oliviers, s'embrasaient à leur tour en jetant des exhalaisons de fournaise et de petits jets de flammes qui se voyaient même au soleil. A une certaine hauteur de la montagne, le feu s'arrêta de lui-même. Personne n'eût essayé de lui barrer le chemin.

Les maisons arabes ne sont point faites pour recevoir des pluies prolongées ou des charges de neige. Leurs toitures en tuiles creuses entrecroisées s'effondrent souvent ou tout au moins laissent filtrer sur les plafonds ornés d'arabesques d'affreuses rigoles qui les tachent et inondent les appartements.

On a le choix entre ces inconvénients et ceux des maisons françaises, dont les murs trop minces et percés de trop nombreuses ouvertures ne défendent pas leurs habitants des ardeurs torrides de l'été.

Fréquemment on y voit, dans cette saison, les meubles se fendre, le placage en acajou se soulever, se rouler, les tables d'harmonie des pianos se briser. Enfin, dans la chambre d'une jeune fille de notre connaissance, Mlle A. d'El ***, la glace de la cheminée se brisa en éclats, par une de ces chaleurs cruelles qui n'eût pas pénétré avec la même intensité dans une construction arabe, quelque modeste qu'elle fût.

Les funérailles et les mariages sont les cérémonies solennelles des indigènes. Les naissances ne comptent que comme fête du cœur.

A la mort du vieux *Ben-Genoun*, patriarche âgé de plus de cent ans, dont la famille occupe, rue Sérigny, dés deux côtés, toute une suite de maisons réunies par des passages élevés, sortes de ponts couverts, je suis entrée, ainsi que bien d'autres Français, dans la cour où se passait la scène funèbre. Le mort, couché sur une sorte de table, recevait des nombreux assistants une foule d'ablutions qui faisaient froid à voir ruisseler sur ce pauvre cadavre.

D'un côté se tenaient accroupies des femmes, au nombre de trente environ, faisant l'office de pleureuses.

Selon le signal donné par un chef, elles éclataient en sanglots ou se taisaient soudain. Leur visage, toujours caché par le *yamack* jusqu'à la paupière inférieure, devait être cruellement égratigné par leurs ongles, car ce linge était plein de sang, ce qui les rendait hideuses à voir.

Ce sang faisait partie du programme.

Après plusieurs heures de psalmodies et d'éloges pompeux du mort, on le mit enfin dans un cercueil ouvert, avec son rosaire, son fez et des parfums, puis on le porta à bras au cimetière arabe, qui s'étend sur l'une des pentes du Mansourah. Dans ce lieu, nous dit-on, il dormira du grand sommeil jusqu'à ce qu'il plaise à Mahomet de soulever son fez pour chercher sur son vieux crâne rasé une mèche laissée à dessein.

Le prophète, saisissant cette bienheureuse mèche, nommée la mèche de Mahomet, enlèvera le bon vieux père *Ben Genoun* au paradis où l'attendent les houris célestes, ainsi qu'une éternelle jeunesse sous le regard vivifiant d'Allah!

Les fêtes nuptiales varient selon que la jeune fille reste ou non chez ses parents. On y invite maintenant des Françaises qui reçoivent et donnent quelques légers présents à la mariée.

Des festins de couscous, de moutons rôtis et de sucreries assez fines sont servis sur des planches posées à terre. Ces planches sont recouvertes de pièces de gaze blanche rayée de soie en guise de linge dont l'usage est inconnu. Chacun mange élégamment avec le pouce et l'index, ce qui se nomme en langage vulgaire les fourchettes du père Adam. Pourtant, on offre aux étrangers de petits instruments à deux ou trois dents en fer, mais les Arabes n'en font point usage.

Le mari n'a jamais vu sa femme avant la

consommation du mariage. Il n'en sait que ce que les beaux discours des vieilles entremetteuses lui en ont appris. Aussi, chose inouie! est-il libre de la répudier dès le lendemain. Le mariage n'est consacré par aucun acte écrit; cependant il est presque sans exemple qu'on l'ait rompu de la sorte.

Si la jeune femme doit quitter le toit paternel pour aller vivre dans sa nouvelle famille, on la place le soir dans un atatish, et elle chemine lentement vers la demeure inconnue, tapie sous les rideaux et les panaches de plumes d'autruche qui se balancent à chaque pas. Un long cortége la suit au son des flûtes et des tambourins avec des torches résineuses qui jettent d'étranges lueurs dans les rues sombres. Arrivée au logis de l'époux, elle est reçue par ses nouvelles parentes qui lui montrent la maison, puis la parent, la parfument et la teignent à qui mieux mieux.

Pendant ce temps, sa mère, restée dans le logis paternel, doit exprimer le chagrin qu'elle éprouve de cette séparation par une danse étrange, qu'elle exécute seule devant un nombreux cercle d'amies et de parentes, car ces femmes se voient entre elles de temps à autre.

Lorsque, par suite de cette pantomime bizarre et prolongée outre mesure, cette malheureuse tombe de lassitude et d'épuisement, les femmes qui l'entourent lui brûlent sous les narines des parfums excitants qui la galvanisent en quelque sorte. Alors elle recommence de plus belle cette danse convulsive qui doit durer ainsi la nuit entière. Souvent elle est mourante au matin. Tant mieux, dit-on, le démon du chagrin s'est enfui de son corps où il avait élu domicile, elle se relèvera épuisée, mais consolée.

Une occasion de fête d'un autre genre chez les riches seigneurs ou les chefs de tribus, c'est non pas la majorité, mais l'âge de puberté d'un jeune homme. Le sheik Ben Gana, homme important des environs de Biskra, avait donné ce spectacle à toute la contrée, l'été d'avant notre séjour. Son fils unique, si beau, nous a-t-on dit, qu'aucun prince charmant des contes de fées ne peut lui être comparé, ayant atteint l'âge de 13 ou 14 ans, il lui a formé une suite ou smala, nous dirions mesquinement monté une maison.

De magnifiques chevaux, des armes et des harnachements merveilleux, des tentes riches et nombreuses. des serviteurs et des esclaves, ont été donnés par lui à ce fils adoré qu'il a montré dans toute sa splendeur et sa beauté exceptionnelle aux courses de Constantine, ainsi que dans toutes les villes de la province où l'on a fait pour lui des fantasias effrénées.

Rien ne peut plaire davantage aux Arabes, rien ne convient mieux à leurs goûts, à leur caractère que les courses. Aussi celles de Constantine et d'Alger ont-elles réussi d'emblée à attirer les indigènes.

Non-seulement ils y accourent de tous les points les plus reculés de nos possessions, mais encore ils y déploient un luxe et une ardeur qui prouvent tout l'attrait qu'ils y trouvent.

Elles furent établies sous *le règne* du général Saint-Arnaud, et depuis lors elles n'ont point décliné.

On s'est beaucoup étonné de voir les chefs y amener leurs femmes. Il faut que les préférées de ces messieurs aient bien cajolé leurs Otellos et juré d'être bien sages sous les longs rideaux des atatish pour qu'ils aient permis une pareille émancipation (1).

(1) On assure que les femmes que contiennent ces litières ne sont point les *épouses* des chefs, mais seulement des favorites du moment : ce que nous appelons *des dames du demi-monde*; filles généralement sorties de la tribu des Ouled-Nayls.

Ces équipages à dos de chameau rivalisent d'élégance et d'éclat. Lorsque les courses sont finies, on les voit défiler avec les cavaliers devant la tribune des autorités; alors les femmes qui y sont cachées font entendre de longs cris de joie, singulier hurrah qui se prononce sur la syllabe *iù! iù!* prononcée iou! en prolongeant le son.

Que de récits doivent se faire les jours suivants, dans les bordji lointains, dans les harems ou hôtels de Constantine, dans les bains maures où les femmes se rendent voilées et surveillées par de vieilles esclaves, duègnes quelquefois peu farouches, commises à leur garde.

Ces bains, où je n'ai pas eu le courage d'entrer, ont été décrits partout. Ce sont les étuves de l'Orient; la progression de la chaleur et les procédés qu'on y emploie sont connus.

Ceux de Constantine, fournis d'eau du matin au soir par mes amis les ânons, se chauffent, vu le prix élevé du combustible, avec des tourbes faites de fiente de vache et de chameau séchée.

La fumée de ce chauffage infecte le voisinage, et malgré les parfums, les étuves doivent s'en ressentir.

Un digne Arabe, bien connu à Constantine et nommé *Masrali ali*, remplit des fonctions assez originales dans la province. Elles consistent à s'emparer des successions en déshérence, afin de subvenir à l'entretien et à l'établissement de tous les orphelins dont il est le tuteur-né. Voilà de la philanthropie, ou je ne m'y connais pas.

L'hôpital civil français reçoit les Arabes et les soigne ; ils sont sujets aux ophtalmies que la trop grande lumière l'été et l'éclat fatigant de la neige l'hiver occasionnent aussi fréquemment à nos soldats. Lorsque ceux-ci sont attaqués en voyageant de cette douloureuse maladie, ils commencent par voir tout devenir rouge autour d'eux, puis le vertige s'en mêle, et perdant le sens de la ligne droite comme dans l'ivresse, les malheureux sont bientôt perdus si on ne leur vient en aide.

Un grand nombre d'Arabes vivent au hasard, sans aucun abri pour reposer leur tête. Le burnous frangé du bas que leur a légué leur père, compose tout leur avoir. Nos lois contre le vagabondage seraient ici d'une difficile application.

Quand, par hasard, un pauvre diable lassé d'errer à l'aventure veut s'arrêter quelques jours dans un lieu qui lui plaît, il se construit ce qu'on nomme un *gourbi,* c'est une hutte de feuillage.

Il n'y a point de garde champêtre importun pour lui dire de s'aller mettre ailleurs.

Une petite cabane de ce genre fut un jour découverte par nous dans une de nos longues promenades à cheval. Voyant approcher l'instant de notre départ pour Sétif et sachant qu'il nous faudrait faire le voyage de cette façon, nous voulions nous préparer, nous entraîner, comme disent les aimables habitués des turfs.

Chaque jour donc, lancés à l'aventure tantôt par les vallées, tantôt par la montagne, nous faisions quelques lieues au hasard dans des sentiers où le pied des chevaux arabes doit être abandonné à sa propre adresse.

Nous avions vu de loin un vieux nègre rôder autour d'un petit *gourbi* qui était, sans doute, son bonheur, sa folie. Un site agréable, de l'herbe verte en cette saison, des arbres çà et là, un palmier rabougri pour appuyer la cabane, constituaient des avantages inappréciables pour ce vieux oncle Tom.

Nous avions été frappés de l'air heureux de ce philosophe noir. Nous nous demandions seulement, comme on le fait sans cesse en Afrique, de quoi il pouvait vivre.

A une suivante promenade, en passant près de sa case, sans porte, nous vîmes qu'il était absent. Moi, la curieuse par excellence, je descendis aussitôt de cheval pour regarder dans l'intérieur et faire d'un coup d'œil l'inventaire du mobilier.

Au fond, un lambeau de natte pour dormir. Une paire de babouches usées, objet de luxe pour ce vieux va-nu-pieds ; près de l'ouverture, des cendres tièdes où faisaient semblant de cuire trois petites pommes de terre, et puis... un pot à moutarde... vide. Un pot à moutarde français, avec son étiquette gravée dans la faïence, et l'illustre, l'universel nom de *maille*, nom pour l'orthographe duquel je perdis jadis un pari de dix francs ; ceci est une raison pour laquelle il m'est particulièrement désagréable.

Qui se serait attendu à trouver là ce pot à moutarde ?

A la suite de quelles aventures était-il venu habiter en ce lieu ?

C'était à coup sûr à titre de rareté. C'était la porcelaine de Chine du pauvre Negro... O moutarde ! O Afrique !... O maille dont je voulais faire *maïl*, était-ce dans la hutte d'un vieux Negro d'Afrique que devait se rencontrer un nouveau et accablant échec pour mon amour-propre dans cette intéressante question ?

Je me hâtais de prendre mes derniers dessins à l'aquarelle, des points les plus curieux de la ville et de ses dehors, le temps était d'une variété désolante, la neige et le soleil de mars se partageaient les journées.

Malgré l'insuffisance de mon pinceau, en face d'une nature si pittoresque, je voulais fixer le plus de souvenirs possible dans mon grand album.

Ce fut un de ces jours, qu'assise devant l'entrée des ravins, du côté où le Rhummel s'y précipite, esquissant la passerelle de *Sidi-Rached* et l'entaille qui s'est faite dans le roc il y a peu de temps par un éboulement qui faillit tuer des soldats occupés là à laver leur chemise, je m'entendis adresser la parole en mauvais français. Je levai les yeux et vis devant moi mon ami le thaleb du marabout de la rue de Combes. Il était accompagné de trois gentils enfants qu'il promenait, parce que, me dit-il, ce jour printanier était la fête des enfants qui doivent cueillir les premières fleurs du renouveau. Les femmes restant au logis, les pères se chargent de cette promenade traditionnelle, pour laquelle le soleil avait daigné se montrer. En effet, toutes les pentes reverdies du Mansourah étaient littéralement couvertes d'enfants arabes qui, vêtus d'étoffes aux couleurs vives, semblaient eux-mêmes les fleurs de la montagne.

Contraste frappant! au-dessous de ce riant spectacle, une sorte de muraille de roc conserve encore une inscription en grandes lettres romaines creusées dans la pierre; elle indique que *Jacques, Hortensius, Darien,* et six autres chrétiens des premiers âges de l'Eglise, furent martyrisés en ce lieu par les Romains, qui y régnaient alors. Les trous où leurs membres furent cloués au rocher pour les suspendre, les laisser mourir d'inanition et être dévorés par les vautours des ravins se voient encore à cette heure.

Maintenant les chrétiens sont là, et les Romains, où sont-ils?

Mes pensées sont tristes depuis quelques jours.

Nous allons quitter cette ville, où trois heureux mois de notre vie se sont écoulés.

Sans doute nous ne la reverrons plus, et rien n'est pénible comme cette pensée. Ceux que nous y avons connus et aimés reviendront en France ; on garde donc l'espoir de nouvelles rencontres, mais la séparation nous attriste.

La guerre d'Orient se décide, des départs ont eu lieu déjà; cela assombrit le ciel.

Allons, allons, de nouveaux horizons! de nouveaux incidents ! Le voyageur modèle doit être égoïste par excellence; j'en ai connu quelques spécimens.

Je veux dire de notre voyage de fourmi ce que disent les vers suivants du voyage de la vie :

Glissons sans appuyer, efflcurons toutes choses
Sans nous heurter à l'angle et sans nous attacher;
Jouissons des parfums, mais sans cueillir les roses.
Ici bas fleurs et fruits périssent au toucher.

Nous sommes des passants, nous marchons comme [en rêve,
Ignorants de la route et du lieu du réveil ;
Nul ne peut s'arrêter. Toute course s'achève
Et c'est au but fixé qu'on voit le vrai soleil.

## XV.

Ce matin, 4 mars, nous avons quitté la chère Constantine... Je ne veux plus revenir sur nos regrets. A quoi bon? C'est dans le cœur et non sur le papier qu'il faut conserver les bons souvenirs; nous nous enfonçons vers l'intérieur, et la manière adoptée pour continuer notre voyage en Afrique est modifiée par la force des choses. L'originalité, le piquant, le pittoresque y gagneront; le confort et les aises doivent nécessairement diminuer. Que nous importe? Ce n'est pas cela que nous venons chercher en Afrique. Nous partons à cheval comme des châtelaines du moyen âge. Seulement leurs paisibles haquenées sont remplacées par des chevaux arabes fort agréables à monter, mais un peu plus vifs. L'administration nous a obligeamment accordé deux énormes chariots du train, nommés *prolonges*, recouverts à volonté. Nos bagages, la femme de chambre, le piano, ce qu'il faut pour coucher dans les caravansérails, sans être réduit aux ressources du lieu, tout cela y trouve place, et nous pourrions nous-mêmes nous y réfugier au besoin. Ce sont des maisons roulantes; une vingtaine de soldats du train et les nombreuses mules nécessaires pour traîner ces *prolonges*; de plus, un maréchal-ferrant, un menuisier, les domestiques à cheval, et l'agréable compagnie de M. Paul H. de M***, jeune officier du régiment de mon gendre. Telle est notre *Smala*.

Il existe maintenant dans l'armée une génération de jeunes gens, bien élevés par des familles distinguées. Celui dont je parle était un type de ce genre d'officiers ; principes, manières, conduite, bravoure, tout se trouvait à souhait en lui. Ces jeunes fils de famille qui arrivent par Saint-Cyr à la carrière des armes, savent être excellents militaires tout en restant convenablement gens du meilleur monde, ce qu'on appelait jadis *le genre officier*, tend de jour en jour à disparaître, et c'est tant mieux.

Notre petite caravane s'élevant ainsi à 28 ou 30 personnes, nous n'avons point demandé de spahis d'escorte. Je le regrette, leur présence eût donné un certain cachet à notre suite. La couleur locale y eût gagné.

Il a fallu tromper nos amis de Constantine sur l'heure du départ. Les adieux du dernier moment troublent l'esprit autant que le cœur. Or, il ne nous fallait rien oublier dans ce départ sans retour.

Sur la route qui mène de Constantine à Sétif, il existe bien pendant quelques mois d'été une manière de véhicule, vieil omnibus invalide apporté de Marseille et décoré du nom de diligence, qu'il ne mérite sous aucun rapport ; il fait en deux ou trois jours les trente-cinq lieues de parcours et ne verse guère plus de trois ou quatre fois par voyage ; mais dans cette saison où les communications établies par notre précieux génie entre Constantine et toutes les autres villes de la province sont impraticables, il reste prudemment sous sa remise, et les voyageurs voyagent comme ils peuvent ou ne voyagent pas du tout. Nous sommes de trempe à ne pas nous inquiéter de ce trajet à cheval. 12 lieues par jour, et des caravansérails chaque soir, nos prolonges ou caissons couverts en cas de fortes pluies, tout est prévu, et j'espère qu'Allah, en sa qualité de maître de maison, nous favorisera d'un rayon du soleil africain.

En montant ce matin les rampes du Coudiat-Ati,—ce mont que Dieu sépara de Constantine, mais que l'homme unit à elle d'un côté par son travail de fourmi,—je sentais en moi un regret étrange qui tient à ma nature même. Je restais en arrière, et, me retournant sans cesse, je regardais, les yeux humides, cette cité sévère que j'aime et qui s'est gravée dans ma mémoire à tout jamais.

En harmonie parfaite avec le caractère grave et mélancolique des peuples auxquels elle appartenait, Constantine est, sans aucune comparaison, la ville la plus curieuse de toute l'Algérie. On pourra difficilement la défigurer. La civilisation émoussera ses dents sur ce rocher numide, trône du vieux royaume de Juba. Quelle grandeur sauvage dans ces entassements de montagnes qui se pressent autour d'elle comme pour la protéger, et qui néanmoins l'ont perdue. C'est du pied de la pyramide élevée sur le Coudiat-Ati à la mémoire du général Damrémont, à l'endroit même où il est tombé frappé par un boulet parti de la ville assiégée (boulet anglais, sans nul doute), qu'on jouit de ce tableau merveilleux et saisissant dans tout son ensemble. Le sommet du Mansourah, qui a l'honneur d'un nom particulier (Sidi Mabroukc), domine le paysage ; il est à cette heure, ainsi que toutes les cimes de la contrée, recouvert d'une neige éblouissante; mais les vallons que nous allons suivre et les plaines de Sétif en sont, nous dit-on, entièrement débarrassés. Les blés verts et les fleurettes des champs vont égayer notre chemin. Dieu le veuille! J'ai besoin de ces pensées; il me faut de riants aspects pour me distraire le cœur par les yeux.

Mes regards embrassent encore une fois ces escarpements prodigieux d'où se précipitèrent par milliers femmes, enfants, vieillards, lors de l'entrée des Français dans leur ville. Quelques-uns avaient confié leur salut à de longues cordes, elles se trouvèrent trop courtes ou se rompirent sous leur poids, et les antres du Rummel servirent de sépulture à tous ces cadavres, tandis qu'au même instant, par l'explosion d'une poudrière, à la porte Bab-el-Oued (nommée par les Français porte de la Brèche), nos soldats intrépides trouvaient aussi une horrible mort juste au plus beau moment de leur triomphe. Oh! guerre! guerre! délire, énivrement, fureur, folie étrange! est-il possible que les plus froids, les plus sages en arrivent quelquefois à te juger nécessaire?...

Ici, même, voici la pyramide élevée au souvenir d'un des vainqueurs, le général Damrémont, mort dans sa gloire ; là, sur le Mansourah, lieu d'attaque choisi lors de la première entreprise par le général Clausel, en face du pont mauresque, le douloureux souvenir d'un échec, d'une déroute meurtrière ; les cœurs français saignent longtemps de ces douleurs-là, faute d'habitude ; enfin, partout et toujours, à la suite des combats, profonde tristesse, regrets et larmes pour les vaincus, pour les vainqueurs !

Voici venir les cigognes, oiseaux sacrés des minarets ; j'en vois une qui traverse l'espace qui me sépare de la ville, pour aller y préparer son nid. Elle porte de longs brins d'herbe dans son bec. « Est-ce sur Salah-bey ou sur Souch-el-Ghazel que tu diriges ton vol, blanche cigogne, heureux oiseau ? plus d'un t'attendent dans la vieille cité où l'on t'appelle : oiseau de bonheur ; on va se dire aux fontaines, et sous les arcades des cours mauresques : Savez-vous ? les cigognes sont arrivées. Ce sont les beaux jours qui reviennent... » et les voyageurs ? j'en connais qui ne reviendront pas. Un détour de la route vient de faire disparaître à mes yeux et pour toujours ma chère Constantine !

Le voyage réellement aventureux commence. Ce moment a été solennel pour moi. Regardant toujours en arrière, je m'étais laissée distancer par mes compagnons. Je ne les voyais plus, à cause du coude fait par le chemin. L'avouerai-je ici tout bas, j'ai éprouvé un singulier sentiment d'isolement et de détresse en me sentant, pour la première fois de ma vie, au milieu d'une âpre contrée, entourée de montagnes désertes en apparence, et sans autre abri que le ciel, entreprenant à cheval une route de trois jours avec de laneige sur toutes les hauteurs et même encore dans les creux du terrain et sur les talus tournés au nord. Le ciel est gris et triste ; peut-être en tombera-t-il encore de cette neige qu'on croit finie? Voilà ce que je ne puis m'empêcher de dire tout bas avec un peu de crainte.

J'avais un vilain petit mal de gorge dont je ne m'étais pas vantée au départ. A quoi bon? nous ne pouvions retarder. C'est là, sans doute, ce qui contribuait à cette mélancolie que je voulais vaincre; quoi qu'on fasse, le physique déteint sur le moral ; aussi ai-je rejoint, par un temps de galop, mon étoile polaire qui cheminait en avant, près de son mari. Elle riait, cette enfant! elle était heureuse et gaie ; notre entreprise était, à ses yeux, amusante et nouvelle. A ses yeux, il n'y avait que du soleil dans le paysage, tandis que moi j'y voyais de la neige. Voilà la vie!...

Heureuses les natures qui se mettent faciment à l'unisson de ce qui les entoure! La mienne est de ce nombre. Aussi, après un court moment, je partageais sa gaieté, et nous en étions à rire comme des enfants de nos accoutrements à la Robinson Crusoé.

Quels paquets! Par dessus nos amazones, nous avions de larges manteaux imperméables, s'étendant sur la croupe du cheval, avec des capuchons mobiles assez vastes pour recouvrir en entier nos feutres gris pourvus de voiles épais. De longues écharpes, en tissu arabe, souple et chaud, nous entouraient le cou de leurs plis enroulés, et de petites bottes fourrées préservaient nos pieds et nos jambes du froid fort incommode et difficile à éviter dans les voyages à cheval.

Ces messieurs, enveloppés de caoutchoucs à vastes capuchons, pouvaient aussi braver mars; mars, le mois capricieux et non pas le dieu de la guerre, leur chef de file, ne nous y trompons pas. Pour la partie féminine de la troupe, celui-là eût été mal venu en cette circonstance. Mais comme *à tout événement le sage est préparé*, dit le proverbe, en véritable sages qu'ils étaient, nos compagnons s'étaient armés de pied en cap. Pourvus chacun d'une paire de pistolets, d'un sabre, puisqu'ils portaient l'un et l'autre l'uniforme; de plus, d'une excellente carabine en sautoir, ils pouvaient faire une belle résistance en cas d'attaque quelconque.

M. de G... avait, en outre, dans son arsenal ambulant, l'arme la plus utile en certains cas, et que je recommande fort aux voyageurs dans les pays tant soit peu sauvages. C'est un excellent fouet de chasse à manche court, terminé par une crosse de fer dont le coup serait mortel au besoin, appliqué par une main vigoureuse.

Peu de jours avant, égaré dans les neiges, aux prises, la nuit, avec un guide arabe, voleur et infidèle (je l'avoue avec peine), il avait dû la vie à ce fouet terrible sans s'être vu forcé de tuer comme un chien le garnement qu'il voulait seulement corriger de la belle façon.

Nous avions chacun suspendu à nos selles une *gebira*, sorte de gibecière arabe en marocain rouge et or, recouverte d'une peau de chat tigre ; l'intérieur est divisé en trois compartiments.

L'énumération de ce que contenait la mienne, véritable capharnaum portatif, paraîtrait fabuleuse, j'en riais moi-même; mais exposés comme nous l'étions à des aventures inattendues, pouvant ne pas atteindre le gîte désigné, nous trouver séparés des bagages par quelque accident, que sais-je, enfin? toutes les suppositions sont admissibles dans un pareil voyage; par conséquent, toute précaution est bonne en soi, quand elle n'entraîne pas un matériel embarrassant.

La nomenclature des trésors renfermés dans les flancs rebondis de ma gebira peut être utile à quelque voyageuse sans expérience, et je me reprocherais de ne pas lui venir en aide en la lui donnant ici : un petit pain et du chocolat, une écritoire de voyage, des pantoufles et un bonnet de nuit, un petit livre saint qui me suit depuis l'enfance, des oranges de Toudja, une tasse en cuir pour boire aux sources, de la ficelle, une petite trousse contenant tout ce qu'il faut pour coudre et remettre en état des vêtements endommagés, par conséquent, des boutons et des crochets; un poignard qui n'a jamais servi, mais qui servirait au besoin, du moins je le crois; un petit miroir qui a servi souvent, quelques ustensiles à toilette; des caoutchoucs, un épais cache-nez, du sucre et de l'eau de fleur d'oranger, un petit flacon de vinaigre, des crayons, un album de papier bull et la petite boîte-palette pour l'aquarelle, une jolie boîte *à feu* garnie de sa bougie et de ses allumettes, un couteau, sa compagne la fourchette anglaise en acier pour voyage, une paire de pistolets de poche bel et bien chargés, mais aussi innocents que leur compère le poignard ; du vulnéraire, de l'eau des Carmes, un peu d'alcali et quelques mètres de bandes de toile large de trois doigts en cas de fracture, de la pâte de guimauve pour adoucir mon gosier malade; par parenthèse, il s'est trouvé guéri au bout de quelques lieues.

Un voyage à cheval, sous la calotte des cieux, sur une terre neigeuse, par un temps gris et humide, tel est à coup sûr le remède infaillible pour guérir une inflammation de gorge. Je donne ma recette *gratis pro Deo* à tous ceux qui sont sujets à ce vilain mal.

J'en reviens à ma gebira, riche encore sans doute de quelques objets que j'oublie : tout cela suspendu à ma selle, sans faire un trop gros volume; le croira qui voudra, mais telle est la vérité vraie.

Vers dix heures, nous faisions ce qu'on appelle la grande halte, dans un lieu nommé l'*Oued Elleben* (*le Ruisseau de Lait caillé*).

Naguère une partie du régiment de M. de G. avait campé dans cet endroit pour y travailler à la route. Une maisonnette construite par un pauvre marchand qui vendait diverses choses aux soldats, s'était aussitôt élevée sur ce point. Elle avait survécu à la levée du camp de travailleurs, et aujourd'hui c'était une petite auberge, où l'on pouvait du moins s'abriter et se chauffer en déjeunant de ses propres ressources, bien entendu, car elle ne contenait rien ou pas grand chose ; c'est ce que nous avons fait, grâce à nos cantines de voyage, avec un appétit féroce.

Après deux heures de repos pour les bêtes, nous reprenions notre marche ; le temps se maintenait. Ni pluie, ni vent, ni soleil, véritable temps de demoiselle. Aussi me sentais-je mieux que le matin, au moral comme au physique. Il y avait déjà du fait accompli dans notre entreprise. C'est quelque chose quand le doute et l'incertitude sont, à tout prendre, les seuls ennuis qui vous mettent martel en tête.

Nous suivions une vallée interminable qui devait nous mener jusqu'à Sétif. Ce nom de vallée semblerait devoir offrir un charme quelconque, celle-ci n'était rien moins qu'agréable. Aride, pierreuse, bordée de chaque côté par une succession de collines monotones et nues, sans aucune végétation, même dans les intervalles plus frais entre les hauteurs, elle semblait du moins nous offrir un trajet facile. Il y a, nous dit-on, dans les endroits cultivables, du jeune blé brouté jusqu'au mois d'avril par les troupeaux des Arabes. Toute trace de cette moisson à venir a disparu pour le moment dans la fonte récente des neiges, et cette terre, sans aucuns sillons tracés, semblait vierge de toute culture.

Tantôt s'élargissant, tantôt se rétrécissant, la vallée dans tout son parcours ne devait nous offrir qu'un *seul* arbre chétif et rabougri. On nous en avait prévenus. Aucun grandiose dans les horizons qui se déroulent de chaque côté. Pas une habitation, pas un village sur cette *ligne*, je ne dirai pas cette *route*, car ce serait souscrire aux prétentions du génie, qui croit en avoir fait une. De temps en temps des tronçons de route avoisinant un pont, calculé comme tous les ponts d'Afrique, sur le peu d'importance du cours d'eau en temps ordinaire, et manquant complètement à sa mission de pont dès que la rivière grossit par une cause ou une autre. A part ces parties tracées ou ébauchées , on chemine sur des sentiers indiqués seulement par le pied des voyageurs. Ces sentiers, séparés l'un de l'autre par un ourlet saillant sur lequel pousse une herbe dure qu'on nomme du dys, serpentent côte à côte dans la vallée, sillonnant le sol, au nombre de vingt, trente, quarante, soixante; quelquefois.

Cet arrangement vraiment bizarre tient au caractère vagabond de l'Arabe et de son cheval qui détestent d'instinct tout chemin tracé. S'il en existe un, ils en tracent un second en marchant à côté ; s'il y en a deux, ils en font un troisième, ainsi de suite tant qu'il y a de l'espace pour exécuter cette manœuvre tout à la fois indépendante et routinière, puisqu'ils suivent le bord du sentier voisin; point de fossés, point de haies, point de bornes pour les arrêter. La route acquiert ainsi dans certaines parties des proportions ultra-impériales, en admettant que ces cinquante sentiers soient une seule et même voie. La terre est à l'homme; voilà. Aucun riverain ne réclame. Trois grands cantonniers sont seuls chargés de son entretien:

on les nomme la pluie, le vent et le soleil ; ils ne se plaignent pas du travail, et au-dessus d'eux, comme agent-voyer de première classe, le Créateur, snrveillant général, laisse faire ses créatures. A l'approche d'un gué ou d'un pont, tous ces sentiers convergent, se fondent pour ainsi dire l'un dans l'autre, comme les rails aux gares, jusqu'à n'en former qu'un seul; mais, aussitôt la rivière franchie, cela se dilate en quelque sorte par de nouvelles fantaisies auxquelles rien ne s'oppose.

L'auberge d'*El Kantourch*, sur la route de Philippeville, bien qu'on lui donne improprement le nom de *caravansérail*, ne nous avait nullement donné l'idée de ce que sont les hôtelleries dans nos possessions africaines. C'était une grande auberge, et voilà tout; tandis que les caravansérails ont un cachet particulier. Construits aux frais du gouvernement, ils sont placés à des distances calculées pour faire étape. Les militaires et les voyageurs y trouvent un abri et même un refuge fortifié en cas d'attaque ou de soulèvement des tribus voisines. L'hôte, ou cantinier, est nommé par l'autorité militaire et doit être en mesure de donner l'hospitalité à toute espèce de voyageur, moyennant rétribution convenable.

Ces bâtiments sont tous bâtis sur un plan à peu de chose près uniforme.

C'est à l'entrée du défilé si curieux de l'*Atménia*, que nous devions faire leur connaissance et retrouver le Rummel que nous avions perdu de vue depuis Constantine.

Un caravansérail ou *bordjy* est une enceinte carrée et crénelée, avec des bastions aux quatre angles, une seule grande porte pour entrée, et des meurtrières au lieu de fenêtres à l'extérieur. Cette disposition permet une défense vigoureuse, mais l'aspect en est assez maussade au premier abord.

A l'intérieur, trois côtés de la cour sont consacrés à des écuries et des hangars; le quatrième contient quelques pièces plus ou moins habitables; une cuisine, une salle à manger, une grande chambre nommée la *chambre aux officiers*, et une ou deux autres chambres dans les bastions des angles, tout cela à peine meublé ; le milieu de la cour est toujours orné d'une fontaine avec un large bassin pour abreuver les animaux. Une fois dans cette sorte de forteresse, on pourrait, le cas échéant, soutenir un siége. Le caravansérail de l'*Atménia*, situé près du Rummel, avait en outre pour défense un assez large fossé, qu'il fallait franchir sur un petit pont *non levis*.

Un dîner fort passable nous fut servi dans ce lieu isolé. Les profits de l'hôtellier sont affaire de hasard. La concurrence n'existant pas, personne ne lui enlève les voyageurs, quand voyageurs il y a. Grâce à nos literies de précaution, nous avons pu dormir avec délices dans la chambre dite *chambre aux officiers* de ce lieu hospitalier.

Après cette nuit de repos et le café *noir*, avalé dès l'aube, en montant à cheval, nous partions, emmitouflées comme la veille, pour continuer notre voyage.

Dans la brume matinale qui seule remplissait le vide complet de cette contrée, brillait pourtant une gentille maisonnette blanche et rouge. C'était un petit moulin français, venu tout récemment se poser au bord du Rummel, assez près du caravansérail. Pauvre petit moulin, ton gai tic-tac qui nous saluait ce matin-là ne se fait plus entendre aujourd'hui. Le farouche Rummel t'a emporté à sa première colère, avec les espérances de ton fondateur. Je l'ai su depuis, et je te donne ici un souvenir, pourvu que ton sort ne soit pas un présage de ce que cette terre nous réserve dans l'avenir !

Ce qu'on appelle le défilé de l'*Atménia* est une gorge sauvage qui s'ouvre à quelques pas du gîte que nous quittions.

Le Rummel, qui affectionne les rivages à l'aspect rébarbatif, la suit dans toute sa longueur,qui est d'environ une lieue et demie. La route française suit la berge étroite du fleuve resserré entre deux rives également abruptes, mais très différentes.

L'une, véritable muraille de roc perpendiculaire et pour ainsi dire d'un seul bloc, surplombe au-dessus de l'eau qui ronge et creuse sa base.

L'autre, au contraire, en pente assez douce, est littéralement couverte ou formée de pierres étranges, étroites, hautes et comme posées debout par milliers sur le sol. On dirait un immense chantier de matériaux de construction.

On les croirait taillées et colorées par le caprice bizarre de quelque sorcier. Orangées, rouge vif, jaunâtres, bleu gris, noires, elles allongent leurs pointes comme si elles poussaient de terre ou bien encore comme si elles fussent tombées là en pluie se serrant l'une contre l'autre; c'est comme une sorte de végétation pétrifiée.

Nous ne pouvions assez nous étonner de cet incroyable travail de la nature sur un espace d'une lieue et demie. C'est à croire qu'un second essai de tour de Babel a été tenté sur ce point, ou bien que c'est ici même qu'Encelade a eu l'intention de risquer sa malencontreuse entreprise, bien que la tradition lui donne l'Etna pour marchepied.

Sur l'extrême rebord de la muraille à pic qui forme l'autre rive, des Arabes passent de temps à autre, poussant devant eux des ânons toujours coiffés de leur grosse perruque ébouriffée. Ils aiment les hauteurs et le vide, et ne se soucient guère des routes françaises. Ils cheminent indifférents en apparence et ne semblent pas regarder d'en haut notre petite caravane, qui se déroule lentement à portée de leurs balles, sans aucun moyen de leur échapper entre ces rives, s'il leur prenait l'idée de nous faire un mauvais parti. S'ils sont curieux, ils le cachent sous un air d'indifférence et ne tournent même pas vers nous leur tête encapuchonnée.

Nos chariots, traînés chacun par six mules menées en Daumont par des soldats du train, et tout ce qui compose le reste de l'escorte, franchissent le défilé sans mésaventure, ainsi que nous quatre qui formons l'arrière-garde.

Nous voici de nouveau dans la plaine ou plutôt dans une très large vallée sèche toujours sans végétation. De loin en loin des troupeaux et leur berger immobile comme une statue blanche indiquent que des douars sont tapis au loin derrière les collines ; mais pas une fumée, pas un bruit ne révèlent leur existence qui tient si peu de place sur la terre.

De distance en distance, sur les élévations insignifiantes du terrain, sur la droite, les bras maigres d'un télégraphe font des signes mystérieux et semblent dire : La France est là. En pareille contrée, cette vue produit un singulier effet. Quelle existence divertissante que celle de l'employé qui le dirige! Si, du-moins, la foi ardente d'un cénobite remplissait son âme? Mais non, hélas! Un maigre salaire est tout ce qu'il attend comme récompense. Et il se trouve des *amateurs !*

Les Arabes que nous croisons en route ont un type différent. Ce sont déjà des kabyles ; ils ont l'air pauvre et déguenillé. Cette race est plus grande, plus noire; leurs lèvres fortes, leur nez aplati, font songer aux nègres. Leurs ânes paraissent moins heureux et cela me touche sensiblement. J'en rencontre plusieurs à moitié pelés, bien que toujours couronnés de leur crinière-perruque, et je leur jette en passant un regard de sympathie.

Décidément le temps devenait beau. Le soleil daignait se montrer de temps à autre.

Mon gendre, chef suprême de notre troupe, avait annoncé que la grande halte, c'est-à-dire le vrai déjeuner se ferait ce jour-là en un lieu nommé *le Poteau*.

Nous avions pris le matin un peu de café et de pain. Ce café, dont se compose la vie du Français comme de l'Arabe en Afrique, était sans lait bien entendu; les caravansérails isolés de ces déserts n'ont ni vaches ni chèvres pour vous offrir de pareilles délicatesses, et nous étions assez satisfaites de la perspective d'ouvrir enfin le coffre aux provisions.

La veille, à l'*Oued Elleben*, où nous avions déjeuné, la petite auberge se nommait *la Baraque*. Aujourd'hui, celle que nous allions trouver pouvait bien s'appeler *le Poteau*. C'était un diminutif, voilà tout; dans notre position actuelle, le moindre cabaret sur le chemin est un asile fort appréciable.

O rêve! O illusion d'une voyageuse d'Europe habituée à la mollesse! Imagination folle qui va chercher, comme on dit, midi à quatorze heures! On s'arrête; nous sommes arrivés.

Nos regards interrogent l'étendue immense. Un sol à peine ondulé ; un vrai désert, moins le sable... pas là moindre trace de maison, de hutte, de n'importe quoi... Dans ce lieu nommé *le Poteau*, où l'on nous promettait repos et déjeuner, il n'y a rien, mais rien du tout, rien que le poteau annoncé; par exemple il y était en personne, ce brave poteau planté là pour avertir les troupes en voyage que l'on doit s'arrêter pour la grande halte à cette place. Il produit vraiment un drôle d'effet dans cette solitude. O solide poteau ! tu étais bien à ton poste ! fidèle à la consigne comme tout poteau français doit l'être ! Il ne t'est pas enjoint à toi d'abriter le voyageur en cas de pluie, de neige ou de soleil, de lui fournir à boire et à manger, bon gîte à pied ou à cheval, non, tu n'es qu'un poteau, mais un utile et précieux poteau, car tu indiques ce qu'on t'a chargé d'indiquer, à savoir : qu'il faut s'arrêter là parce qu'auprès de toi, dans un petit creux de terrain, coule l'*Aïn Laffià,* imperceptible ruisseau, mais véritable trésor pour les gens qui, voyageant à cheval, ne peuvent abreuver leurs bêtes à leur propre gourde. C'est pour cela, ô bon poteau ! qu'on te planta dans ce lieu à seule fin de dire aux passants qui pourraient s'écarter dans la plaine : Par ici ! par ici! voyageurs, arrêtez-vous, voilà de l'eau?

Deux minutes après, une jolie tente, celle de notre bon et aimable compagnon, M. H. de M....., était dressée pour nous recevoir.

Assis sur des pliants, sur des coussins brodés par les jeunes sœurs attentives au bien-être du frère chéri, les pieds sur un bon tapis de Biskra étendu pour nous faire honneur, à l'ombre tant soit peu étroite du poteau, nous déjeunons tous quatre, comme huit, devant une petite table de campement où s'étalent nos provisions, le Poteau étant absolument incapable de nous fournir autre chose que l'eau de l'*Aïn-Laffià*. Nous débouchons nos propres flacons. En un clin-d'œil, les gens de l'escorte ont creusé une douzaine de petits foyers, ingénieusement placés contre des terrains qui montent; ils sont allumés avec des herbes sèches et de maigres broussailles. L'eau bout, et le café se confectionne sur toute la ligne pour le déjeuner de la troupe.

Rien n'est amusant à voir comme le génie de certains troupiers aux prises avec le dénûment et les difficultés d'une situation quelconque.

De notre tente ouverte et relevée d'un côté, nous suivons de l'œil tous ces préparatifs, si gaîment, si lestement, si adroitement faits.

Les chevaux et les mules, entravés ou piqués, mangent autour de nous leur provende apportée par eux-mêmes ; diminution de charge pour leur échine. Ces bonnes bêtes n'ont point calculé que chaque repas allègerait leur fardeau, ainsi que l'avait fait le sage Esope en se chargeant volontairement, malgré sa bosse, du sac au pain ; non, sans doute, la prévoyance ne leur est point donnée. Il y a bien des gens qui leur ressemblent.

Nos hommes descendent au ruisseau et remontent en chantant. Les petites fumées blanches des foyers s'élèvent dans l'air pur en légères spirales. La vallée, si large en cet endroit, s'étendait au loin à l'horizon, sans aucune apparence d'habitants ; l'*Aïn-Laffià* murmurait doucement entre les pierres, et le ciel, d'un bleu pâle comme celui de Normandie, semblait ne recouvrir, en fait d'êtres animés, que le petit monde qui s'agitait autour de nous comme un point dans cette immense solitude.

C'était un tableau à la fois gai et mélancolique, comme tant d'autres tableaux de ce monde ; il avait sa douceur, et j'aime à le revoir dans mon souvenir.

Après avoir avalé leur *goguenau* de café (c'est le nom de l'énorme tasse en fer-blanc dont se sert le soldat en Afrique; je crois que ce mot doit dériver de *goguenard*, qualité ou défaut distinctif du troupier français), la plupart de nos hommes s'endormirent au soleil, en rêvant qu'ils avaient toutes leurs aises, ce qui revenait absolument au même que s'ils les eussent eues en effet.

Dans la belle après-midi de cavalcade qui a suivi ce repas au Poteau, une charmante rencontre devait nous réjouir et nous réjouir pour longtemps.

Quelle était cette charmante rencontre dans un pareil désert? me dira-t-on. Cette rencontre était une rencontre, charmante seulement parce qu'elle nous a beaucoup divertis, car en elle-même elle n'avait peut-être rien de précisément charmant. Du reste, on en jugera; je n'en fais point mystère. Cette rencontre donc était celle du courrier de Sétif.

Mais, me dira-t-on encore, qu'y a-t-il de si réjouissant dans cet honnête courrier de Sétif? Honnête! oh! oui, vous avez dit le mot. Si jamais courrier fut honnête et discret, c'est assurément le courrier de Sétif; et pourtant, si jamais depuis le roi Mydas, d'illustre mémoire, oreilles d'une dimension formidable furent au service d'un courrier quelconque, ce sont bien celles du courrier de Sétif.

Chargé de deux sacoches en cuir qui contiennent tant de lettres attendues, tant d'importantes affaires, tant de chers secrets contenus sous le frêle tissu du papier, tant de nouvelles de France si impatiemment attendues, il chemine seul; se dirige sans guide; sans frein ; au petit galop de sa fantaisie; suivi seulement à distance, à longue distance même, par deux spahis qui se contentent de lui lancer de temps à autre, par manière de passe-temps, une pierre qui ne l'atteint pas et qu'ils prennent au fond de leur capuchon parmi les quelques dattes qui composent leurs provisions de bouche. Ce digne courrier passe ainsi à travers le désert ou à travers les hommes dont il dédaigne les sarcasmes ; que lui importe? Calme dans sa vertu, le courrier de Sétif suit la route que lui trace le devoir ; les charmes de la nature, les intempéries des saisons ne sont rien pour lui. Cette organisation supérieure se laisserait à peine séduire par un picotin d'orge. On dit même que pendant la durée de sa course de Constantine à Sétif, il pousserait le stoïcisme jusqu'à le recevoir par une ruade. Qui sait jusqu'où va la vertu du courrier de Sétif?

Oh! digne courrier, je te salue! passe... suivi de tes deux spahis... je m'incline devant toi avec la considération que je refuse à bien des gens en ce monde!

Ceci me rappelle ce qu'on m'avait raconté sur la *courrière* de Philippeville à Constantine. Le fait se passait il y a quatre ans. Cette *courrière* était une mule qui marchait seule, mais escortée à distance, tout comme le courrier de Sétif. La contrée qu'elle traversait était alors agitée par des soulèvements dans les tribus.

Un certain jour, la mule et son escorte sont attaquées, la poudre parle, comme disent les Arabes, on cherche à s'emparer des dépêches; mais la noble Marie, Jeanne ou Charlotte, n'importe (ainsi se nomment toutes les mules en Afrique), se met à ruer d'une si héroïque façon et puis à détaler, ventre à terre, avec une telle ardeur, qu'elle arrive au *Smendou* toujours chargée de ses précieuses sacoches. Par modestie, sans doute, elle ne raconta pas sa belle conduite. On l'apprit en retrouvant les deux spahis d'escorte, étendus morts sur le lieu du combat.

Charlotte ou Jeanne ou Marie existe encore, et pour prix de sa valeur, elle a le droit de vivre de ses rentes dans l'écurie de la gendarmerie du Smendou, bourg fortifié de la province de Constantine, en filant des jours d'orge et de foin, si ce n'est d'or et de soie. Elle vit là couronnée de sa gloire pour ce beau fait, absolument comme Wellington a vécu de la sienne, pour sa victoire de Waterloo, pendant tout le reste de ses jours. Chez nos voisins d'outre-Manche, il y a des gloires profitables. Je crains seulement qu'on n'élève pas un aussi grand nombre de statues à l'illustre Charlotte, Jeanne ou Marie, qu'à ce général favorisé par le sort des armes.

Peu après avoir été dépassés par le courrier de Sétif, nous arrivions à une petite rivière dont le nom m'échappe. Un gué assez mauvais, point de pont, une eau rapide qui donnait une sorte de vertige en la traversant, rendaient ce passage désagréable. Je suppose que les pierres dont il était semé avaient servi naguère à l'un de ces fameux ponts français, vous savez. Quoi qu'il en soit, un curieux spectacle nous attendait là.

Une voiture de roulage, une *messagerie* apportant à Sétif des caisses et bagages de toute sorte était *échouée* dans le beau milieu de la rivière, toute sa charge était éparpillée dans l'eau, ses chevaux ou mulets dételés broutaient paisiblement du dys faute de mieux, et les rouliers assis sur la rive déjeunaient flegmatiquement sans s'inquiéter le moins du monde des pains de sucre qui fondaient, des chapeaux et des robes de Paris qui déteignaient au courant, du vin largement baptisé à travers quelque douve défoncée, etc., etc., etc. Ces hommes paisibles ne nous demandèrent même pas d'assistance. Il eût fallu abréger leur déjeuner, ils préférèrent attendre...

Le soir de cette belle journée, nous atteignions sans fatigue le caravansérail, nommé le *Bordjy-Marmera*, renommé pour sa malpropreté.

Bien des auberges de France peuvent revendiquer le même renom.

Je ne m'appesantirai pas sur les incidents de cette halte ; à quoi bon? cela ne remédierait pas au mal.

Oublions-le.

Ne voulant pas partager en deux journées les 14 lieues qui nous restaient à faire pour atteindre Sétif, ainsi que nous aurions pu le faire en couchant *aux Eulmas*, nous avons décidé, vu la beauté du temps et le peu de fatigue que nous éprouvions, de pousser jusqu'au but, quitte à arriver un peu tard dans la soirée. Dans cette troisième matinée, nous avons passé, selon ce qu'on nous avait annoncé, près du seul arbre existant sur le chemin de Constantine à Sétif, et cet arbre est une épine.

Du reste, comme un santon est enterré près de lui, il est vénéré lui-même et qualifié de marabout dans toute la contrée. En cette saison encore peu avancée, il porte, en guise de feuillage, des milliers de loques qui flottent au vent. Ce sont des morceaux de burnous que les Arabes dévots arrachent à leur vêtement et y accrochent en passant par manière d'*ex-voto*. Je n'ai pu juger si ce vénérable paquet de chiffons était mort ou en vie. J'espère qu'une belle frondaison verdoyante va sous peu l'aider à cacher ses guenilles, tristes marques du respect qu'il inspire.

Il m'a fait songer à Chodruc-Duclos que je voudrais avoir oublié.

Nous avions si bien pris goût aux repas faits sous la tente, au lieu de la salle à manger peu attrayante du caravansérail, qu'à notre arrivée aux *Eulmas* nous avons fait dresser la nôtre au nez et à la barbe de l'aubergiste, sur le gazon public : ne devant point coucher en ce lieu nous n'avions aucun ménagement à garder.

Du reste, il était fort affairé, ce brave

homme. Son hôtellerie était pleine parce qu'un grand marché, fort animé, avait lieu ce jour même sur le plateau des *Eulmas*, à quelques cent pas de notre tente et de son toit. Nous en entendions le tumulte ; nous en voyions l'agitation dans un grand nuage de poussière.

De nombreux Arabes y vendaient des chevaux, du bétail, force porcs *pour les Français*, et une quantité considérable de poulets maigres.

Au milieu de ces animaux et des Arabes des douars, des juifs, venus de Sétif, abrités sous de petites tentes, offraient des étoffes, des fez, de grossiers bijoux pour les gens des tribus voisines qui affluaient de tous les environs, comme nos paysans à une foire.

Seulement cela se passait en rase campagne sans autre voisinage que le caravansérail ; peu d'heures après, tout ce rassemblement devait se disperser comme des nuages au vent vers tous les points de l'horizon. Pendant notre halte, ce spectacle vu à distance nous a fort divertis. Dans ces plaines où rien n'arrête l'œil, tous ces gens réunis sur un tertre élevé, s'agitant, gesticulant, criant dans leurs idiômes si durs, avaient l'air de fous et contrastaient bizarrement avec le calme infini de la nature.

Des groupes de chameaux dessinaient sur le ciel leurs formes étranges autour du point choisi pour l'emplacement du marché ; pas une maison, pas une hutte construite auprès, pas d'apparence même des douars habités par les tribus des environs que l'on dit riches et nombreuses. Un pli de terrain, le moindre monticule suffisent pour cacher ces tentes basses et brunes, tissées en poil de chameau.

Tandis que nous nous reposions en regardant de loin cette scène animée, une brillante cavalcade est sortie du caravansérail se dirigeant vers Constantine. C'était une douzaine d'officiers de chasseurs et leurs gens ; ils se rendaient à Philippeville et delà, ils devaient s'embarquer pour l'Orient; joyeux d'aller guerroyer dans cette contrée lointaine, ils sont passés en causant et en riant sans même nous apercevoir sous notre tente. Nous les avons suivis des yeux, en murmurant : Que Dieu les protège !...

Dans cette contrée, les tribus sont nomades; mais elles font des blés et reviennent les récolter quand la saison est arrivée. On bat ce blé et l'on en dépose le grain dans des silos comme en Egypte et en Asie. C'est un usage qui remonte aux Pharaons. Les silos, nommés improprement *des vases*, sont tout simplement des trous cylindriques creusés dans la terre, en choisissant certains emplacements favorables par leur exposition. L'intérieur qui va en se rétrécissant vers l'ouverture est revêtu d'un enduit qui ressemble à de la poterie commune et dont nous ignorons la composition. Il y a des siècles que cela dure. Quand le silos est plein de blé, les femmes sont chargées d'en recouvrir et d'en déguiser l'entrée de façon à tromper tous les yeux en faisant quelque remarque bien sûre afin de le retrouver elles-mêmes plus tard et d'y reprendre le dépôt qu'on lui a confié. Une fois vide, l'orifice reste béant, et malheur au voyageur qui s'y laisse tomber la nuit, car il n'en peut remonter sans aide et pourrait se blesser bien gravement en y tombant.

La plaine de Sétif et la vallée si plate et si ouverte que nous parcourions sont criblées de ces silos qui ont souvent servi de cachot pour déposer les prisonniers en temps de guerre. On prétend que des jeunes gens incorrigibles, résistant même au régime des compagnies disciplinaires, y ont été quelquefois descendus.

Au Japon, bien des missionnaires ont péri dans ces oubliettes agricoles.

Les femmes, dans cette contrée qui longe la Kabylie, vont à visage découvert, comme les Kabyles elles-mêmes ; elles sont chargées des travaux les plus rudes, aussi celles que nous rencontrions étaient-elles maigres et hâlées. Elles cheminaient à pied parmi les animaux que leur seigneur et maître venait d'acheter au marché des *Eulmas*, comme une bête de somme de plus, tandis que lui s'en allait à cheval, fièrement campé sur sa selle turque à haut dossier en cuir rose ; je pense que celles-là étaient les femmes en retraite.

On monte toujours par une pente insensible en venant de Constantine à Sétif.

Cette dernière ville est à 3,540 pieds au-dessus du niveau de la mer, tandis que la première, malgré son piédestal, n'atteint qu'à 2,200.

Plus nous avançons dans notre voyage, plus le pays devient plat, c'est-à-dire cultivable ; aussi fonde-t-on autour de Sétif de grands centres agricoles. Sur la droite, une ligne non interrompue de collines élevées forme la lisière de la Kabylie, contrée montagneuse entre toutes celles du nord de l'Afrique ; c'est la Suisse de l'Algérie.

A gauche, la plaine s'ouvre de plus en

plus, et au milieu de cette plaine un seul piton de la forme d'un pain de sucre, d'un rose pâle, se dessine sur le ciel. C'est le *Sidi-Brao*. A ses pieds dort un lac qui brille au soleil comme un miroir. Il n'y a pas un arbre dans toute cette contrée à 20 lieues à la ronde, de façon que le *seigneur Brao* et son lac sont toujours présents aux yeux et finissent par impatienter le voyageur qui a la prétention, à force d'enjambées, d'arriver au but. Cette immobilité taquine et irrite. Il semble, parce que la route tourne un peu, qu'on le voit toujours à la même distance et que l'on fait d'impuissants efforts pour avancer; on se croirait ensorcelé ou sous l'empire d'un de ces rêves pénibles où l'on voudrait courir, mais où l'on sent ses pieds d'un poids énorme refuser leur service et s'attacher au sol.

Cette raillerie d'optique me donnait mal aux nerfs, peut-être aussi le soleil de mars et mon mal de gorge un peu revenu m'avaient-ils disposée à la maussaderie.... bref, quittant ma monture vers quatre heures, je suis allée m'étendre dans le caisson aux matelas pour y dormir à mon aise et ne plus voir ce vilain *Sidi Brao* que j'ai pris en grippe pour toujours. Pendant ce sommeil, mon cheval, Pédrillo, s'est échappé, m'a-t-on dit, il a donné du fil à retordre à tous ceux qui le poursuivaient et, sans l'aide d'un pauvre Arabe, monté lui-même sur une haridelle incroyable, il courrait peut-être encore à l'heure qu'il est sur le sable du désert.

Je dormais toujours, sur les six heures du soir, lorsque le soleil se couchait derrière les portes béantes de Sétif. Je rêvais les yeux à demi ouverts qu'un géant farouche en défendait l'entrée, lorsque mon gendre, en m'appelant pour descendre de la prolonge, a remplacé le fantôme. C'était lui qui, grandi outre mesure sur le fond d'or du ciel par un effet d'optique, remplissait l'arcade. Nous arrivions ; une bonne petite maison, bien située, nous attendait. Tout était prévu par lui dans son précédent séjour. Heureux les voyageurs dont les haltes sont ainsi préparées !

---

## XVI.

Sétif n'est point une ville arabe. Elle est située dans une contrée où les tribus vivent sous la tente et non dans des maisons de pierre. C'est une ville française, par conséquent toute neuve, mais construite sur la cité romaine de *Sétifis*, qu'on croirait écroulée il y a quelques années à peine, tant les matériaux épars sur le sol sont intacts, beaux et utilisables pour les nouvelles constructions. Deux grands bastions romains encore debout et rejoints l'un à l'autre par un reste de rempart, du même temps, ont été employés dans la clôture de la kasba. Ils étaient placés sur le mamelon, et d'une solidité parfaite malgré tant de siècles écoulés. Théâtre, cirque, colonnes, vases, statues, se trouvent çà et là, presqu'à fleur de terre, et chacun peut bâtir avec de magnifiques pierres aussi nettement taillées que si elles l'étaient d'hier.

Toutes les maisons sont ou seront à arcades comme celles de la rue de Rivoli. On a calculé là dessus en traçant les rues larges et droites de Sétif. Cette ville pourra devenir agréable un jour. Les proportions et le dessin ont assez d'ampleur. De jeunes arbres bien venants bordent les trottoirs des rues principales et de belles sources permettent le luxe charmant des fontaines sur ses places.

Une jolie petite mosquée a été construite par nous pour les Arabes. Cette attention tolérante fut longtemps mal récompensée. Les fidèles croyants ne voulaient point s'approcher d'une maison de prière bâtie par les Giaours. Ils supposaient qu'Allah l'avait en déplaisir. Maintenant, ils commencent à y venir en foule de toutes les tribus voisines campées autour de la ville. Une sinagogue vient aussi de s'élever par les soins des Juifs, très nombreux et très riches dans cette ville.

Après Allah et Jehovah on songera peut-être à élever au Dieu des chrétiens un temple digne et convenable. Jusqu'alors une petite chapelle, fort gentille il est vrai, mais qui ne peut guère contenir qu'une cinquantaine de personnes, est le seul lieu de prière pour les catholiques. Cela fait peine en raison de la population. Ce n'est qu'une bonbonnière. Elle est simplement ornée, mais revêtue à l'intérieur de lambris en cèdre sculptés avec assez de goût. La forêt de cèdres du Bou-Thaleb, qui se déploie sur une longueur de quatre-vingts lieues et ferme à l'horizon la plaine de Sétif vers les monts *Aurès,* a naturellement fourni ce bois, qui ne m'a pas paru valoir, comme effet, les autres essences employées dans nos intérieurs français.

Sur la place plantée qui s'étend devant la chapelle, on remarque tout d'abord un immense arbre mort de vieillesse. Ce fut un tremble de son vivant. Il appartenait et appartient en propre à deux fidèles couples de cigognes qui habitaient ses branches bien avant que les Français ne vinssent s'emparer du plateau de Sétif. Ces oiseaux n'ont pas fui devant les vainqueurs. D'autres arbres frais et verts l'entourent, ce sont ses enfants irrégulièrement poussés autour de son vieux tronc.

On a respecté le tremble mort à cause

des nids solidement établis à son sommet. Toute la contrée serait en rumeur si l'on osait détruire ce vénérable perchoir. Chaque printemps, les deux couples reviennent de je ne sais quels climats, se mettent à l'œuvre pour regarnir de laine et de duvet le berceau de leurs futurs petits ; puis cette besogne faite, quand tout est bien capitonné, les deux femelles se hâtent de pondre au son de la musique militaire, qui joue chaque jour sur cette place ; les polkas, les valses, les pas redoublés, aident sans doute à l'opération. Bientôt deux nouvelles familles de cigognes, sacrées pour les indigènes, s'élèvent sans souci du voisinage, en compagnie des chrétiens, des juifs et des Arabes, qui passent leurs journées dans cette ville près de laquelle ils ont leurs douars, tous également bienveillants pour elles. La confiance de ces beaux oiseaux fait plaisir : c'est si doux, la confiance ! Ainsi que la reconnaissance, elle doit être le partage des belles âmes... Mais j'oubliais qu'il n'est question que de cigognes, et que leur âme, si âme il y a sous leur plumage, doit être d'une espèce inconnue pour moi. Peut-être M. Michelet, auteur de l'*Oiseau*, pourrait nous en dire plus long là-dessus ; mais on dit que l'*Oiseau* est de Madame Michelet et non de Monsieur.

Moi, je m'abstiens humblement en face de ces appréciations morales et philosophiques. Je déplore seulement que les chapeaux et les ombrelles aient tant à souffrir de l'insuffisant établissement de ces familles ailées.

Un jardin public, nouvellement créé sur un plan doncement incliné, près de la porte dite d'Alger, possède plusieurs sources abondantes et fait les délices des habitants de Sétif. Cette contrée, riche en céréales, est tellement dépourvue d'arbres, que l'on soigne avec amour les moindres plantations de ce genre. Des peupliers, des trembles et des saules essaient d'y vivre, et semblent toujours, en commençant, vouloir y réussir.

La rivière qui coule près de cette ville d'avenir est le *Bou Selam* (père du bouquet), quel nom charmant ! On plante ses rives, et son aspect calme me donne bon espoir pour ces plantations, que le Rummel ne laisserait pas grandir en paix. Quand on s'appelle le *Père du Bouquet,* ne doit-on pas avoir des procédés pour la verdure et les fleurs ?

Sétif est close par une muraille crénelée d'une médiocre élévation ; la kasba prend au moins le tiers de cette enceinte, et sa clôture est plus forte que celle de la ville proprement dite. Cette kasba renferme, selon l'usage, casernes, magasins militaires, poudrière et hôpital, ainsi que le logement du général.

Au cœur de la ville, les rues sont à peu près bâties des deux côtés, mais en s'éloignant du centre, il se trouve des quartiers entiers tracés sur le gazon par des lignes de granit indiquant les trottoirs futurs. Là se trouve aussi tracée dans l'herbe la future église de Sétif. Nous avons la chance d'être logés dans une des rares maisons édifiées sur ces terrains. Au lieu de rues fréquentées et bruyantes, de vastes espaces gazonnés s'étendent sous nos fenêtres jusqu'au mur d'enceinte qui ne gêne point notre vue, étant placé assez bas sur la colline où s'élève la ville. Notre regard embrasse par dessus cette *chemise* percée de meurtrières une vaste et fertile campagne jusqu'au *Djebel Jussef* et au *Bou-Thaleb*, c'est-à-dire un horizon de 14 lieues sans rien qui l'arrête. Quel espace ponr les effets de lumière et les aspects du ciel! A l'aide de nos lunettes d'approche, nous distinguons sur les flancs encore neigeux du Bou-Thaleb, les masses noires des vieux cèdres centenaires que nous irons visiter, sans doute, dans quelque temps.

A gauche, en regardant vers Constantine, je retrouve seul, debout sur la plaine, mon ennemi particulier, le *Sidi Brao*, qui est bien la montagne la plus impatientante qu'on puisse rencontrer, avec son air narquois et impassible.

---

## XVII.

Tristes encore d'avoir quitté les relations charmantes formées à Constantine pendant l'hiver écoulé, rien ne pouvait nous convenir mieux que cette immense solitude parcourue par un souffle printanier et embellie par le soleil. La ville n'offrait d'autre ressource de distraction que le petit théâtre où jouaient les zéphirs. Ce sont là des acteurs bien mythologiques, dira-t-on. Hélas! s'ils n'étaient que cela! mais ils sont bien autre chose! Ce théâtre fait les délices des officiers, et les jeunes fous qui composent la troupe jouent parfois d'une manière étonnante.

Ce divertissement tout français n'était pour nous que d'un médiocre attrait. Scribe, Mélesville, voire même Théodore Barrière et collaborateurs n'étaient pas précisément ce que nous cherchions en Afrique. Leurs scènes, agencées selon les effets aimés du parterre parisien, nous semblaient d'une fadeur suprême sur le sol africain. Quelques détails particuliers à la localité y mêlaient pourtant à titre d'intermèdes un comique de haut goût. Je citerai seulement le vieux zouave qui jouait si admirablement les duègnes et l'opération du lustre renouvelée trois fois chaque soir de spectacle. Or, voici en quoi consistait cette opération :

Le lustre, composé de quinquets cloués autour d'un vaste cerceau en bois recouvert de papier doré, devait être descendu au moyen d'une poulie jusqu'au milieu du parterre plein à n'y pas laisser tomber une épingle, et cela pour moucher humblement les quinquets alimentés par de l'huile kabyle; cette huile non épurée brûlait d'une manière si primitive, donnait une telle fumée et si peu de lumière qu'il fallait en venir forcément en public au détail de ménage ci-dessus, sous peine d'asphyxie ou d'obscurité complète.

Donc, entre deux scènes de sentiment qui avaient fait pleurer voltigeurs ou grenadiers sensibles, on criait : Gare ! et tout à coup le lustre se mettait à descendre. Les spectateurs du parterre, quelque plein qu'il fût, soumis à un système de compression incroyable, parvenaient à laisser une grande place vide au milieu d'eux, puis un zéphir faisant fonctions de garçon de théâtre, mouchait, remouchait lustre, rampe, candélabres, qui donnaient aussitôt une splendide lumière, accueillie par des bravos. Malheureusement cet éclat était de peu de durée, comme tant d'autres lueurs de ce monde, et il fallait peu après recommencer l'exercice étonnant que je viens de décrire.

Quelquefois le spectacle manquait parce que l'amoureux ou la jeune première avaient dû être mis à la salle de police pour quelque méfait inconnu du public. C'était alors un véritable désespoir. Le digne commandant de place, M. de Méritens de Malvézie, était le directeur né de cette troupe dramatico-militaire. Le sérieux et l'importance qu'il y mettait n'étaient pas le moins amusant de la chose et prouvaient son obligeant désir d'amuser les habitants.

Les promenades à cheval à travers les premières montagnes rocheuses de la Kabylie qui commencent à une lieue à peine au nord de la ville, ou vers les villages suisses de la plaine, remplissent agréablement nos journées.

Le temps est devenu délicieux ; la campagne est, sans aucune exagération, couverte d'un tapis de fleurs. Jamais je n'en ai tant vu, j'en rapporte des gerbes à chaque promenade. Presque toutes me sont inconnues, et je les nomme selon leur analogie avec telle ou telle de mes amies de la flore française : anémone, iris, hyacinthe, réséda, gigantesques boutons d'or, etc. Point de violettes, point de pâquerettes parmi ces jolies petites africaines. C'est un regret, mais combien de nouvelles connaissances embaumées, charmantes ! nous revenons chaque jour chargées de ce gracieux butin pour orner notre petit logis que nous aimons parce qu'il est riant. L'autre jour les hirondelles sont arrivées sur notre toit ; d'où venaient-elles ? Ce fut une joie. Elles sont très grandes, et familières à plaisir ; la gentille maison n'ayant qu'un rez-de-chaussée, nous vivons porte à porte avec elles. Décidément le printemps sourit de toute part autour de nous. Aussi, les projets vont-ils leur train : nous voulons partir de Sétif vers le 1er avril, pour nous rendre à cheval à travers le pays, par les sentiers arabes jusqu'à Bathna, puis Lambessa et Biskra, sur la limite du Sahara, c'est-à-dire à 60 ou 70 lieues. Ce pays plat ne nous offrira pas de difficultés. Nous sommes attendues dans ces différentes villes par Mme de Largillière, d'un côté; par le bon colonel Liéber, de l'autre. Nous y avons donné rendez-vous à des amis de Constantine qui veulent, comme nous, connaître ces points extrêmes et vraiment curieux de nos possessions. Nous partirons de Sétif avec des spahis d'escorte, des mulets et des Arabes muletiers pour les bagages, nos gens, et nous à cheval. Nous simplifierons les paquets, nous coucherons sous la tente ou dans les maisons de commandement des caïds auxquels nous sommes déjà annoncés. Les cheïks nous offriront la diffà, le couscoussou se prépare pour notre passage; le chef du bureau arabe, M. de la Brousse, ami de M. de G..., nous rend le voyage facile en nous aplanissant tous les obstacles.

Ce qu'on nomme les maisons de commandement sont des sortes de châteaux que le gouvernement français fait bâtir pour les caïds en leur donnant l'investiture de ce poste important; mais il est bien entendu que nous préférerons coucher sous la tente et que nous accepterons seulement du mouton rôti, le couscouss, les dattes et le lait de chèvre qui est délicieux en Afrique. Quel plaisir, par ce radieux printemps, de s'en aller ainsi sous le ciel chercher les aspects grandioses d'une terre inconnue et saluer le grand désert! Notre voyage de Constantine ici nous a rendues véritablement voyageuses. Désormais plus rien ne nous effraye et cette expérience nous a démontré qu'avec certaines précautions prévoyantes, on peut parfaitement se tirer de ces entreprises qui nous semblaient si hérissées de difficultés.

Il est encore trop tôt pour exécuter ce charmant projet. La saison n'est pas assez assurée; il faut laisser passer les pluies de printemps. En attendant, nous avons sous les fenêtres mêmes de notre maison de singulières surprises qui nous procurent l'occasion d'étudier les mœurs arabes sur place, je puis même dire à domicile.

J'ai dit que de vastes gazons destinés à devenir des rues s'étendent entre notre maison et le mur de ville. J'ai dit aussi qu'aucun Arabe n'avait de maison à Sétif. Or, quand les sheiks, les caïds, enfin les gens riches et importants de la population arabe de cette contrée ont quelque affaire à traiter avec le général ou le bureau arabe qui est leur protecteur naturel, c'est sur ces espaces vagues, devant nos fenêtres, qu'ils viennent, suivis de leur nombreuse smala, dresser momentanément leurs tentes. Le hasard nous sert à souhait ; ils se posent près de nous, en bons voisins, et passent là deux jours ou plus, bêtes et gens, jouant, causant, mangeant, dormant sous nos yeux, vivant enfin de leur vie du désert ou du douar, sur nos gazons, comme pour nous en donner le spectacle sans nous déranger.

On ne peut se figurer la rapidité de leur installation ou de leur départ. Ces belles tentes en poil de chameau, à rayures brunes et saumon, doublées de soie de Tunis, meublées de coussins moelleux, ces chevaux nombreux, couverts de longs caparaçons aux couleurs vives, piqués ou seulement entravés près des tentes, ces serviteurs empressés, qui font partie de la famille à laquelle ils appartiennent de fait, souvent comme parents, ces esclaves fidèles et soumis, bien que la domination française détruise de droit l'esclavage partout où elle s'étend ; tout cela tombe des nues en un quart d'heure, s'établit gaîment près de nous, on tue, dans un coin, les moutons amenés de la plaine à dos de mulet pour cette triste fin ; les négresses préparent le couscouss, les femmes, les enfants jouent à l'écart sur l'herbe; la nuit, nous les entendons causer et rire sous les tentes; aux inflexions de leur voix nous croyons saisir leur pensée; quand vient le lever du soleil, toute cette scène s'anime encore. Ils prient tournés vers l'Orient, se prosternent sur le sol, font leurs ablutions saintes, puis s'assoient tranquilles pour causer entre eux; les uns vont ensuite vers les rues marchandes, achètent et rapportent les emplettes qu'ils y ont faites; d'autres nettoient les armes, les harnachements si riches des chevaux, mettent à terre devant ceux-ci l'orge et le foin. Nous sommes à la fenêtre, nous les regardons, ils nous sourient et nous adressent quelques mots, de politesse sans doute. Nous y répondons par des signes bienveillants. Nous sommes voisins, amis, déjà, en confiance avec ces bons indigènes. Nous passons dans une autre pièce pour déjeuner, ou lire, ou chanter un moment, nous revenons vers la fenêtre... nous nous frottons les yeux... plus rien... tout s'est évanoui... plus rien que l'herbe qui verdoie et le soleil qui poudroie! comme dans le conte de *Barbe-Bleue*. Etait-ce une fantasmagorie? Vers quel point de l'horizon les tentes s'en sont-elles allées, ployées sur le dos des mules rapides? Quelle direction ont suivie ces hommes au regard profond, au maintien grave et doux, à la lèvre silencieuse, fiers et courtois comme des chevaliers? Dressés sur l'arçon de leur selle élégante qui semble les enfermer entre deux boucliers de maroquin rose brodé d'or, ont-ils déjà regagné leur tribu? Qui nous le dira? Nous ignorons jusqu'à leurs noms. Beaucoup d'entre eux portent la croix de la Légion d'honneur sur leur burnous. Quelques-uns même sont commandeurs, et cette haute distinction les trouve nobles et fidèles.

Quelquefois nous apercevons au loin dans la campagne une smala rapide qui s'éloigne; sont-ce nos amis d'un jour? Qui le sait? Tous ont disparu. Ils nous manquent, nous les cherchons au loin sur les chemins sinueux qui serpentent dans les grandes plaines jusqu'au *Djebel-Yussef* ou même au *Bou-Thaleb*.

Si ce sont eux, ils vont bientôt disparaître lancés à fond de train sur leurs coursiers ardents ; les chameaux restent en arrière avec les serviteurs ; les burnous blancs ou écarlates étincellent au soleil à plusieurs lieues de distance. Mais tont disparaît enfin dans la brume, et c'est encore un adieu pour toujours à ces frères du désert dont le souvenir nous restera, vague comme celui d'une apparition. Peut-être en allant vers Biskra retrouverons-nous quelqu'un d'entre eux établi avec sa tribu près d'une fontaine, paissant ses troupeaux dans des lieux frais, comme le faisaient Abraham, Isaac et Jacob.

Aussitôt la brillante smala envolée, de pauvres kabyles amènent sur le terrain qu'elle a quitté des troupes d'ânons les plus drôles du monde, des Maltais y conduisent de fringants troupeaux de chèvres, gracieuses laitières de Sétif. Leur mamelle est enveloppée pour éviter le contact du sol. Tout cela vient pour manger le foin et l'orge laissés sur place par les riches smalas. Les uns et les autres agitent les grelots et les clochettes suspendus à leur cou. C'est un petit carillon tout à fait divertissant.

Peu après le tableau change de nouveau, et la solitude se fait complète autour de nous.

Une des smalas les plus nombreuses qui aient campé sur nos gazons, est celle d'*Ali-Shérif*, caïd de je ne sais combien de tribus, entre autres des Ben-Couscous.

Pendant son séjour, il rassemblait souvent sous sa tente des sheiks de ses amis ; puis après le repas pris en commun, les convives se promenaient en se tenant, je crois, par la taille, sous les burnous, et causaient affectueusement.

Les serviteurs composant cette smala nous ont donné deux jours de suite le spectacle curieux d'un de leurs amusements, qu'ils nomment le jeu de la chèvre. L'un d'eux, tiré au sort, s'assied à terre sans burnous, la tête couverte de son fez. C'est la chèvre. Quatre autres, dépouillés aussi des burnous, gardant une main posée sur lui, doivent, de l'autre main ainsi que des deux jambes, le défendre contre toute une bande d'agresseurs qui représentent des animaux féroces dont on imite les cris. On juge du tintamarre et de l'animation de cette lutte, des coups et des horions de toute sorte qui pleuvent dans ce groupe où l'on ne distingue que des poings qui cognent et des pieds qui lancent des ruades. Cela dure plusieurs heures, ils sont en nage, probablement très meurtris; mais ils s'amusent énormément et rient à en mourir.

Un aréopage où se trouvent des Arabes de distinction, mêlés à des troupiers flâneurs, s'assied en cercle sur l'herbe autour de ce groupe d'énergumènes et jouit silencieusement, mais sans doute profondément, de cette représentation, tout en décidant les cas douteux quand il s'en trouve, car il y a des règles, et par conséquent des infractions à ces règles. De là des arrêts *à prononcer*.

Douze villages suisses sont déjà fondés par la Compagnie génevoise autour de Sétif. Chacun d'eux est calculé pour 600 habitants. Une famille doit verser préalablement 3,000 fr. à la caisse de la Compagnie, qui s'engage à lui fournir une maison composée de deux pièces et un grenier, un jardin près d'un cours d'eau, des instruments aratoires, et enfin une certaine étendue de terres propres à la culture. Une fromagerie commune s'élève, selon l'usage suisse, sur la place principale à côté de la mairie et du temple; un lavoir public et de vastes enceintes communes pour les chariots et les charrues, voilà l'ordonnance de ces villages. Après cela, chacun s'escrime de son mieux, l'intelligence et l'activité prospèrent, la paresse et l'ineptie déclinent; il en est là comme ailleurs, et l'avenir ne peut être deviné.

Nous sommes allés visiter *Aïn-Arnath*, le principal de ces villages, et nous avons pu constater avec tristesse, ainsi que cela se voit trop souvent, que les promesses faites par la Compagnie étaient mal tenues, les conventions mal exécutées, les plaintes les mieux fondées des colons, leurs réclamations les plus justes peu écoutées. Ces sortes d'entreprises, qui pourraient être si utiles en ce monde, deviennent une cruelle déception pour les pauvres gens qui s'y confient. Les capitalistes à la tête de cette association sont avant tout, hélas! des industriels; la philanthropie ne vient qu'après, quand elle vient.

Dans nos promenades, nous avions résolu de pousser un jour jusqu'au *Djebel-Jussef* qui, dans ces plaines verdoyantes, nous semble à une distance peu éloignée: six lieues cependant nous en séparent. On ne juge pas de l'éloignement réel de cette montagne qui s'avance sur la plaine comme un cap sur la mer: un beau lac s'étend à ses pieds et produit de magnifiques anguilles. En nous y rendant l'autre jour, nous avons fait la rencontre d'un pauvre diable de charbonnier, arrivant tout effaré de la forêt du Bou-Thaleb, qui fournit Sétif de bois et de charbon. Le Bou-Thaleb s'étend à six lieues au delà du Djebel-Jussef. L'avant-veille, en plein jour, au milieu de six quintaux de bois embrasé formant divers fournaux autour de lui, un lion était venu sous ses yeux dévorer le mulet qui était sa seule fortune. « Assez!

assez ! disait ce malheureux, je ne veux plus du Bou-Thaleb ! Ah ! mon pauvre Charlot ! un si bon mulet ! et sous mes yeux, malgré mes cris, au milieu de mes feux ! » Ce pauvre industriel au petit pied nous a fait peine, et son aventure a assombri notre promenade.

Sous l'influence de ce récit, les troupeaux épars dans la campagne ne nous semblaient plus qu'une proie pour les lions quand viendrait la nuit prochaine.

Nous rencontrions des bandes d'Arabes se rendant au marché de Sétif, du fond des tribus écartées. Ils s'arrêtaient tout ébahis de voir deux femmes lancées au galop dans la plaine; leur stupéfaction était telle qu'ils nous barraient la route sans s'en apercevoir et nous auraient forcées de passer dans les blés déjà grands. M. de G*** et nos gens criaient en vain : balek ! raôh ! que sais-je ? leur plus énergique français comme leur vocabulaire arabe y perdaient leur latin, ce qui n'est pas beaucoup dire. A ma grande surprise, dans une de ces rencontres irritantes, où lancée à fond de train j'allais renverser forcément un de ces badauds, j'ai allongé, moi-même en personne, sans la moindre hésitation, un bon coup de cravache à un grand gaillard d'Arabe qui n'a pas dit : Ouf !

tout comme aurait pu le faire un officier de chasseurs ou la fameuse *Lola Montès*. C'était pure bonté d'âme de ma part et dans son propre intérêt, je le sais bien, et je veux qu'on le sache, mais je n'en rougis pas moins de cet acte de dédaigneuse suprématie que je blâmais si justemeut à Constantine. Autre temps. autres mœurs ! *Meà culpâ, meâ culpâ, meâ maximâ culpâ !*

Ce que c'est que le grand air, l'Afrique et le galop ! cela grise. Après ce bel exploit qui a fort amusé mes compagnons de promenade et auquel je ne pourrai croire moi-même lorsque je serai rentrée dans le giron des idées mondaines, nous avons ralenti notre course à l'unique clocher. Neuf lieues et plus entre notre déjeuner et le dîner qui nous attendait, c'était assez joli.

Dans un terrain vague, près des portes de la ville, une troupe de chameaux s'était arrêtée pour attendre que les chamelliers fissent leur prière, car le soleil baissait à l'horizon; relativement à nous et par la disposition du terrain, bêtes et gens se détachaient en vigueur sur le ciel lumineux du couchant, les hommes touchaient la terre de leur front, puis se relevaient tout debout, s'inclinaient du côté du soleil, et se prosternaient de nouveau cinq ou six fois de suite, absorbés dans leur dévotion; près d'eux, leurs grands bossus de chameaux s'agenouillant à leur tour semblaient parodier leurs maîtres. Ce spectacle comique et naïf à la fois nous a fait rire jusqu'au logis où nous n'avons plus songé ni au lion du Bou-Thaleb, ni au pauvre charbonnier, pour lequel nous avions fait une petite souscription, ni à mes prouesses personnelles, mais bien à dîner de notre mieux.

Dans ces plaines faciles à parcourir en tous sens, je m'étonne que les Arabes n'aient pas encore consenti à employer de petites charrettes pour le transport de certaines denrées. Jamais on n'en rencontre une seule. Ils semblent ignorer cette invention. Les bois de construction ou de chauffage, le fourrage lié dans des filets de corde, tout enfin se transporte sur le dos des bêtes de somme. Ils n'étrillent jamais leurs chevaux, il les baignent quand ils peuvent trouver de l'eau, en lissant le poil avec la main. La crinière et la queue, qui sont magnifiques chez cette race, flottent dans toute leur longueur et touchent terre; quand un cheval est soigné, on les lui tresse pour les conserver intactes : ces animaux sont généralement doux et intelligents. Ils vivent avec la famille près de la tente. Ils sont aimés du maître, mais bien vite usés par lui, étant toujours menés au galop, même dans les montées si fréquentes. Leur pied est sûr, leur courage à toute épreuve; leur bouche, très maltraitée par leur cavalier, devient vite dure et insensible au frein. Mais, à tout prendre, quand ils sont bien traités, c'est une charmante monture que le cheval arabe.

Il est impossible de se faire une idée de l'exiguité, de la laideur des bêtes à cornes dans tout le littoral de cette province, autour de Constantine surtout; c'est à se demander à quelle race d'animaux cela appartient. Les vaches, grosses comme un chien des Pyrénées, sont couvertes d'un poil ébouriffé qui leur donne la plus singulière apparence. On leur laisse leur veau jusqu'à extinction du lait, n'imaginant pas que cela puisse se faire autrement. Aussi n'a-t-on jamais ni véritable veau, ni lait de vache comme en France. Un colon, des environs de Constantine, auquel je prêchais un autre système, me répondait que la vache tarirait à l'instant si on lui ôtait son veau. Il essaya cependant avec une jeune vache. Ignorante encore des usages établis en Afrique, elle n'y pouvait mettre de malice et devait être, vu son inexpérience, moins récalcitrante que celles qui avaient déjà vélé et auxquelles on avait laissé leur petit.

Au bout de six semaines, son amour maternel fut trompé. On fit tuer l'enfant et traire la mère. Elle se laissa faire, on eut du lait et l'on fit du beurre. Oh ! surprise extrême! le brave colon en était tout émerveillé ; il n'était pas fort, comme on voit, et le grand nombre de ses collègues est, à peu de chose près, de cette force-là.

Dans les environs de Sétif, les colonies suisses auront sans doute d'autres notions sur les étables, autrement la fromagerie construite dans leurs villages serait un luxe inutile.

A Sétif comme à Constantine, des troupeaux de belles chèvres avec des clochettes au cou, et la mamelle dans un petit sac, pour plus de propreté, viennent le matin à chaque porte se faire traire dans le vase même de chaque ménage. Ces charmantes *djali* feraient aimer leur lait, tant elles sont jolies et pimpantes. Il leur manque une *Esméralda;* c'est là le fâcheux de l'affaire. Un Maltais bien carré la remplace désavantageusement.

Le temps est d'une magnificence qui épanouit l'âme.

Nous faisons chaque jour de longues excursions autour de Sétif, à cheval, les jours où M. de G*** nous accompagne ; à pied, les jours où nous sommes seules. Nous visitons les jardins, qui commencent à produire, et les belles sources qui les rafraîchissent. Il y avait le jardin des zouaves, celui des zéphirs, celui de l'artillerie, etc. — Le gouvernement a repris et met en vente ces jardins, maintenant qu'ils sont en rapport, et les pauvres troupiers qui en vendaient les légumes et les fruits, au profit de leur *popotte*, se lamentent de cette mesure, qui leur ôte un plaisir et un petit profit.

En parcourant au hasard, au nord de Sétif, les collines désertes sur les pentes desquelles aucun sentier n'est tracé, nous avons découvert—car on croit toujours faire des découvertes dans des lieux si peu habités—un endroit d'une tristesse infinie. C'est le cimetière des juifs. Aucune clôture ne le défend, aucune habitation ne l'avoisine, aucun chemin n'y conduit.

Sur une pente aride, au milieu de quartiers de rochers tombés là au temps du déluge, sont rangées, sans ordre, les simples tombes des fils de Moïse, morts à Sétif depuis que les Français ont créé cette ville. Pas un arbuste, pas une trace des pieds de l'homme ; on croirait ces tombes oubliées depuis des siècles, et elles sont d'hier. Des caractères hébreux sont gravés sur quelques-unes.

Ceux qui dorment là ont-ils trouvé la terre promise, c'est-à-dire la paix bienheureuse à laquelle aspire l'humanité tout entière ? L'anathème qui les poursuit si visiblement en ce monde s'est-il arrêté devant la mort pour faire place au pardon ?

Dernièrement l'abbé Pavie, frère de l'évêque d'Alger, et, dit-on, futur évêque de Constantine, nous disait en chaire que nous étions plus coupables, en offensant le Christ, que ces juifs eux-mêmes, qui ignoraient sa divinité. S'ils n'ont péché que par ignorance, comment admettre l'éternité de la punition ? J'aime bien mieux croire à l'immensité de la miséricorde.

Dans ce coin écarté qui semble maudit, je me pris à plaindre ce peuple étrange qui, par tout pays, vit dans la richesse et l'humiliation à la fois ; il semble toujours adorer le veau d'or et recevoir la punition de son idolâtrie.

Nous approchons de la semaine sainte. C'est l'époque des pensées graves. Nous avons donc résolu de visiter aussi le cimetière des Français, ou, pour mieux dire des chrétiens.

Dans celui-là bien des larmes se sont échappées de nos yeux devant ces rangées entières de tombes qui recouvrent tant de jeunes braves tombés sur cette terre étrangère, loin de leurs pauvres mères et de leur pays bien aimé. De pieux camarades ont dressé ces croix et tracé ces noms. Des combats connus et de glorieuses dates sont inscrits à chaque pas dans ce lieu. Souvent aussi de nombreuses tombes, triste souvenir de quelque épidémie mortelle, sont rangées en ligne, portant presque toutes la même date, et celle du chirurgien dévoué clôt la liste des victimes.

Dans ce cimetière se trouve un grand nombre de petites tombes bien entourées de fleurs. Hélas ! ce sont des tombeaux d'enfants ; le climat d'Afrique dévore ces frêles créatures, et toutes les familles aisées les emmènent l'été en France ou ailleurs.

En plusieurs endroits de ce champ de mort, de pauvres soldats, héros obscurs de nos luttes renaissantes, dorment, couchés sous quelque fût de colonne brisée, sous quelque chapiteau romain trouvé sur ce sol, si riche en débris antiques. Leurs camarades ont orné de leur mieux, pour eux, cette dernière demeure. A ce soin touchant du cœur ils ont ajouté celui d'y graver leur humble nom, ce qui pourra un jour à venir singulièrement embrouiller les archéologues.

Hélas! pourquoi faut-il que chez l'homme, qui n'est qu'un grand enfant, le rire soit souvent bien près des larmes comme dit le poète? Je ne comptais certes pas rire en ce lieu, où nous avions tant pleuré à l'idée que la patrie absente manquait à tous ces morts; les efforts touchants des amis pour honorer ces chères mémoires faisaient sentir plus encore et comprendre tout ce qui avait manqué à leurs derniers moments sur cette terre étrangère; oui, nous avions pleuré du cœur et des yeux en ce lieu, lorsque deux tombes fastueuses attirèrent nos regards.

Sur l'une on lisait ceci :

A M^me FLAMMEN,
NÉE SILLER,
PAR SA TANTE, NÉE FLAMMENT,
PRINCESSE DE CARAMANICO
VEUVE DE M. THOMAS D'AQUIN, PRINCE,
EN SON VIVANT,
DE CARAMANICO,
AGÉE DE 22 ANS.

Sur l'autre :

CI GIT :

MOI, PIERRE-GILLES OBTUS.

JE FUS JUSTE ET MÉRITAI

L'ESTIME *nombreuse* DE MES AMIS

QUI NE POURRONT

*Jamais* S'EMPÊCHER DE ME

REGRETTER *toujours*.

DE PROFUNDIS !

—

Celui-là avait dicté lui-même la chose; c'était un homme de précaution. Mon estime *nombreuse* lui est acquise. Mais cela fait bien mal de rire ainsi avec des pleurs dans les yeux.

———

## XIX.

Quel ennui ! quelle contrariété ! Adieu le beau voyage dans le Sud, adieu le désert du Sahara, que si peu de Françaises peuvent se vanter d'avoir vu face à face. Adieu les oasis de palmiers et les grands rochers roses d'El-Kantara ! Nous ne verrons point ces choses tant souhaitées.

Nous ne suivrons point du regard les ondulations de ces vagues de sable que le Simoun enlève de son souffle étouffant pour en faire sur un autre point le tombeau de quelquelque caravane haletante. Nous ne verrons point le désert et sa mystérieuse étendue, ses sables éternels, qui sont peut-être le lit d'une mer desséchée par le soleil.

Le télégraphe a fait jouer ses grands vilains bras sur la Kasba, et le général obéit. Il a ordonné une expédition, ou pour mieux dire une promenade en Kabylie, afin de montrer aux Kabyles que, malgré la guerre d'Orient qui commence, il y a encore des Français en Algérie.

Cela est sage, je ne dis pas non. Mais quel ennui! quel contre-temps! Nous partions demain; nos bagages, nos apprêts, nos provisions, tout était prêt; le ciel souriait et nous avions le pied à l'étrier... Hélas! il n'y a pas à dire. M. de G*** part pour la Kabylie et nous restons à Sétif pendant toute son absence... La soumission militaire m'est affreusement antipathique; toute autre chose dans cette carrière me plaît et m'eût séduite si l'honneur insigne d'être un homme m'était échu en partage. Mais cette insupportable obéissance, ce renoncement subit à sa propre volonté, cet abandon forcé des plus chers projets...

Enfin, il n'y faut plus songer, même pour plus tard, car il fera trop chaud. Nous irons en Kabylie pour nous consoler; cette magnifique contrée nous charmera sans doute. Pourtant je dois avouer que, pour l'heure, nous enrageons de la belle façon. Nous sommes ce qui s'appelle vexées et d'une humeur massacrante; l'approche des jours saints a peine à nous calmer. On nous attendait dans le Sud, une lettre arrivée ce matin nous pressait encore de partir, et il y faut répondre par le récit de notre vif désappointement. Cette lettre nous racontait une histoire qui, pourtant, nous a déridées un moment.

On sait que quelquefois il pousse instantanément sur un terrain quelconque des champignons éphémères. On a vu tomber des pluies de crapauds; on a vu des aérolithes dégringoler sur notre pauvre globe qui a pourtant assez de cailloux comme cela; on a vu une tortue se promener dans les airs, suspendue aux serres d'un aigle, se laisser choir précisément sur le crâne d'un vieux philosophe qui cherchait, en rase campagne, à éviter qu'une tuile ne lui tombât sur la tête; on a vu de l'inattendu, du surprenant, du stupéfiant; mais rien ne vaut, en ce genre, les apparitions fantastiques du touriste anglais, bien mieux, de la touriste anglaise.

Donc, par un temps clair, environ sous le 36e degré de latitude et par le 45e degré de Réaumur, on a vu tomber des nues, à Biskra, sur la limite du grand désert, une miss, à voile de gaze chocolat et couverte d'un plaid écossais. Ceci n'est nullement une plaisanterie. Elle était *sur son compte* et pas de la première jeunesse, escortée simplement d'une femme de chambre anglaise, qui faisait contre-poids sur son cacolet, et d'un groom ou écuyer d'un certain âge, ne disant pas un mot de français.

Comment? par où est-elle arrivée là? c'est ce qu'il est impossible de savoir. Le galant colonel qui commande le cercle de Bathna l'a promenée partout malgré qu'elle ne fût ni précisément jeune, ni particulièrement jolie. Elle a fait une ample provision de pierres arrachées aux tombeaux numides de Siphax et de Jugurtha, autrement dits : les tombeaux de Medraschem; elle a recueilli des œufs d'autruche, des plumes de cigogne, des graines de palmiers pour enrichir son cottage *in old england*, puis un beau jour, elle a disparu avec le même mystère, le même inexplicable, elle s'est évanouie comme un météore peu lumineux, laissant nos braves officiers stupéfaits, mais fort amusés de cette apparition. Pas le moindre *Favewell*, pas un guttural *thanh you* n'a été prononcé par elle en échange des soins attentifs dont elle avait été l'objet de la part de l'aimable colonel D*** et de ses officiers, qui sont restés tout ébahis de l'aventure.

Nous n'irons pas où cette insulaire aventureuse est allée; je ne puis dire à quel point je le regrette, et quelle révolte je sens en moi contre... contre qui?... contre le télégraphe. C'est bien permis peut-être.

Hier, un Arabe promenait dans les rues de Sétif un grand et beau lion tenu en laisse seulement avec une mauvaise petite cordelette. Ce magnifique animal était si doux qu'on asseyait des enfants sur son dos. J'avoue que j'ai frémi en voyant ce spectacle qui amusait fort les badauds. Son maître racontait, pour expliquer cette extrême débonnaireté, qu'il arrivait par Aumale de la province d'Alger, et que son lion était l'un des trois lions que le marabout *Sidi Mirh* avait domptés cette année par la seule puissance de son regard ; or, vous saurez, giaours, que *Sidi Mirh* est un santon aimé du prophète et vénéré des hommes; chaque année, par une grâce spéciale d'Allah, il soumet ainsi trois lions à son choix pour empêcher cette noble, mais terrible race, de trop se multiplier en Afrique. Il faut croire qu'Allah a suscité Gérard pour être le coadjuteur du santon *Sidi Mirh*.

A propos de lion, j'ai vu plusieurs fois le héros d'une terrible histoire léonine.

C'est un Kabyle du nom de *Dahmam ben Kantoush*; il nous a été amené par M. de La

16

Brousse, chef du bureau arabe de Sétif, comme un objet curieux à voir.

Une nuit que, roulé dans un burnous tout neuf et sentant le suint, ce brave Kabyle dormait à la belle étoile du sommeil de l'innocence, un lion rôdeur qui, sans doute à jeun comme le loup de la fable, cherchait aventure, et *que la faim en ces lieux attirait*, trompé par l'odeur de la laine, le prend pour un superbe mouton, et, le saisissant à belles dents par le burnous et sa doublure, la peau du ventre, l'emporte à travers monts et vaux, pour son déjeuner du lendemain, vers son domicile politique. Mais notre ami *Dahmam ben Kantoush*, après s'être cru pendant quelques instants la proie d'une horrible colique ou le jouet d'un cauchemar non moins affreux, ouvre un œil, puis deux, et, reconnaissant la réalité plus terrible encore que le rêve, se met à pousser de tels cris, à baragouiner de telles imprécations, que le lion, ennuyé de ce bavard, et reconnaissant qu'il n'a pas affaire à un benêt de mouton, comme il l'avait cru d'abord, lâche brusquement mon Arabe et s'en va à ses affaires.

*Dahmam ben Kantoush* porte depuis ce jour, et montre à qui les veut voir, les marques des deux formidables mâchoires qui, comme des tenailles, l'ont enlevé et transporté pendant un trajet qui dut lui sembler long. La miss de Biskra n'eût pas manqué, si le hasard l'eût mise en présence de mon Arabe, de se faire montrer les preuves à l'appui, tout en murmurant, sous son voile chocolat, des shoking ! réitérés...

Cette anecdote a été envoyée au *Journal des Chasseurs* par M. de La Brousse, qui nous a présenté le héros de l'aventure.

Ce matin, 14 avril, jour du vendredi saint, le hasard nous a fait passer devant la synagogue en nous rendant à notre office. Les chants, ou plutôt le tumulte étrange qui s'y faisait, ont attiré notre attention, et la porte étant grande ouverte, nous nous sommes arrêtées sur le seuil pour voir ce qui s'y passait.

C'était la Pâque et la commémoration, joyeuse pour le peuple d'Israël, de la mort de Notre-Seigneur Jésus-Christ.

Les juifs, parés de leurs plus beaux vêtements, remplissaient la synagogue. Un grand nombre jetaient sur leurs épaules, en entrant, de larges écharpes à raies noires et blanches, puis ils psalmodiaient en nazillant des psaumes en langue hébraïque.

Au milieu de ce temple, sur une petite estrade entourée d'une balustrade, le principal rabbin, la tête couverte d'un voile, dirigeait la prière en s'agitant d'un pied sur l'autre pour simuler les longues marches d'Israël dans le désert.

Un riche israélite coiffé d'un énorme turban de mousseline d'un jaune pâle et chaussé de cuir verni, s'il vous plaît, nous voyant arrêtées sur le perron, est venu de la manière la plus polie nous offrir d'entrer et de nous asseoir. A cette honnête proposition, une horreur secrète s'est éveillée en nous. Cette race qui, à Paris, ne se montre en rien différente de tous, nous a semblé tout à coup flétrie, stygmatisée, maudite. En ce moment, les clameurs de toutes ces voix nous ont semblé féroces, elles augmentaient d'intensité, au point que les passereaux et les hirondelles des combles s'enfuyaient éperdus. Nous croyions entendre tout ce peuple crier dans son délire : *Crucifige! crucifige! que son sang retombe sur nous et sur nos enfants!...* Nous avons reculé avec une sorte d'horreur au lieu de pénétrer dans l'intérieur. Cependant, la curiosité féminine est telle, que, pendant une demi-heure encore, nous avons voulu voir, mais du dehors, une singulière cérémonie s'accomplir. Tout juif curieux d'avoir du rabbin une sorte d'oracle, d'horoscope, de révélation, montait sur l'estrade. Une espèce d'enchère avait lieu, puis le rabbin ouvrant l'Ancien Testament, au hasard, lisait la phrase qui commençait la page, et recevait une offrande en argent, du juif qui se retirait pour faire place à un autre curieux. Pendant les intervalles, le rabbin disait à haute voix : *Ecoute, Israël ! il n'y a qu'un seul Dieu !*

A ces mots, tous les assistants se voilaient précipitamment la face.

C'est presque la même phrase que celle si souvent répétée par les musulmans : Il n'y a d'autre Dieu que Dieu, et Mahomet est son prophète.

Après cette séance, nous nous sentions un besoin extrême d'aller nous prosterner au pied de la croix. La chapelle chrétienne, pleine de recueillement, le Saint-Sépulcre, orné de fleurs et de lumières, nous ont reposé l'âme, et nous bénissions Dieu de nous avoir fait naître dans cette religion d'amour et de pardon. Le contraste singlièrement frappant de ce qui se passait dans les deux temples nous avait émues, attendries.

Le dénûment tout primitif de cette chapelle, les moyens si restreints que le curé avait à sa disposition pour la célébration des offices nous touchaint le cœur, au lieu de nous sembler choquants. Ainsi, lorsque, faute de chantre pour réciter avec lui la Passion de Notre-Seigneur, il a fait chanter en partie dans la tribune, par de jeunes enfants, la complainte populaire qui la raconte si naïvement, sur l'air : *Que ne suis-je la fougère!* nous nous sommes senti les yeux humides. Ce pauvre curé, plein de zèle et de dévouement, consume sa vie en efforts à peu près stériles, pour élever au rang qui lui est dû sa mission à Sétif. Quelquefois, aux grandes fêtes, cinq ou six jeunes filles et deux belles voix d'hommes, accompagnés sur l'harmonium par un jeune zouave, chantent des morceaux religieux de la façon de Concone. Ces jours-là sont des jours de désolation pour nous, tant l'exécution laisse à désirer. Il y a entre autre un certain *Regina cœli* sur le rhythme de la polka, qui est d'une audition cruelle. Enfin il ne faut voir que l'intention et s'en tenir là.

Le climat de Sétif est, dit-on, peu agréable en été; de grandes chaleurs mêlées à beaucoup de poussière dans les rues très larges et ouvertes rendent cette saison difficile et pénible à traverser. Un fléau tout à fait biblique désole de temps à autre cette contrée : ce sont les sauterelles.

Dans l'été de 1852, une nuée immense de ces petits monstres, longs de deux pouces et plus, s'abattit sur la ville et ses environs; en quelques heures, moissons, fruits, feuilles et fleurs, tout fut dévoré.

Ces sauterelles hideuses envahissaient jusqu'à l'intérieur des habitations, et sur les tables mêmes dévoraient des fruits, de la mie de pain ou des gâteaux. Ce phénomène devint un moment si intolérable, l'air était tellement obscurci, que l'on essaya des plus étranges moyens de défense : les trompettes, la grosse caisse, les coups de fusil, le canon même furent employés et restèrent sans effet; de grands feux, allumés au risque de brûler la ville, ne furent pas d'un plus heureux résultat, et une complète dévastation put seule décider ces voyageuses maudites à quitter la place.

Elles disparurent. Que devinrent-elles? Où portèrent-elles ce redoutable appétit, septième plaie dont le Dieu d'Israël frappa jadis l'Egypte ennemie de son peuple? J'aime à croire qu'elles moururent d'indigestion, et par conséquent ne désolèrent aucune autre contrée, ou bien elles furent mangées elles-mêmes, ce qui se fait en certains pays comme régal; entre autres dans le grand désert.

On leur ôte la tête et les pattes puis on les grille et on les croque ; pourquoi pas? Ces bêtes ailées sont moins faites pour inspirer de la répugnance qu'une foule d'autres qui font nos délices. Un des amis du prophète, *el Asnaï*, prétend avoir lu sur l'aile d'une sauterelle : C'est moi qui suis Dieu. Je suis le Dieu des sauterelles, je les nourris. Je les envoie aux peuples quand je le veux, tantôt pour les enrichir, tantôt pour les punir. Elles sont mes troupes et mes armées pour dévaster la terre. Inclinez-vous, croyants!

Les arbres que l'on plante sur le penchant de la colline où s'élève Sétif poussent avec une rapidité extrême, mais vivent peu de temps. On y affectionne tout particulièrement les saules pleureurs. Une quadruple allée qui longe la route d'Aumale du côté opposé aux jardins fait l'office de musée en plein vent. On y range toutes les statues, les colonnes et les vases extraits du sol en creusant les fondements des maisons françaises. C'est un pandœmonium curieux qui le soir, au clair de lune, produit un mélancolique effet. La statue assez complète d'un vieillard porte sur son piédestal ces mots: *Pater Setifis*. C'était peut-être le fondateur de la ville. A l'extrémité de l'allée, au centre d'un rond-point entouré de bancs s'élève sur une colonne antique le buste en marbre blanc du pauvre duc d'Orléans. Ce buste, resté debout et respecté, semble régner sur les fragments réunis dans ce coin de terre écarté ; ruine moderne d'une haute et trompeuse destinée, il mêle une tristesse de plus à ces tristesses antiques attachées aux ruines d'une splendeur évanouie.

A quelques pas du cours d'Orléans commencent à se montrer les douars des nomades qui viennent camper aussi près que possible de la ville. Leurs tentes basses et noires sont défendues par des chiens kabyles, aboyeurs impitoyables ; ces tribus semblent pauvres. Les hommes sont âniers ou chamelliers et gagnent ainsi quelques *sordis* à la ville. Il faut s'éloigner de plusieurs lieues pour rencontrer de riches tribus. Quelques-unes ont des noms prétendus historiques. Les *Ben-Zegri*, par exemple, se croient vaguement, car leurs notions historiques sont fort obscures, descendants des *Zegris*, tribu rivale des *Abencerrages*, vers la fin du séjour des Maures en Espagne.

L'auteur du *Dernier Abencerrage* met en scène cette tribu puissante.

Les *Mokrani*, dont le sheik, mort l'année dernière, était kalifah de la Medjana, riche contrée à l'ouest de Sétif, et dont les fils, *Mohamed* et *Lardar*, en sont aujourd'hui caïds, se prétendent issus d'un sire de Montmorency (Sidi el Mokrani), lequel, après avoir suivi saint Louis à la Croisade, resta prisonnier d'un émir, épousa sa fille, embrassa l'islamisme et devint leur aïeul. Ils se montrent fiers de cette origine française et sont nos amis fidèles.

Une chose véritablement curieuse en Afrique, c'est d'entendre certains Français parler du caractère arabe. A les en croire, ce peuple est un composé de fourbes, de brutes engourdies par une vie toute matérielle, de natures inférieures, que nous dominons de cent coudées comme intelligence, etc., etc.

Ceux qui parlent ainsi, dépourvus eux-mêmes de toute élévation dans les idées, de tout sens poétique et rêveur, de toute impartialité dans leurs jugements, manquant évidemment d'aptitude pour observer et scruter les détails, tranchent la question à bâtons rompus d'une manière péremptoire. C'est un parti pris. Cela pourrait malheureusement faire illusion à ceux qui ont besoin d'opinions toutes faites et les adoptent sans examen. Par bonheur, des intelligences d'élite, des esprits qui unissent une autorité de position et de talent incontestable à une grande sagacité, ne partagent point cette manière de voir.

Lorsque mes propres et modestes notes seront écrites, que mes jugements et mes appréciations seront formés, mais pas avant, je me donnerai le plaisir de lire plusieurs ouvrages sérieux et intéressants sur ce sujet. Je pourrai constater alors des erreurs, des omissions importantes dans mon travail, mais j'éprouverai une grande joie à me sentir d'accord sur beaucoup de points avec les auteurs de ces livres, dont je ne connais encore que les titres, ne voulant m'inspirer que de ce que je vois par moi-même. Je l'ai dit, ceci est un livre de femme. Ce n'est pas un travail sur l'Algérie et ses habitants; je manquerais d'haleine pour une semblable entreprise; c'est tout simplement mon voyage, tel quel, et mes visées toutes féminines : qui m'aime me suive !

Les Arabes sont tous poëtes à un degré différent. bien entendu. Mais du haut en bas de leur échelle sociale, Dieu d'abord, la nature ensuite, la tradition qu'ils se transmettent, et qui est à peu près leur seule histoire, l'amour et la guerre, tels sont les sujets constants de leurs pensées et la grâce de leurs discours ; on peut citer d'eux un grand nombre de poésies charmantes et un plus grand nombre encore de pensées poétiques d'un sens délicat et pénétrant, connues et citées comme nos proverbes ou nos maximes le sont par nous.

Leur vie, dénuée de tout intérêt industriel, de toute fiévreuse activité pour le lucre, ne connaît point les préoccupations qui rongent la nôtre, ni les mesquines conventions sociales qui nous entortillent de leur inextricable réseau. De là leur liberté intellectuelle. Or, comme cette liberté ne se prend point à la science, elle se nourrit de poésie. Il ont tant de loisir pour voir et rêver ! et leur vie en plein air s'y prête si bien !

On les accuse de fourberie, de fausseté, de déloyauté même. Je n'oserais m'étendre à ce sujet dans un plaidoyer en leur faveur. Ce serait une accusation en règle contre nous. Je dirai seulement que si une nation quelconque venait nous imposer son joug, habiter nos provinces, nous écraser de sa force irrésistible, nous userions peut-être de quelques-uns des moyens dont ils ont essayé envers nous.

Leur grand et irrémédiable malheur est leur division. S'ils étaient une nation compacte, nous ne serions plus chez eux.

Dieu fasse que nous les traitions avec générosité et intelligence de leur caractère. Je le souhaite du fond de l'âme, ce sera du moins une raison de nous faire pardonner notre envahissement et les prétendus droits que nous nous arrogeons.

Femme ! Femme ! de quoi parles-tu là. Vite un autre sujet, tu ne comprends rien ou pas grand chose à ces graves questions.

Je passe condamnation et je poursuis.

La chevalerie s'est réfugiée sous leurs tentes. Les femmes qu'ils semblent traiter comme inférieures, ont en réalité une iufluence très grande sur leurs actions. Elles vivent à leur ombre et sous leur bouclier. Ils les adorent. Leur jalousie même en est la preuve.

L'esprit de la famille vit en eux comme chez les patriarches.

Les fils sont soumis et respectueux. Le droit d'aînesse règne toujours chez ces peuples qui se font une gloire de vivre comme ont vécu leurs pères, de se vêtir comme ils se sont vêtus, ignorants de cette étrange puissance qu'on nomme la mode.

Le sceptre de cette souveraine est souvent une marotte qui fait de nous tous, hommes et femmes, les plus ridicules caricatures. Ce qu'il y a de bon, c'est que nous le savons, nous le reconnaissons nous-mêmes. Nous ne pouvons voir une gravure de mode, vieille de quatre ans, sans rire, sans hausser les épaules; mais l'empire existe et toute résistance serait une source d'humiliations intolérables. Nous voilà donc atteints et convaincus de faiblesse morale et d'aberration mentale. Le cas est grave.

Passons outre, pour ne pas être exposés à reconnaître notre infériorité, sur ce point, vis-à-vis des Arabes.

Les membres pauvres de ces familles nombreuses ne sont ni exclus, ni oubliés. Ils vivent de la vie et du bien du chef de leur famille, forment sa maison, sont traités par lui comme égaux et offrent en échange de ce qui n'est pas un bienfait, mais une noble et généreuse coutume, un dévouement et une fidélité bien rarement trahis. Cela est beau et vaut mieux que beaucoup d'autres arrangements.

Leurs femmes, qui presque toutes portent des noms de fleurs, doivent, il est vrai, se résigner, comme les fleurs, dont elles sont les filleules, à passer vite, à changer de position dans la famille. Hélas! la fleur devient fruit, puis noyau ou semence de la fleur à venir. Cette loi de nature se retrouve en vigueur dans la famille arabe. Ces pauvres fleurs flétries font alors des confitures, des bonbons et des pâtes d'abricot. Cela a bien sa douceur.

Je vois qu'on nomme Kabyles ou Kabaïles, non pas seulement les tribus qui habitent la Kabylie, pays situé depuis Constantine jusqu'à la Mitidja, et depuis la mer jusqu'à Sétif, mais encore tout ce qui se trouve dans les autres contrées montagneuses de nos possessions.

Chez ces tribus, d'une nature plus active, plus industrieuse que les Arabes proprement dits, les femmes travaillent dès leur jeunesse, excepté celles qui font partie des familles riches, qu'on pourrait nommer l'aristocratie du pays.

La culture de la terre, la fabrication de certains objets de commerce occupant leurs maris, elles sont elles-mêmes chargées de certains travaux et peut-être en sont-elles, en réalité, plus heureuses, car l'oisiveté apporte avec elle bien des ennuis dans la vie enfermée.

On dit les Kabyles braves et intelligents, propres à progresser sous beaucoup de rapports. Ces montagnards sont une race bien différente de ce que j'ai vu jusqu'alors. Je les jugerai mieux plus tard.

Je ne veux parler que de ce que j'ai vu, et

je le répète, le calme digne des Arabes que j'ai rencontrés, joint à l'ardeur d'un sang généreux, la courtoisie de leurs manières, leur douceur unie à un courage incontesté, leur héroïque impassibilité dans les souffrances, la noblesse réelle de leur maintien, leur fidélité et leur soumission à ce qu'ils croient des prescriptions divines, en font une nation supérieure en somme, sous bien des rapports, à plus d'une qui se targue d'être civilisée depuis des siècles.

Dans la balance de l'équité, ces hommes nous valent bien, et même si l'on considère le milieu dans lequel ils vivent, si l'on fait la part des conditions respectives, ils valent mieux que nous.

6 mai.

Nous quitterons sous peu Sétif pour aller en traversant la Kabylie du Sud au Nord nous établir pour quelques semaines dans la charmante *Buggià*, au bord de la Méditerranée. Les chaleurs de mai, déjà fortes pour des femmes du Nord, nous feront apprécier mieux encore les brises de mer de son golfe enchanteur. Joyeuses de cette perspective qui nous montrera l'Afrique différente de ce que nous l'avons vue jusqu'à présent, c'est-à-dire embellie d'une admirable végétation jusque dans ses plus hautes montagnes ; c'est une compensation du mécompte survenu pour notre voyage de Biskra ; nous faisons nos préparatifs.

Depuis hier, les nobles *Mokrani* (prétendus Montmorency) sont venus camper sur nos gazons. Leur smala se compose au moins de 200 personnes, les chevaux sont plus nombreux encore. C'est, comme on sait, une partie de la famille. Nous passons tout notre temps à la fenêtre, derrière nos persiennes, pour regarder *vivre* ces riches *seigneurs de la tente* d'une vie étrangère à nos usages, à nos idées, dont les faits et gestes sont pour nous un spectacle intéressant.

Les *Mokrani* viennent à Sétif pour se mettre en bons rapports avec le général Maissiat, nouvellement nommé à ce commandement.

La nuit dernière j'avais craint que ces deux centaines de voisins improvisés faisant irruption près de mes fenêtres ne m'empêchassent de dormir, il n'en a rien été ; le silence était si profond vers minuit, malgré le grand nombre d'animaux attachés autour des tentes, qu'un moment j'ai pensé que cette brillante smala s'était évanouie comme une apparition trompeuse ou était repartie sans que je m'en fusse aperçue. Je me suis levée; la lune inondait de sa lumière romantique les tentes rayées de brun et de blanc pour les cheïks, unies par les serviteurs. Quelques-uns priaient à voix basse sous ces abris indiscrets. Le nom d'Allah arrivait à mon oreille avec le chant d'un rossignol habitant des jardins près des sources. En dehors du mur de la ville, le cri plaintif des chacals errants se mêlait au maigre croassement des rainettes, petites grenouilles vertes qui peuplent les fossés secs de la ville. Mes chères montagnes voilées d'une vapeur argentée semblaient dormir à l'horizon, et quelque hennissement bien affaibli par la distance faisait songer au voyageur attardé dans la plaine.

Cette nuit si pure me restera présente, la distance n'existait plus pour moi, j'étais sur la terre africaine. Ces hommes qui dormaient sous mes yeux étaient des Arabes, des étrangers, et pourtant je ne me sentais pas éloignée des lieux où ma vie s'écoule depuis l'enfance. La terre est si petite sous le ciel, la nuit !... Ces mêmes astres étaient vus de mon pays, mon âme planait, pour ainsi dire, dans l'espace, je voyais les lieux que mon cœur préfère dans ma bien - aimée France, et tout à la fois ce doux paysage africain endormi sous mes yeux. De cette hauteur de sensation, tout me semblait près de mon cœur. C'était une impression délicieuse, mais triste où le passé, le présent et même l'avenir se confondaient vaguement. On ne retrouve plus ces moments-là. On ne peut les faire renaître, pas plus que les définir. J'ai eu peine à m'arracher à cette rêverie nocturne, à ce tableau mystérieux dont les moindres détails étaient pleins de charme; c'était une jouissance pénétrante que je ne retrouverai plus jamais.

Pour les derniers jours de notre séjour ici, une fête originale nous a été donnée. Le programme en serait piquant et varié, car elle était suisse, arabe et française à la fois.

C'était dimanche, 7 mai, pas un nuage dans l'azur du ciel.

*Aïn-Arnath*, principal village suisse de la colonie agricole de Sétif, fondée par la Compagnie genevoise, célébrait sa première fête champêtre; les danses, les chants, le tir à l'arbalète et les collations sur l'herbe devaient attirer toute la population de Sétif.

En effet, dès midi la route se couvrait de

véhicules de toutes sortes, mais bien plus encore de gens à pied, car les machines roulantes, quelles qu'elles soient, sont encore bien rares à Sétif. Des musiques nègres composées de tambourins et de flûtes s'acheminaient vers le lieu de la fête pour y gagner quelques *sordis*.

Mme Maissiat, le général et nous trois étions convenus de nous y rendre à cheval et ensemble. Il faut encourager la joie et la confiance chez ces bons colons suisses, qui n'ont pas encore recueilli grand chose pour prix de leurs sacrifices et de leurs efforts. La visite du général commandant en chef la subdivision était une preuve d'intérêt à laquelle cet homme excellent n'aurait pas manqué.

Dès midi, notre petite cavalcade, réunie à la porte d'Aumale, se mettait en marche, mais peu à peu elle s'augmentait d'une brillante escorte composée de tout ce que Sétif renferme de cavaliers heureux de se montrer en fringant uniforme sur des chevaux arabes si ardents et si doux à la fois.

Cette espèce de cortége, en tête duquel chevauchaient trois femmes et un général en grand uniforme, sur sa selle de velours cramoisi, comptait déja à une demi-lieue de la ville, plus de cent cavaliers se tenant un peu en arrière et conservant une allure calme afin de ne pas trop animer nos chevaux, lorsqu'un tonnerre sourd se fait entendre du côté de Sétif, le sol tremble, un nuage de poussière nous enveloppe, des éclairs brillent des deux côtés de la route, et des cavaliers aux vêtements flottants passent comme des flèches sur nos flancs, nous lançant une volée de coups de fusils ; c'était une fantasia. C'étaient les brillants Mokrani qui nous faisaient fête à la façon arabe... A cette incessante fusillade, qui se prolonge sur toute la longueur de notre troupe, l'odeur de la poudre, la fumée, la poussière nous enveloppent de toute part, nous cachent le soleil; nos chevaux s'animent, s'excitent, et dans un véritable délire, nous franchissons les deux lieues qui nous séparent d'*Aïn Arnath* toujours entourés par les Mokrani et leur smala étincelante. Quelle course! quel vertige! quel enivrement! C'est donc là une fantasia?

Ces Arabes couverts d'or, le burnous au vent, debout sur leurs larges étriers, lançant leur fusillade dans les jambes de nos chevaux ou bien au-dessus de nos têtes, rejetant rapidement le fusil déchargé au serviteur qui le saisit au vol, puis leur en présente un nouveau avec la même prestesse sans ralentir le galop effréné, revenant sur leurs pas, ventre à terre, pour nous dépasser de nouveau, ce sont nos amis les Mokrani, nos voisins d'un jour... si paisibles, je dirai même si indolents hier sur les gazons de Sétif. De longues housses de soie brillante, aux couleurs les plus élégantes, voltigent aux flancs de leurs chevaux ; ces housses se nomment *chelil* et ne paraissent qu'aux grandes occasions. Les baudriers, les cartouchières couvertes d'or, les couleurs éclatantes des vêtements sur lesquels voltigent au vent de la course les gandouras légères et transparentes ; tout cet ensemble est d'une grâce et d'une richesse qui reporte au temps des carrousels les plus splendides, aux tournois chevaleresques du moyen âge. Entourés de toute cette brillante cavalcade, nous volons plutôt que nous ne galopons. Nous sentons sur nous l'haleine brûlante de tous les chevaux qui nous suivent, retenus à grand peine par leurs cavaliers, et je ne sais par quel miracle il n'est arrivé aucun accident, car un chien effrayé s'étant jeté au milieu du tourbillon, plusieurs chevaux lancés ventre à terre ont fait des écarts prodigieux. A ce train, nous sommes vite rendus à la porte du village suisse. Une salve de coups de fusil nous y accueille, un roulement de tambour lui succède, puis une harangue nous est adressée, ou plutôt est adressée au général. Dans cette harangue, il est fort question de Guillaume Tell. Nous entrons en passant sous un arc de triomphe en feuillage. A droite, une musique nationale composée de hautbois, de cornemuses et de voix assez peu mélodieuses, nous exécute une cantate où il est encore beaucoup question de Guillaume Tell. Plus loin, de jeunes vierges suissesses, la plupart frisant la quarantaine, et quelque peu hâlées, uniformément vêtues de percale blanche avec des ceintures en ruban de satin rose, à longs bouts noués sur le cœur, les cheveux nattés sous leur large chapeau de paille, selon l'antique usage de leur mère-patrie, nous offrent des fleurs... toujours au nom de Guillaume Tell. Nous mettons pied à terre et nous allons nous asseoir dans une enceinte destinée aux danses. Elle est ornée de mâts vénitiens avec force banderolles au vent, sur lesquelles se lit le nom chéri de Guillaume Tell.

Là, le général donne le signal et, par ordre supérieur, les aides de camp et les jeunes officiers font valser sur un véritable turf bien poudreux les filles carrées de Guillaume Tell. Mais bientôt, cédant la place aux nombreux amateurs notre illustre compagnie se retire et nous allons prendre place, chez le bourgmestre, à une robuste collation où nous devons naturellement boire à la santé de Guillaume Tell et de ses enfants, descendant en ligne directe du jeune homme à la pomme. Cet excellent goûter, rendu précieux par notre violent exercice de la matinée, se composait presque entièrement de la chair d'un utile animal fort cultivé dans les concessions, et préparé en autant de combinaisons que le nom illustre de Guillaume Tell.

Après ce temps de repos, nous nous rendons sur l'emplacement du tir à l'arbalète et à la carabine.

Là, on retrouve plus vivace encore le souvenir de Guillaume Tell. Nos amis les sheiks arabes prennent part à ces jeux avec une adresse parfaite et gagnent d'emblée le prix de Guillaume Tell.

Il était temps que cela finisse, ce nom devenait une scie organisée, le fou rire nous gagnait de proche en proche à ce nom vénéré, y céder eût été fort inconvenant. Nous sommes remontés à cheval enchantés de notre promenade: beaucoup de gens ne faisaient encore qu'arriver, entre autres le malencontreux omnibus marseillais dont je crois avoir parlé, comme faisant depuis le premier mai l'office de diligence entre Sétif et Constantine. On l'avait détourné ce jour-là de sa direction ordinaire, je dirai même de son devoir, pour apporter des amateurs à la fête ; mais fidèle à ses habitudes, il avait trouvé moyen de verser en place parfaitement droite au beau milieu de la grande rue *d'Aïn-Arnath*, avec les douze ou quinze personnes endimanchées qu'il contenait.

Nous serions mortes de rire ces dames et moi à cette triste vue, si l'on ne nous eût dit qu'il y avait dans tout cela un bras cassé ainsi que les respectables lunettes du Cadi de Constantine venu en visite dans cette contrée. Nous reconnaissions ce digne fonctionnaire dont la tête coiffée d'un volumineux turban sortait de la voiture par une glace brisée; on allait le hisser par cette ouverture au moment où nous passions. Ses gros yeux ronds et effarés, privés de leurs lunettes, avaient une expression navrante, mais le majestueux turban était sauf.

A peine hors d'Aïn-Arnath (1) la fantasia re-

(1) Au moment où l'on imprime le récit de ma course à Aïn-Arnath, j'apprends que tous ces villages sont abandonnés, que les pauvres colons suisses ont eu le triste sort de tant d'autres. J'en ai le cœur serré.

commence. Nous ètions aguerries cette fois et assez de sangfroid pour admirer, tout en volant au triple galop, la bonne grâce et la liberté d'action de nos chevaleresques compagnons. En quelques minutes nous étions à Sétif ; que sont deux lieues et demie par une semblable allure ? pas le plus léger accident n'avait eu lieu dans notre troupe. Le soir, le général qui avait préalablement envoyé une abondante *difà* aux scheiks, les a conviés à une représentation théâtrale, pensant que ce spectacle inconnu leur serait peut-être agréable. Nous n'avions garde d'y manquer nous-mêmes, pour voir quelle mine feraient ces sauvages, ces ours, ces fils du désert devant ce divertissement de la civilisation la plus raffinée. Placées dans la loge de M^me^ Maissiat en face des scheiks invités, nous avons eu le spectacle des Mokrani au spectacle.

L'effet a été pour nous tout à fait imprévu. Après avoir regardé autant la salle que la scène pendant quelque temps, souriant doucement aux gestes et aux éclats de voix des acteurs qu'ils ne comprenaient pas le moins du monde, ils se sont trouvés mal assis et peu à peu se sont couchés sur les banquettes. Puis posant leurs têtes les uns sur les autres, les plus jeunes sur les plus vieux qui les soutenaient avec complaisance, ils se sont tout bonnement et naïvement endormis, sans se douter qu'ils commettaient une grosse inconvenance. Enveloppés de leurs burnous blancs ou écarlates, le capuchon sur les yeux, ils nous faisaient l'effet d'une bande de moines fourvoyés en ce lieu.

Quelques-uns, dans leur sommeil, posaient leurs pieds sur le bord en velours de la loge, mettant ainsi leurs babouches au lieu et place du bouquet et de l'éventail. Le général qui nous voyait rire de cette exhibition inattendue de nos pauvres amis si charmants le matin, ne disait rien de leur tenue intempestive; dès lors, le reste de la salle ne se permettait pas de murmurer. Enfin, il a eu pitié de ce sommeil insurmontable que la fatigue expliquait et auquel ils cédaient dans leur ignorance complète de nos bienséances françaises ; il leur a fait dire qu'ils pouvaient se retirer, ce qu'ils ont fait avec empressement.

Adieu, Sétif. Demain, 9 mai, nous quittons tes rues droites où la poussière aveugle les passants. Adieu, vent fatigant des grandes plaines que les maisons généralement basses n'arrêtent pas. Adieu, pauvre petit vallon des jardins où les saules et les peupliers poussent si bien et meurent si vite. Adieu, contrée riche et fertile en céréales, mais dépourvue d'ombrage ; je ne vous regrette pas. Mais adieu, vous que je regrette, vieilles montagnes du lointain, je me sens Arabe au sujet des montagnes. Adieu, sombre repaire des lions, vieux *Bouthaleb*, à la chevelure de cèdres noirs ; et toi, *Djebel-Jussef*, au beau lac plein d'anguilles. Adieu, *Sidi-Brao*, pointu et moqueur, que je regardais au matin presque malgré moi, car je te gardais une dent depuis mon arrivée dans ton domaine, et Dieu sait pourquoi. Quant à moi, je ne le sais guère. Lorsque ta pointe était rose, Sidi-Brao, je savais qu'il ferait beau temps. Si elle était grise ou cachée dans les nuées, il fallait se défier et rester au logis.

J'en conviens à cette heure suprême du départ, Sidi-Brao, tu ne m'as jamais trompée et tu as remplacé pour moi le baromètre absent. Adieu, mes frères de la Medjanâ, braves et fidèles Mokrani ! vous repliez ce matin vos tentes, tandis que nous, nous faisons nos malles. Vous partez, mais votre smala légère reviendra. Elle parcourt incessamment ces contrées qui sont votre patrie. Vous revenez toujours comme les hirondelles, quand le cœur vous en dit, tandis que moi qui m'en vais vers le nord aujourd'hui, puis bientôt au-delà de la mer, il est probable que mes yeux ne vous verront plus. Du reste, le doute plane sur tout en ce monde. *Qui sait?* c'est ma devise, l'homme ne sait rien de sa destinée, ce qui lui épargne souvent de cruels soucis. Cette ignorance est un bienfait de plus. Remercions-en le maitre de toutes choses.

---

## De Sétif à Bougie.

### I

En sortant de Sétif par la porte du Nord, on est en Kabylie. Des collines pierreuses et complètement stériles, sans élévation, sans accidents pittoresques semblent comme le prélude des hautes montagnes qui nous sont promises.

On les dit dignes de la Suisse, ces belles montagnes, et, suivant le précepte de Mahomet, puisqu'elles ne veulent pas venir à nous, nous allons à elles.

En quittant Sétif, nous n'avons pas le cœur serré comme à notre départ de la vieille et vénérable Constantine. Nous n'en regrettons que quatre ou cinq personnes, et encore les reverrons-nous sans doute en France. Nous avons tout lieu de l'espérer.

Les charmantes hirondelles de notre toit ont eu notre adieu le plus tendre. Elles faisaient leur toilette au soleil levant ce matin, et nous ont regardé monter à cheval avec de petits gazouillements affectueux. Notre gentille maison de Sétif n'avait qu'un rez-de-chaussée peu élevé. Le toit était proche. Depuis tantôt deux mois nous vivions dans les meilleurs termes. Chaque matin, les miettes de pain du déjeuner étaient déposées sur le rebord de ma fenêtre, elles venaient les y prendre sans frayeur. Je les aimais, elles étaient belles et grandes, plus grandes que celles qui me visitent en Normandie.

A ce propos, un brave pêcheur de nos côtes de la Manche m'a affirmé avoir mis autour de la patte d'une hirondelle un petit ruban de fil blanc où sa fille avait écrit : *Bernières-sur-Mer*. L'année suivante, elle revint. Sa patte était enveloppée. On saisit doucement la voyageuse intrépide ; on défait le ruban et on lit : *Ninive, près Jérusalem*. Cela fait rêver.

Ah ! si celles de Sétif, avec leur plumage noir aux reflets bleus, venaient visiter mon toit, se poser sur le magnifique bignonia que leurs sœurs aiment tant, comme elles seraient les bien venues !

Cette fois nous cheminons vers un pays soumis à peine depuis deux ans et quelle soumission ! L'an dernier encore, ses montagnes ont été le théâtre de plusieurs affaires sanglantes ; mais les troupes qui travaillent aux routes sont échelonnées sur la ligne que nous allons parcourir, aussi ne nous est-il pas nécessaire d'avoir une suite très nombreuse. On s'aguerrit vite en ce pays, et je n'éprouve nulle inquiétude. Cette fois point de chariots. Les chemins interrompus des montagnes ne les permettent pas encore. Six mules de charge avec quatre soldats du train, deux Arabes muletiers et leurs bêtes, nos gens à cheval, la femme de chambre en cacolet, voilà la caravane. A la sortie de Sétif, nous avions laissé prendre les devants à cette petite troupe.

Nous nous faisions au départ de grosses gerbes de ces fleurs sans nombre, dont la campagne africaine est émaillée dans cette saison ; nous les fixions sur le devant de nos selles, dans les courroies de nos *gebira*. Il semblait que nous voulussions tout emporter, et M. de G... mettait sans cesse pied à terre pour nous en donner de plus jolies.

Tout en butinant ainsi, nous nous écartions sans y songer du sentier qu'on nomme la route de Bougie. Les collines toutes semblables les unes aux autres n'attiraient point nos yeux, elles en eussent trompé de plus attentifs par leur monotonie, d'autant plus que les mille sentiers que suivent les Arabes en regagnant leurs douars ressemblent comme deux gouttes d'eau aux chemins du génie français deux mois après que ceux-ci sont censés terminés.

Bref, au bout d'un heure, nous étions tous trois parfaitement égarés.

Le début n'était ni heureux ni sage, mais le soleil était si radieux, l'air si léger, la terre si fleurie! le balancement des fleurs en faisceau sur le cou de nos montures nous mettait tellement en belle humeur que nous n'avons point pris au sérieux cette mésaventure. Nos chevaux semblaient partager notre insouciance et faisaient, sans prévoir l'avenir, cette école buissonnière sans le moindre buisson. Cependant, comme on a toujours à ses trousses en ce monde l'éperon de quelque nécessité, il a bien fallu nous orienter de notre mieux pour rejoindre nos gens. Grimpant les mamelons, traversant à gué de petites rivières vives et frétillantes, qui déployaient là leurs grâces si fraîches au pied de ces maussades collines, rives sans ombrages, courant enfin à la découverte, exercice assez difficile dans ces ondulations sans fin, nous avons fini par apercevoir du haut d'un coteau la petite troupe cheminant paisiblement au pas des mules. Bientôt nous avons pu la joindre, et, tempérant notre fantaisie vagabonde, nous avons gardé désormais une allure plus prudente et plus digne ; mais nous renoncions bien à regret à ces velléités d'indépendance et de jeunesse ; c'est une satisfaction qu'on se donne si rarement ! Quel dommage de renoncer volontairement à ces douces choses quand, par hasard, elles se trouvent sur notre chemin !

---

## II.

De temps à autre nous rencontrions des familles de pauvres Arabes pasteurs, remontant comme nous vers le nord. Leurs troupeaux, qui cheminent avec eux, ont jusque-là vécu de blé vert dans les plaines du Tell; mais il faut maintenant laisser pousser et mûrir les moissons, par conséquent aller à la recherche des herbes fraîches dans les ravines et dans les vallées. Souvent le chef de famille, semblable au bon pasteur de l'Evangile, porte sur ses épaules l'agneau fatigué, tandis que la femme, coiffée parfois de la manière la plus étrange par le chaudron à couscousson, traîne ou porte les enfants en bas âge et chemine péniblement auprès de l'âne ou du mulet, chargé lui-même de la tente et des coffres de la famille.

D'autres, plus riches, ont un entourage plus nombreux; des serviteurs guident les troupeaux. Le chef est à cheval, les jeunes femmes sont en atatish. Ces rencontres nous transportaient en plein Israël; j'aime à croire cependant que la race bovine, *cultivée* par Messieurs les patriarches, était supérieure à la race lilliputienne que l'on voit chez les Arabes, de même que chez presque tous les colons de cette province. Le bétail que nous rencontrons est cependant infiniment mieux, comme forme, que celui qu'on voit dans les alentours de Constantine, mais c'est tellement petit que j'aurais pu emporter une jolie vache de Sétif dans une grande caisse à robes et à chapeaux.

Les femmes que nous rencontrons sont coiffées d'un petit turban noir posé sur une pauvre keffieh et sans voile. Elles portent toutes au cou un de ces petits miroirs ronds doublés de plomb ou d'étain, dont nos soldats se servent pour faire leur toilette au bivouac.

Ce sont eux, sans doute, qui ont introduit dans le pays cet ornement dont ces femmes ignorantes semblent fières, autant que de la plus belle agraffe en diamants.

Du haut de leurs oreilles retombent, en avant le long des joues, de grands anneaux d'argent qui supportent des grappes composées de verroteries de couleur, de grains de corail grossièrement montés en argent et de perles fines mais noirâtres. Cette parure qui accompagne le visage, et le tour qu'elles donnent à leur draperie d'étoffe, souvent en coton, ne manque pas d'une certaine grâce. Pourtant ces pauvres créatures, chargées dans cette partie du littoral de tous les travaux les plus rudes, sont flétries et sans beauté dès le jeune âge.

Les collines rocheuses, qui forment cette lisière de la Kabylie, sont d'une conformation singulière. L'action de l'air et du soleil pulvérise leur surface et il s'y forme des couches circulaires qui, semblables à des marches basses montant jusqu'au sommet, ressemblent un peu à des pyramides écrasées. Ce sont des terrains schisteux, mais blancs et non noirâtres comme les ardoisières. Pas la moindre terre végétale, rien de morne et d'aride comme ces tertres étranges. Pas le moindre lichen, pas un brin d'herbe ne peut croître sur leurs tristes pentes; s'il y naît, il y meurt bien vite sans avoir transmis sa vie due au vent du hasard.

Pourtant au pied de ces mornes rives serpentent souvent de belles eaux vives qui, perdant leur frais pour les dérider, s'en vont plus loin fertiliser quelque coin moins ingrat, jusqu'au jour où l'été d'Afrique desséchera leurs sources limpides.

Où va la pensée ? Je songeais, en traversant à gué ces jolies petites rivières maussadement entourées, aux efforts infructueux d'une femme jeune et aimable pour dérider, pour égayer un mari froid et grognon, ainsi que cela se voit quelquefois ailleurs qu'en Kabylie. Je vous demande un peu quel rapprochement peut exister entre ces deux ordres de choses? Enfin les pensées viennent toutes faites, et j'ai le tort de les dire comme elles viennent.

Sur la droite, à peu de distance de la direction que nous suivons, se trouvent les restes curieux d'une ville romaine, que les Arabes nomment *Djémilah*.

M. de G... l'avait visitée sans nous précédemment. Un arc-de-triomphe à triple arcade subsiste encore debout. Mais l'état des clefs de voûte fait prévoir une chute prochaine.

Tout a son terme ici bas, et comme pour toute chose

Voici venir pour lui l'instant suprême
De l'inévitable anathème....

Après cet emprunt fait à une élégie de ma connaissance, je reviens aux collines rôties qui nous regardent passer avec leurs yeux gris poussière.

Il me semble que Dieu, qui ne déshérite complètement aucune des parties de son œuvre, a dû cacher ici quelque richesse inconnue des hommes. Si c'était des diamants?... Ce sol brûlant et tourmenté doit ressembler, à l'élévation près, aux contrées où on les trouve dans les montagnes qui avoisinent Golconde. Avec un peu de bonne volonté de la part du soleil, quelle Californie cela ferait! Quel dommage de n'être pas un peu géologue! Je parle de ces précieuses choses, comme un aveugle des couleurs. Quand donc donnera-t-on aux femmes dans leur jeunesse une teinture élémentaire, mais juste et claire des sciences si intéressantes qui sont le partage exclusif du sexe fort et... j'allais dire le contraire de beau afin de rendre ma phrase plus claire, mais je m'arrête à temps.

Oui, c'est une triste chose que l'ignorance, surtout pour voyager! J'aurais peut-être fait là une découverte digne des *Mille et une Nuits*...

A défaut de diamants, il est réel que l'Algérie possède de grandes richesses métallurgiques, mais les ingénieurs des mines sont peut-être, en Afrique, comme le génie, qui s'absorbe dans la recherche et l'étude de l'antiquité au point d'en oublier le présent.

Vers onze heures, rencontrant enfin une vallée fraîche et bien gazonnée, nous avons songé à mettre pied à terre pour la grande halte et le second déjeuner.

En un clin d'œil les soldats de notre escorte avaient construit leurs petits foyers creusés en terre. Des herbes sèches, faute de bois, s'y allumaient au souffle de leur vigoureuse poitrine et suffisaient à faire bouillir, à mon grand étonnement, le café-soupe si apprécié ! Mais aussi quelle adresse dans la manière ! quelle économie dans le procédé! Nos soldats aiment l'Afrique pour la poudre et le café. Ce café bienheureux leur fait avaler toutes les misères, et le coup de fusil, tiré de temps à autre, les console de tous les ennuis.

Tandis que, déjeunant nous-mêmes au bord d'un ruisseau, devant la cantine aux provisions ouverte sur l'herbe, nous contemplions cette scène de voyage, on avait dessellé les chevaux et déchargé les mules afin que chacun pût jouir à l'aise de ce bon temps de repos. Sur les coteaux qui enserraient cette étroite vallée, quelques troupeaux, gardés par des bergers kabyles, broutaient l'herbe déjà sèche des hauteurs, réservant pour plus tard, sans doute, celle du vallon. Amusés par notre passage, ces bergers se communiquaient, d'un coteau à l'autre, par dessus nos têtes, leurs remarques sur nos faits et gestes. Quelle bonne fortune pour eux que notre venue dans cette solitude! Leur voix perçante, et de temps à autre les sons d'une petite flûte, bien primitive, imitant le gazouillement confus de certains oiseaux, sans mesure aucune et sans phrase possible à saisir, rompaient le silence de cette vallée. Notre irruption inattendue y avait apporté d'autres bruits; mais quelle idylle! étions-nous en Kabylie ou dans l'Arcadie des poètes? C'était à en douter.

Pendant que, l'esprit flottant dans ces bucoliques rêveries, nous nous laissions aller au vague engourdissement qu'une course matinale à cheval et un repas en plein air amènent naturellement, une des mules du train, après avoir sournoisement ébranlé son piquet, réussit à l'arracher entièrement, et prenant sa course vers Sétif, la voilà qui s'en.

retourne au triple galop, nous abandonnant à notre sort. D'énergiques jurons l'apostrophent au passage. Bah ! elle n'en galoppe que mieux. Trois hommes la poursuivent aussitôt ; mais (ce que c'est que le mauvais exemple !) une seconde mule, également mal attachée, décampe à son tour ; le reste de nos hommes la suit, et nous voilà seuls dans ce pré, voyant nos soldats, nos Arabes mercenaires et même nos domestiques s'enfuir en arrière comme des fous à la chasse des deux fugitives, la charge, de ces vagabondes, déposée sur l'herbe, eût fort aggravé la position de nos autres bêtes de somme, il était donc important de parvenir à les reprendre.

Je suis sûre que les bergers arabes riaient de tout leur cœur sur leurs coteaux respectifs ; mais nous étions si déconfits de cette défection inattendue dans les rangs de notre cavalerie que nous n'y songions guère. Quel ennui s'il eût fallu renvoyer à Sétif, à six lieues en arrière, chercher deux autres mules et laisser là, en attendant, une partie de notre bagage avec un ou deux factionnaires ! Faudrait-il continuer le voyage sans une partie de notre monde ou dresser nos tentes en cet endroit pour y passer la nuit prochaine ?

Nous attendions avec anxiété l'issue de cette course rétrograde qui n'était point sur notre programme, lorsqu'enfin, au bout d'une grande heure, nous avons vu revenir tous nos gens avec les bêtes. Les uns et les autres étaient pénauds, essoufflés, en nage. Il a fallu donner des consolations aux uns sous forme de liquide réconfortant, et une heure de repos de plus aux autres malgré leur tort notoire. Souvent la rancune cède à l'intérêt; c'était ici le cas.

Nos bons Arabes *de location* ont eu chacun un morceau de notre pain, c'est pour eux un grand régal; sans cette générosité, ils vous suivraient des jours entiers en se nourrissant de quelques dattes qu'ils emportent dans le capuchon de leur burnous et de l'eau des sources qu'ils rencontrent.

Au moment de remonter à cheval, M. de G*** nous a donné un petit spectacle fort divertissant. Connaissant ses Arabes à fond et sachant la joie qu'il allait leur causer, il a pris un air de grandeur et de munificence impossibles à décrire, et leur a noblement octroyé en don..... deux bouteilles... vides; les donner pleines, c'eût été offenser Mahomet. Dieu nous en garde sur ce terrain peuplé de fidèles croyants! Mais parfaitement vides et inutiles, cela s'appelle savoir tirer parti des circonstances. Ces bouteilles, abandonnées sur l'herbe du vallon, c'était moins que rien, tandis qu'on ne saurait se figurer la joie naïve qui a éclaté sur les bonnes figures mâles et douces à la fois de nos pauvres muletiers arabes. Ces gens qui ne possèdent rien, en fait d'ustensiles, n'ont pas même l'idée d'en acheter dans les villes, et du reste, ils n'en ont guère besoin. Ils vivent de si peu qu'ils enfouissent presque tout l'argent qu'ils gagnent. Mais quand on leur donne un objet de ce genre, leur joie est celle des enfants à la vue d'un jouet ou des sauvages du Nouveau-Monde recevant les verrotteries des matelots de Christophe Colomb. Aussitôt la scène de générosité terminée, ils ont passé dans leurs larges ceintures ces précieuses bouteilles qu'ils vont promener ainsi jusqu'à Bougie et retour.

---

## III.

A partir de la vallée surnommée par nous *de la Désertion* (des mules), la contrée, coupée par de nombreux ruisseaux, est devenue fraîche et verdoyante quoique toujours sans le moindre arbre. Des blés verts sur les collines, désormais cultivables, attestaient que, malgré l'absence apparente de tout être humain, la main de l'homme avait passé par-là en temps opportun. Depuis les bergers, témoins de nos mésaventures, nous n'avions pas rencontré un seul indigène; nous cheminions nonchalamment, dormant à demi sur nos selles, dans cette monotone nature, comme jadis les moines en tournée dans le ressort des grasses abbayes, lorsqu'à un détour subit du chemin le coup de théâtre promis a eu lieu.

Le terrain s'abaissant tout à coup devant nous s'est développé en un vaste et riche bassin semé çà et là de vrais arbres, grands, vigoureux, couverts de feuilles fraîches. Une exclamation joyeuse a salué leur apparition; nous les retrouvions avec bonheur, ces arbres. Depuis notre séjour à Sétif nous n'avions vu que des arbrisseaux peu viables, et il faut avoir été privé de la vue de ce bel ornement de la création pour sentir tout son charme.

Au-dessus de leurs têtes élevées de belles montagnes verdoyantes, puis encore des montagnes plus hautes, plus sévères, montrant leurs cîmes bizarres de formes : les unes boisées jusqu'au sommet, les autres couvertes de neige et gardant un air pensif; c'était la chaîne nommée les *Grands-Babords,* l'un des contreforts de l'Atlas. Ces lointains nous promettent pour le lendemain des paysages merveilleusement accidentés. En attendant ces futures jouissances de voyage, le présent était lui-même ravissant. Le bassin ondulé et frais s'étend sous nos yeux avec ses mille riants détails. Les arcades blanches d'une habitation arabe se détachent et tranchent sur la verdure des grands micocouliers (sorte de platanes). Des frênes élégants et des oliviers énormes les entourent et en font ressortir la blancheur. C'est le *bain* du caïd d'*Aïn-Roua* dont la maison de commandement se trouve à deux lieues plus loin, près du caravansérail où nous passerons la nuit. Une source chaude est là sous ces beaux arbres, elle se nomme *Aïn-Sfa*, et le caïd y vient souvent avec sa famille chercher la fraîcheur et la santé.

La vigueur, la souplesse des muscles, si appréciées des Arabes, se trouvent, sans doute, dans ces sources chaudes nombreuses en Algérie.

Il a fallu nous arrêter pour *croquer* d'en haut cette délicieuse retraite, en même temps que quelques réconfortants puisés dans nos *gébira*. Nous étions si aises de revoir nos amis les grands arbres! De la hauteur où nous étions nous ne jouissions pas de leur ombrage! Mais après avoir été pour tout régime aux infortunés saules pleureurs et aux peupliers enfants de Sétif, cette vue avait pour nous un charme extrême. Rien de plus ravissant que le sentier rocheux que nous suivions à mi-côte en contournant le bassin d'*Aïn-Sfa* au doux nom! un ruisseau bondissant qui, au lieu de descendre dans le vallée, s'amusait à couler horizontalement sur notre gauche, le suivait comme nous en nous lançant de fraîches émanations. Son lit était parfois recouvert de lianes qui le cachaient à nos yeux ; alors on l'entendait murmurer doucement, comme pour se plaindre; puis, tout à coup, ce même lit se montrait à découvert tout parsemé de quartiers de rocher, incrusté de gros fragments de cristal de roche qui scintillaient au soleil.

Nous avons détaché et emporté plusieurs morceaux de ces cristaux d'une assez belle eau.

Depuis le bord du ruisseau, en remontant vers le haut du coteau, des myriades de fleurs, la plupart inconnues, mais parmi lesquelles nous retrouvions avec plaisir l'œillet simple, le géranium rouge et les corolles étincelantes du grenadier, qui remplace en Afrique les broussailles de France, tapissaient les talus. Ces fleurs et cette eau vivifiante, à une hauteur relativement considérable, étaient un véritable enchantement.

A partir de ce moment, la traversée de la Kabylie nous a offert une suite d'aspects admirables, tant par le grandiose et le pittoresque que pour la fraîcheur et la richesse de la végétation.

Nous arrivions vers cinq heures, ravis de notre journée, au caravansérail d'*Aïn-Rouà*, ainsi nommé du nom de la source surprenante qui jaillit d'un rocher voisin. Cette source donne naissance sur l'heure, sans aucun affluent, tant elle est abondante, à une vraie et charmante rivière, qui se met à courir vers le vallon.

Peu d'instants à peine après avoir mis pied à terre, joyeux et sans fatigue aucune, nous étions déjà éparpillés aux alentours dessinant en attendant le dîner. La source, la rivière et les femmes du Caïd, qui y lavaient, selon la coutume des kabyles en piétinant de leur mieux sur le linge, posé à plat dans l'eau courante et sans profondeur ; tout nous appelait, nous attirait, tout pouvait être un sujet (on dit aujourd'hui un motif) pour nos dessins.

L'exercice assez étrange de ces princesses *Nausicaa* avait sans doute du charme pour elles, car elles s'y employaient de grand cœur en nous montrant leurs jambes brunes; elles semblaient danser sur place. Il est vrai que ce linge n'est pas *du linge*, mais seulement des pièces d'étoffes légères, transparentes, tissées en laine mélangée de coton et de soie. Tout cela se nettoie assez facilement, et le savon est inconnu, du moins en ce lieu.

On dit que vers Bougie il se fait une sorte de savon noir avec le résidu des huiles d'olive.

De temps à autre, elles retournaient les paquets qu'elles finirent par poser gracieusement sur leurs têtes pour remonter à la demeure du caïd, leur seigneur et maître. L'eau qui s'en échappait tombait en perles autour de leur visage et sur leurs épaules. Mais nous n'étions plus dans les harems de Constantine. L'or et les soieries avaient disparu des vêtements des femmes, et ces brunes Kabyles n'avaient rien à endommager dans leur ajustement. Leur manière de nettoyer peut n'être pas excellente au point de vue du résultat, mais le procédé ne manque ni de grâce, ni d'originalité pour amuser les passants.

Jeunes et assez jolies, ces femmes, vêtues de haïks en cotonnade à couleurs vives avec les grappes d'oreilles en verroteries et les gros bracelets d'argent scellés aux chevilles et aux bras, qui complètent *la toilette* d'une femme kabyle, passèrent près de nous en regardant curieusement nos croquis. Elles n'osèrent s'arrêter ; mais à quelques pas le babil commença, et longtemps après nous les entendions rire en grimpant le coteau sur le haut duquel s'élève la maison du caïd.

Cette histoire de blanchissage nous avait divertis. Sans doute par réciprocité, elles se seront amusées de nous voir barbouiller de la couleur sur le papier blanc de nos albums. Quelle drôle de chose que les différents points de vue en ce monde, et comme les gens incrustés dans leur coin, dans leurs habitudes, dans leur routine, dans leur opinion, sont eux-mêmes d'étranges limaçons!

Désirant voir de plus haut l'ensemble du vallon d'*Aïn-Rouà*, orné par le caravansérail et dominé par la maison de commandement, j'ai abandonné mes compagnons pour quelques instants et suis montée à travers les broussailles de grenadiers et de jujubiers jusqu'à un rocher assez abrupte où je voulais m'asseoir.

A peine y étais-je installée que toute une famille kabyle, sortie je ne sais d'où, de terre peut-être ou d'un gourbi aussi peu apparent qu'une taupinière, m'entourait avec curiosité.

Deux hommes, deux femmes, dont l'une jeune et jolie, trois enfants dont un petit bonhomme de cinq à six ans, beau comme un chérubin, se sont assis à terre presque dans ma poche ; me parlant sans façon, tous à la fois, en montrant leurs dents si blanches, touchant mes instruments de dessin, prêts à mettre les doigts sur mon aquarelle, dans ma boîte-palette et dans ma petite bouteille d'eau prise à leur belle source d'en bas.

Importunée par leur familiarité curieuse, je les ai repoussés à distance par un sévère : balek ! en y ajoutant le raôh irrésistible. Ils étaient doux et soumis et se sont reculés à l'instant, mais se sont assis non loin et peu à peu nous avons fini par nous entendre tant bien que mal, à l'aide de la langue sabir, mélange de mauvais italien, d'arabe et de français, complétée par le geste, et causer de bonne amitié. Ils me demandaient de leur donner mon couteau, mon canif ; ils m'offraient d'entrer dans leur *casa* d'y *mangiar* avec eux le *couscouss* ou le *gallo* (évidemment coq gaulois), etc., et puisque j'étais une *bono Muchrer*, d'emmener avec moi le *mutchatchos* que je trouvais gentil pour en faire un Français ; mais à tout cela je répondais *macache !* négation vague et indéfinie qui s'applique à tout.

Ils sont tombés dans une grande admiration quand je leur ai montré en bas, près de la source, ma fille et son mari, en leur disant que c'étaient là mes *mutchatchos*.

M. de G*** étant extrêmement grand et fort, m'a fait surtout le plus grand honneur, quand ils ont cru que je l'avais mis au monde. Je n'ai point voulu les désabuser. Ils répétaient, en le montrant du doigt, et en me regardant : Tu mutchatchos? tu mutchatchos? Oh! bono! bono! et moi je répondais fièrement : *Mutchachos el kébir*..

Je me suis refusée à entrer dans le gourbi qu'ils voulaient me rendre si hospitalier. Des hôtes nombreux et gênants m'y eussent sans nul doute accueillie. Les caravansérails nous en offraient de reste. C'est là un véritable supplice pour certaines peaux tendres et sensibles.

Après quelques menus cadeaux aux enfants, j'ai quitté mes bons Kabyles, en recevant d'eux force bénédictions. J'ai peine à croire que ces bonnes gens m'eussent volontiers tiré un coup de fusil.

Au dîner du caravansérail, quelques voyageurs venant de Bougie et regagnant Sétif, nous ont affirmé que les routes offrent en ce moment toute sécurité ; cette nouvelle est bonne, et nous en avons mieux dîné.

Il y a des jours d'abondance dans les caravansérails ; il y en a d'autres de détresse absolue. Du lard salé, du gruyère rance et des raisins secs fermentés, avec leurs vieilles amandes, voilà ce qu'on y peut trouver dans ces jours néfastes. Cela se comprend trop bien dans un semblable isolement. L'enceinte fortifiée ne contient qu'une cour et pas le moindre jardin.

Tout ce ce qui y parvient est apporté de douze lieues au moins, souvent bien plus. Hormis les denrées fournies irrégulièrement par les Arabes du voisinage, ressource qui se borne à des poulets parfaitement et éternellement maigres, à des œufs, du lait de chèvre en petite quantité et des moutons ; mais quand le caprice pousse ailleurs ces fournisseurs nomades, la pauvre hôtellerie reste à sec. En cas de soulèvement des tribus, c'est encore pis, car alors il n'arrive plus rien des villes lointaines. Tout voyageur prudent doit donc se munir de cantines bien garnies ; on les ouvre en cas d'urgence et l'on y trouve, il faut l'avouer, le courage, la gaîté, la bonne humeur, l'entrain sous forme d'une tranche de pâté, d'un peu de vin généreux ou d'une tasse de ce cordial appelé café, si utile sous le ciel africain.

Dans de pareils voyages, il faut soigner aussi bien que possible le physique pour soutenir le moral. Ils sont liés l'un à l'autre par la plus étroite parenté, on ne peut le nier, et les impressions de voyage *du voyageur* dépendent souvent d'un estomac plus ou moins satisfait. O pauvre humanité !

---

## IV.

Avant cinq heures, le lendemain matin, nous étions à cheval après un assez bon repos. Les insectes de toute nature nous avaient épargnés pendant la nuit. Nous étions attendus pour déjeuner à 9 lieues de là. Au camp de l'*Oued-Adra*, où une partie du régiment de M. de G... était en ce moment établie, toujours pour travailler à la route. Que de tours et de détours dans ces 9 lieues de montagnes; mais aussi quelle délicieuse promenade matinale !

Quels ravissants effets de lumière et d'ombre! quelle fraîcheur dans ces vallées inconnues et fleuries, où de légères brumes voltigeaient çà et là ! Malheureusement nous avions à traverser un marécage où s'était formée une fondrière très dangereuse, précisément en travers de la route. Depuis longtemps on aurait dû construire un pont sur ce point. Il n'en était même pas question, et il fallait faire un grand détour à la recherche d'un passage sûr. On nous en avait prévenus. Arrivés à cet endroit, notre petite caravane se mettant en file et se fiant à un guide arabe qui connaissait le pays, a dû prendre sur la droite tout à travers une forêt de roseaux et de joncs gigantesques; cheval et homme y disparaissaient complètement. Quel vilain moment ! Mais il fallait passer; c'était la seule direction possible quelque dangereuse qu'elle fût aussi.

Le mouvement, les ondulations des joncs se refermant derrière le guide nous montraient seules le passage à suivre. Et ce n'est pas sans frayeur, je l'avoue, que la partie féminine de la troupe a franchi ce mauvais pas, où nos mules de charge ont bien failli s'enfouir. Nous n'avons rien dit sur l'heure de notre inquiétude. Ainsi l'honneur est sauf et il me semble que cet aveu tardif ne peut nuire en rien à notre belle réputation de courage.

Ce genre de difficulté en voyage m'est particulièrement antipathique, la vase et les bourbiers me causent plus de crainte que l'eau dans laquelle on peut du moins se débattre comme un beau diable et barbotter jusqu'à ce qu'on vous vienne en aide. Aussi, est-ce avec une vive satisfaction que j'ai escaladé au sortir de ces affreux marais une suite de sentiers incroyables.

Couchées en avant sur le cou de nos chevaux, au pied si sûr, nous montions de véritables escaliers de rochers et nous sommes ainsi vaillamment arrivées sur une hauteur parallèle à celle où est la route que nous avions dû abandonner momentanément.

Une fois là, nous apercevons venant en sens inverse, vers la fondrière, un brillant cavalier suivi seulement d'une ordonnance; sans nul doute, il ignorait le danger et s'aventurait sans défiance aucune. L'avertir était un devoir; mais, même en criant à tue-tête par dessus le vallon, on ne pouvait se faire comprendre. De là force signaux, avis et discours qui se perdaient dans l'air ; d'ailleurs les échos africains s'amusaient, je crois, à embrouiller la conversation.

Au beau milieu de toutes ces explications, voilà que nous reconnaissons dans ce voyageur fourvoyé, M. de Golberg, commandant des zéphyrs de Sétif, dont la famille habite

Bougie. Nous avions vu souvent avec plaisir à Sétif cet officier supérieur; il put s'approcher assez pour comprendre enfin ce que nous lui disions et profiter de nos renseignements; puis, après un échange cordial de souhaits lancés par dessus le ravin, nous avons continué notre route et lui la sienne. Deux heures après, sans autre aventure, nous faisions une entrée triomphale dans le camp de l'*Oued-Adra*, au cœur des grands babords. C'était le camp commandé par M. de G..., mon gendre et naturellement nous devions y être bien reçues. Un gourbi de feuillage nous était préparé pour salle à manger, les trompettes sonnaient une joyeuse fanfare et la magnificence du panorama qui s'étendait autour de nous complétait notre enchantement.

Quel habile artiste que maître Moulek, cuisinier de l'état-major, au camp de l'Oued-Adra ! voilà un chef digne d'éloges ! quelles ressources dans ce génie culinaire ! quel fumet attirant s'exhalait de sa tente-cuisine, placée près du gourbi, salle à manger ! Je ferai grâce du menu ; mais qu'on le sache bien, jamais Véfour n'a obtenu un succès plus mérité. Les éléments, il est vrai, n'avaient pas trop fait défaut à son zèle intelligent. Le caïd des *Abdelnours* avait euvoyé une difâ précieuse. Celui des *Béni-Abdallah* avait fourni du lait et des œufs pour les gâteaux. Le beurre de Normandie était envoyé à l'avance par nous de Sétif; c'était le précieux reste d'une provision d'hiver qui nous avait suivi jusque-là. Etrange destinée de ce doux produit de nos paturages !

La chasse de quelques-uns de Messieurs les officiers avait procuré un sanglier, de belles perdrix rouges et des cailles à foison, ainsi que quelques oiseaux aquatiques fort délicats.

Un de nos bons amis, le spahi ben Anish, était allé chercher d'énormes bouquets de fleurs pour orner la table et les parois en branchages du gourbi.

Sur nos siéges un peu durs, des peaux de moutons, si ce n'est de lion, remplacaient les coussins. Quelle recherche, quelle réception dans ce désert ! Je crois même que nous y avons bu du vin de Champagne. Avec quel enthousiasme nous admirions, par l'ouverture cintrée de notre salle à manger de verdure, ce splendide amphithéâtre de belles montagnes aux formes si diverses, dominées par des cîmes où la neige défiait le soleil africain. Ces magnifiques arbres, d'une végétation si vigoureuse dans les gorges et sur les pentes inférieures, ces mamelons aux flancs arrondis, tout couverts de riches cultures, car les Kabyles sont, parmi les habitants de l'Algérie, les plus laborieux et les plus intelligents cultivateurs, nous ravissaient par leur richesse et leur fraîcheur.

Les villages posés sur presque toutes les élévations inférieures formant comme des contreforts le long des vallées, sont nombreux et construits en pierres ; leur situation est choisie avec habileté pour permettre de voir au loin s'avancer l'ennemi et de repousser son agression. Des vergers d'oliviers, de figuiers immenses, d'orangers et d'abricotiers, sont partout plantés sur les pentes fertiles; les Kabyles connaissent l'usage de la greffe, et pas un coin productif, fût-il tout au haut des montagnes, ne reste sans être utilisé. En un mot, la richesse de cette magnifique contrée ne le cède en rien à la beauté merveilleuse de ses aspects. Quel tableau ! quelles admirables perspectives ! quel splendide panorama !

Le camp pacifique de nos soldats travailleurs, assis sur son triple mamelon, au pied duquel coule l'*Oued-Adra*, égaie de ses tentes blanches cette scène imposante et gracieuse à la fois. Sur des collines rapprochées se voient quelques tentes séparées du gros du camp; les unes sont destinées aux grand-gardes qui en surveillent les abords, d'autres servent de prison aux gens punis. Des compagnies entières de piocheurs en patalons garance, s'agitent gaîment aux flancs contournés des montagnes environnantes. Ils chantent en travaillant. Plus loin, les études musicales des clairons novices dont l'inexpérience produit de si grotesques effets, étonnent les échos ; leurs *canards* amusent ici au lieu d'impatienter comme ils le font ailleurs.

Ce mouvement, cette animation momentanée que nous apportons dans ces immuables montagnes a un charme extrême. Toute cette vie active qui est venue s'abattre sur ce point, étonne et intéresse; peut-être, dès demain, préférerai-je une complète solitude à ce tableau animé et nouveau pour moi qui m'enchante aujourd'hui.

A nos pieds, dans un étroit vallon, véritable fouillis de lauriers roses chargés de leurs charmantes fleurs, au bord d'un ruisseau sans nom, qui verse, à quelques pas, ses eaux dans l'Oued-Adra, on s'occupe à dresser nos tentes. Notre suite, bêtes et gens, est établie déjà dans cet endroit où nous passerons la nuit tout à fait en dehors du camp, mais cependant sous sa protection.

Là nous coucherons pour la première fois sous la tente, et les soldats ont déjà nommé ce vallon le Camp-des-Fleurs et des Amazones.

Nous ne pouvions rassasier nos yeux de ce spectacle. Nos braves petits soldats accomplissant avec tant de soumission et d'intelligence, avec tant de gaîte et de belle humeur des travaux qui, à tout prendre, ne sont pas le devoir militaire, nous intéressaient vivement. Quel dommage que tant de forces vives et tant d'argent fourni par l'Etat qui le prend dans nos bourses, soit si souvent gaspillé légèrement par ceux qui tracent puis abandonnent pour d'autres directions des travaux presque achevés, ou bien ne les entretiennent pas le moins du monde lorsqu'ils sont une fois terminés tant bien que mal.

Après une bonne sieste, près de nos tentes, dans notre domaine si fleuri ; après quelques heures passées à dessiner et plus encore à admirer, les surprises gastronomiques ont recommencé. C'était alors le dîner.

Maître Moulek suait sang et eau sous la tente aux fourneaux.

Le temps avait été brûlant tout le jour;

des nuages épais nous avaient caché le coucher du soleil. Et bien qu'il fût à peine sept heures, il avait fallu allumer des lanternes sous notre gourbi au moment de nous mettre à table. L'absence de fenêtres dans cet abri devait naturellement le rendre obscur.

La gaîté n'en allait pas moins son train lorsqu'une lueur bleuâtre sillonne le ciel, un roulement sinistre lui succède, des nuées rougeâtres accourent de tous les points du ciel, s'entassent sur nous, soudain la nuit se fait complète, et le plus terrible orage dont j'aie mémoire fond sur nous tout à coup. A notre insu, les soldats étendent par dehors, sur notre toit de feuillage, toutes leurs couvertures de laine ; grâce à ce dévouement, la pluie ne traverse pas le dôme de feuillage. Couvertes de manteaux de caoutchouc à larges capuchons, nous continuons à dîner, mais quel changement de décoration ! Les éclairs continus embrasent le ciel ; les montagnes, à cette lueur intermittente, semblent trembler sur leur base comme un décor de théâtre mal ajusté ; elles apparaissent tantôt blafardes sur le ciel noir, tantôt noires sur un ciel embrasé. Les éclats du tonnerre, répercutés cent fois par les échos des gorges profondes, forment une base continue à rendre sourdes les plus intrépides oreilles, et des bruits sinistres, des cris étranges s'y mêlent parfois : ce sont les voix des bêtes fauves, des animaux féroces, effrayés par l'orage qui roule en quelque sorte et semble rebondir d'une cime à l'autre. La foudre tombe en vingt endroits autour de nous. Quelle représentation sublime sur un théâtre à l'avenant ! quel flamboyant souvenir ! Nous ne sommes point peureuses, et certes nous l'avons prouvé en ne ressentant dans cette circonstance d'autre impression qu'une admiration exaltée. L'impassible maître Moulek nous envoyant sous ce déluge notre moka fumant, sans addition d'eau de pluie, grâce à ses précautions, était bien à notre hauteur ; nous abritions nos tasses sous nos capuchons, car l'eau commençait à percer notre abri, et à la lueur combinée des éclairs et des lanternes, l'opération, vulgaire en soi, d'avaler du café, empruntait aux circonstances je ne sais quel reflet à la fois diabolique, fantastique, cabalistique et drôlatique dont je me souviendrai toujours. Un déluge effrayant était le bouquet de ce violent orage. Cela devait être. Une heure après, les étoiles brillaient au ciel, et la grande question était pour nous de descendre retrouver nos tentes dans le petit camp particulier des amazones et des lauriers-roses.

Les sentiers que les soldats nous avaient arrangés la veille en escaliers commodes, pour faciliter ce trajet, étant détruits par l'orage, ce n'est qu'après mille difficultés, un assez long détour, une foule de glissades, et de nombreuses lanternes que nous avons pu venir à bout de cette descente périlleuse, véritable montagne russe. Notre innocent petit ruisseau, si doucereux d'allure le matin, était devenu une manière de torrent, il prenait des airs méchants, et une heure plus tard nous n'aurions pas pu le traverser même sur les grosses pierres qu'on y avait roulées pour nous en rendre le passage facile; enfin nous voilà descendues, entrées, et, chose étonnante! parfaitement à sec sous le coutil de notre tente. Cette étrange maison, divisée en deux appartements, a des *fenêtres* (quel luxe!) fermant avec un rabat de coutil en guise de volets, une patte et un bouton pour fermeture; quelle invention!

La femme de chambre occupe la première division, formant antichambre; ma fille et moi couchons dans la seconde. Voici notre lit fort délectable, bien qu'en puissent dire quelques sybarites casaniers.

Deux coffres, nommés militairement *cantines*, contenant en voyage linge, vêtement, etc., se placent et se posent à distance convenable pour faire le chevet et les pieds du lit. De solides crochets en fer y sont adaptés. Une forte toile sanglée de longueur de lit s'y accroche. Des peaux de mouton ou de lion, ce qui est plus poétique, mais non meilleur ; des haïks arabes, à rayures éclatantes, pour couvertures, voilà l'affaire. Nous y ajoutions le luxe des draps et d'un traversin de laine, mais nous étions vraiment des femmelettes et ces recherches ne sont point nécessaires.

Quel bon sommeil nous avons trouvé sur cette couche !... Pourtant de violentes ondées, la queue de l'orage, comme on dit, tombaient dru sur notre toit de toile, de temps à autre; puis, soudain, la lune jetait au travers une vive clarté, les chacals glapissaient à l'entour et le ruisseau faisait un bruit extravagant dans les touffes de lauriers-rose. Qu'importe? je me sentais charmée, même en dormant, de tout ce qui m'entourait. C'était un sommeil léger, où la vague perception des objets me semblait un rêve pittoresque.

Un incident, dont nous avons eu la cruauté de rire, est venu, vers le milieu de la nuit, jeter l'alarme dans notre établissement. C'était tout bonnement la tente de M. de G...., placée contre la nôtre, qui lui tombait sur le nez. Les piquets, trop peu enfoncés dans le sol détrempé par la pluie, avaient cédé, et le malheureux se trouvait enseveli sous ce monceau de toile. D'une voix formidable et lamentable à la fois, il appelle à son aide. Béquarre et Tillois, ses fidèles serviteurs, qui dormaient eux-mêmes à quelques pas sous la tente de nos gens, accourent au bout de deux minutes ; ils reconstruisent sa frêle maison, sans même qu'il bouge de son lit ; pendant ce temps il leur adresse une verte semonce, puis, le calme rétabli dans le voisinage, nous nous rendormons jusqu'au jour.

Quels étranges images traversent un pareil sommeil ! le présent, le passé, les camps, les salons, le logis, les voyages, la France et l'Afrique s'y donnaient la main pour danser un sturm-galop, au son d'une musique barbare dont le tonnerre faisait la basse. Il y avait de la réalité dans ce rève. Il tonnait encore, en effet, derrière les montagnes, quand le soleil, piquant dès son lever, nous a avertis de partir.

Maître Moulek, le képi à la main, nous descendait du camp, avec la dextérité d'un écureuil, sur un petit plateau marocain, du café et du chocolat, au choix, avant de nous laisser mettre le pied à l'étrier. Quel homme que Maître Moulek, cuisinier ordinaire de l'état-major au camp de l'Oued-Adra !

Où est maintenant le camp établi ce jour-là près de l'Oued-Adra ?...

Où est Maître Moulek ?... enseveli sous la terre de Crimée où il avait suivi son drapeau et son état-major... pauvre chef !

Notre petit vallon, si frais et si coquet la veille, est triste et souillé au jour nouveau. Les cytises, les lauriers traînent leurs fleurs, hachées par l'orage, jusqu'à terre. Un peu plus loin, l'Oued-Adra charrie des arbustes entiers arrachés à ses rives. Les fleurs solides des grenadiers sont elles-mêmes meurtries, et, sous un ciel déjà nuageux, nous passons le gué du ruisseau avec de l'eau jusqu'au poitrail des chevaux ; la veille on n'en avait qu'à la cheville.

Tandis qu'on repliait nos tentes, je jetais un regard d'adieu sur tout ce qui m'entourait, tout s'éveillait dans les deux camps au son de la diane. Plus loin, sur les montagnes, les troupeaux kabyles faisaient entendre leur bêlement matinal qui se mêlait au bruit du tambour et au chant des oiseaux. L'orage avait dû dégrader les travaux de la route, et déjà, la pioche sur l'épaule, les travailleurs sortaient du camp pour réparer les dégâts. Dans peu de jours, la solitude reprendra son empire, les Français s'éloigneront de ce point si animé par leur présence, et l'Arabe insouciant viendra paître ses troupeaux dans le camp des fleurs et des amazones, sans en savoir le doux nom d'un jour et sans se douter que des femmes françaises sont venues dormir là par une nuit d'orage.

---

## V

La route neuve que nous suivions était en effet bien endommagée ; des parties entières de talus nouvellement construits étaient descendues dans les vallées ; de plus, elle est étroite et toute rencontre y est dangereuse. A deux lieues plus loin était assis un autre camp, où le reste du régiment avait travaillé à la même ligne. On devait lever ce camp le jour même, la tâche étant terminée, pour le transporter plus loin.

Il s'étendait dans une admirable vallée, au bord d'une jolie rivière, l'*Oued-Allia*, à laquelle il empruntait son nom. Au fond du tableau passait transversalement une autre grande vallée avec sa rivière ; cette Kabylie, coupée de nombreux cours d'eau et de belles et vertes montagnes, est vraiment une admirable contrée. Cette dernière était celle du *Bou-Selam*, rivière que nous avions vue près de Sétif. Le *Père-du-Bouquet,* probablement fort trouble à la suite de l'orage, y roulait ses eaux, qu'il verse à quelques lieues plus loin dans la *Summam*, fleuve important qui reçoit tous les cours d'eau secondaires et va se jeter dans la mer à Bougie.

La large vallée du *Bou-Selam* terminait par une perspective vaporeuse, celle de l'*Oued-Allia*, allongée sous nos yeux comme un tapis de gazon semé de longues rangées de grandes paquerettes, symétriquement placées. C'était les tentes des compagnies.

Une végétation luxuriante entourait le pied des montagnes. Des alisiers, des micocouliers, des trembles, des sycomores et cent autres espèces d'arbres de la plus majestueuse hauteur bordaient les côtés de la vallée. Derrière eux et plus élevés, perchés sur tous les petits contreforts avancés, des villages kabyles groupaient leurs toitures en tuiles vernissées. Ces villages étaient ceux des *Ouled-Nabet*, des *Tisi-Orled*, des *Beni-S'limann*, des *Beni-Abdallah*, et de vingt autres tribus, y compris les *Guifser*, connus pour leur mauvais vouloir à l'égard des Français.

Enfin, dominant tous les sommets inférieurs où se dressent les villages, de majestueux sommets couronnent cet ensemble original et merveilleux.

Quel panorama ! Le *Bouzékout*, hauteur la plus élevée de tout cet amphithéâtre montagneux, est précisément celle sur laquelle s'en va passer la route ; qu'on juge de l'ascension qui nous est promise. Je ne sais si des obstacles insurmontables ont fait choisir cette direction par le génie, mais en vérité cela ressemble à une gageure ou à une mauvaise plaisanterie. Décidément, il y a des fantaisistes dans les corps spéciaux. Quoi qu'il en soit, la route s'en allait passer là, tout en haut et bien haut, contre un gros arbre qui, d'en bas, nous semblait une touffe de dys. Nous ne voulions pas le croire. C'était le cas de nous dire : allez-y voir.

Tandis que nous recevions au passage, sans mettre pied à terre, les politesses respectueuses de MM. les officiers de ce second camp (1), je me demandais comment et par où nous allions atteindre au front de ce géant, de ce roi légitime de la contrée ?

Sur notre droite, dans le lointain, le pic à

(1) La plupart de ces officiers, jeunes gens d'avenir, ont été tués peu de mois après en Crimée.

trois dents du *Beni-S'limann*, encore plus élevé peut-être que le *Bouzékout*, semble régner aussi; mais comme un farouche tyran, il a l'air sombre et méchant; c'est, comme disaient nos pères, un mont sourcilleux. Il donne son nom à une tribu très nombreuse qui habite à ses pieds.

C'est l'une des plus hautes cimes des grands babords, et les trois dents ou crêtes qui le couronnent sont inaccessibles.

Habituée par mes relations journalières avec mes petites montagnes de Sétif, *Djebel-Jussef*, *Bou-Thaleb*, et *Sidi-Brao*, le piton rose avec qui j'avais eu maille à partir en venant de Constantine, à connaître la physionomie des hauteurs, je puis dire ici que l'air dur et moqueur à la fois de ce vilain *Beni-S'limann* ne me présageait rien de bon pour la journée.

Ses trois cornes aiguës, à demi cachées dans les nuages, se montraient de temps à autre comme pour nous faire la nique, selon l'expression des enfants.

Il fallait marcher cependant. Je suivais de l'œil une petite troupe d'Arabes trafiquants, riches de quelques chameaux chargés de marchandises. Nous les voyions d'en bas décrivant lentement, sur les flancs du Bouzékout, les longues sinuosités de la route que nous allions nous-mêmes parcourir.

Songeant à leurs profits probables, ils ne regardaient même pas la magnifique vallée, les tentes françaises, et toute cette animation anormale qui, dans peu d'heures, allait finir.

Ils disparaissaient à quelque détour, puis se montraient de nouveau à une hauteur plus grande sur quelque pente voisine, toujours s'amoindrissant à nos yeux.

Deux heures ne suffisent pas pour arriver sur le plateau du Bouzékout ; de quelle patience il faut s'armer au départ !

Nous commençons à notre tour à monter, et aussitôt une petite pluie fine qui nous attendait là, commence à descendre sur nous, chétifs ! C'était pour nous rendre l'opération plus agréable. Le ciel se couvre, la nature s'attriste et les vallées se noient dans le brouillard ; la route non empierrée, bien entendu, devient de plus en plus glissante, nous semblons grimper dans des nuages ; et, en effet, parvenus à une certaine hauteur, de véritables nuées se forment autour de nous pour se ré- soudre ensuite en grosse pluie sur les vallons. Mais que de fleurs sur la pente des talus, à portée de nos mains, à hauteur de nos yeux. C'est à n'y pas croire : jamais étoffe de tenture semée de fleurs n'a pu donner l'idée d'une telle profusion. On ne voit pas la terre, et les yeux en sont éblouis. Cela ne durera sans doute que peu de jours; mais je suis heureuse d'avoir vu ce moment de splendeur de la terre d'Afrique, cette flore sauvage du renouveau en Kabylie. Nos yeux s'attachent d'autant plus ravis sur ce doux émail, que tout le reste de la nature a disparu pour nous.

Nous chevauchons lentement dans les nuages; il ne pleut pas, mais nous sommes transpercés par la brume épaisse que nous traversons. Nous sommes positivement au milieu de ces vapeurs qui sont des nuées aux yeux de tous les gens de notre connaissance qui, du camp de l'Oued-Alliah, se proposaient de suivre *du lorgnon* notre ascension sur la montagne.

La terre entière échappe à notre vue. C'est dommage, elle était si belle!

C'était le cas de nous distraire en causant; chacun de nous, oppressé et mal à l'aise, en sentait l'utilité. Le *Béni-S'limann*, avec ses trois cornes, est revenu sur le tapis et nous avons appris une particularité qui nous a donné une triste opinion de ses mœurs. Il prête un de ses plateaux pour un commerce abominable. Chaque lune, il se tient là un marché aux femmes !!!! L'horreur ! cela est bien digne d'un vieux mont bossu, dont le front toujours hérissé ne perd jamais sa coiffure neigeuse et ses trois pointes menaçantes. Dans cet indigne rassemblement, non-seulement des pères et des maris vendent ce pauvre bétail féminin, mais le louent pour toute espèce de métiers, au mois, à la quinzaine. On a vu des Français aller recruter là une famille provisoire..... Oh ! *Shoking !* comme dirait l'honorable miss de Biskra sous son voile de gaze chocolat. Cependant sa fière patrie produit encore de temps à autre des exemples de cette même barbarie et certains Anglais regrettent peut-être de n'être pas dans le voisinage du marché aux femmes du Beni-S'limann, afin de mieux vendre les leurs.

On dit ces pauvres créatures enchantées de tomber en des mains françaises. Elles sont nourries du moins, c'est quelque chose; malheureusement pour elles je pense qu'il y a peu d'amateurs parmi nos compatriotes.

Tandis que nous glosons sur cet étrange détail de mœurs, tout particulier à ce sauvage endroit, la tête de colonne s'arrête, notre caravane a rencontré un nombreux troupeau de vaches descendant dans les vallées. La route est très étroite, sans le moindre garde-fou. Des pentes raides et effrayantes mènent tout droit à l'abîme, rendu plus vertigineux encore par les vapeurs qui en voilent le fond. Impossible de passer sans danger réel près de ces animaux. On parlemente impérieusement et les Kabyles qui les conduisent, après quelque résistance et des imprécations prononcées dans un idiome féroce, se résignent à faire rétrograder leur troupeau devant nous, remontant ce qu'ils venaient de descendre. Cette marche forcée dure une longue demi-heure, jusqu'à un vaste enfoncement propre à ranger tout le troupeau. Cela ne s'est pas fait sans une sourde colère, mais la soumission a été complète en apparence. C'est tout ce qu'il nous faut. Leurs vaches sont fort petites, mais très gentilles et bien faites comme celles de notre propriétaire à Sétif. Ce sont de vrais petits modèles du genre, pour être placées sur les gazons exigus de ce qu'on nomme un parc dans les villas des environs de Paris.

Elles ne ressemblaient en rien aux monstres marins qu'on appelle des vaches à Constantine et environs. Ces jolis petits animaux se montraient doux et dociles en retournant sur leurs pas comme de simples vaches à lait du bon Dieu; elles n'avaient pourtant jamais fait à l'homme ce doux présent. L'Arabe ne paraît pas savoir qu'on peut sevrer un veau et se substituer à lui ; ils le laissent à sa mère jusqu'à ce que, l'herbe lui plaisant davantage, la mère tarisse naturellement. En un mot, ils ne traient point les vaches pour ne pas manquer l'élevage du bétail. Quant aux chèvres et aux brebis, c'est différent. Leur lait est le seul qu'ils emploient, parce qu'on mange les petits très vite ou qu'ils s'en vont brouter sans façon. Pour les petits des chamelles, on les sait sobres de naissance, et l'on ne se gêne point non plus pour les frustrer de leur nanan si le besoin s'en fait sentir. Quelquefois, hélas! nos vertus mêmes tournent contre nous.

Parvenus à une grande élévation, les vapeurs se dissipent, nous traversons des villages kabyles. Quelques femmes occupées à broyer des olives dans de petits pressoirs primitifs devant les portes, nous regardent passer. Des pampres sont soutenus entre les maisons pour former des treilles, une certaine entente du bien-être règne chez ces populations laborieuses et dénotent de l'intelligence et de l'activité.

Nous montons encore et toujours, mais les pentes s'arrondissent ; bientôt, à notre grand étonnement, nous sommes sur le plateau supérieur du Bouzékout, au pied du fameux chêne vert, arbre trapu, mais énorme d'envergure, connu dans toute la contrée pour sa résistance héroïque à tous les vents du ciel ; on nous l'avait fait remarquer du camp de l'*Oued-Allia* comme le point où nous devions atteindre.

Ce Bouzékout, honnête voisin de l'immoral Beni-S'limann, conserve encore à son plus extrême sommet les traces d'un camp où l'année dernière mon gendre séjourna deux mois avec ses soldats, toujours pour la route, à la suite d'une expédition chez des tribus révoltées alors. Nous retrouvions là les rangées de pierres qu'on nomme dans les camps *front de bandière* ; les foyers ou trous à feu encore noirs et pleins de cendre, les bancs de gazon arrangés par les soldats, où tant de pipes avaient été fumées à travers ces bonnes histoires qui aident les pauvres troupiers à passer le temps. Tous ces vestiges, à quelque différence près, nous transportaient en plein roman de Cooper, sur l'emplacement du campement abandonné d'une tribu de Mohicans-Peaux-Rouges. Des os de gigot épars sur le sol pouvaient passer, aux yeux de qui n'est pas très-anatomiste, pour des tibias et des fémurs, restes affreux de ces festins de cannibales.

Une voyageuse à imagination aurait trouvé là matière à un récit très vraisemblable. Par exemple, la miss... *Barbara*, de Biskra (je suis persuadée qu'elle s'appelle *Barbara*), aurait à coup sûr conclu à l'*antropophagie* des Kabyles du Bouzékout, découverte des plus saisissantes.

Malheureusement je ne possède pas cette heureuse faculté, je ne sais rien dire qu'à l'aide du vrai, du moins de ce que je puis croire tel.

*Ben Anish*, notre spahi, attaché particulièrement à M. de G... par le bureau arabe, pendant la durée des détachements campés pour les travaux, nous suivait dans notre voyage; toujours avide de détails, j'aimais à causer avec ce grand Kabyle maigre, laid, *tanné* comme un vieux cuir, avec de grosses lèvres de nègre, mais si bon et si doux, si inventif pour nous être utile, que nous l'avions pris en grande affection. Bien que déjà âgé et depuis longtemps en fidèles rapports avec les français, *Ben-Anish* laissait à désirer sous le rapport de la facilité d'élocution ; il n'avait pas acquis l'habitude de la langue française, il fallait beaucoup de perspicacité pour débrouiller ses discours que je provoquais sans cesse.

Pendant notre halte sous le chêne vert du Bouzékout, comme je lui demandais s'il y avait beaucoup de bêtes fauves dans les innombrables gorges enchevétrées au pied des montagnes, il me conta une touchante et véridique aventure arrivée l'année précédente à une jeune fille de la tribu des Ouled-Nabet, nommée du doux nom de *Jasmina*. Je vais essayer de rendre en langue poétique, mais compréhensible, ce que notre bon *Ben-Anish* me disait en langage également poétique, mais incompréhensible. Ce n'est absolument qu'une traduction.

## JASMINA LA KABYLE.

Va, j'ai tout deviné, jeune cheïk au front pâle,
Tu ne veux pas m'aimer, ton œil fuit mon regard,
Cet œil, dont maintenant l'ardeur semble fatale,
Tout objet lui déplaît, tout, même ta cavale
Oubliée à l'écart.

Tu marches désarmé... sur le bord des abîmes,
Nuit et jour sans projet, sans but et sans espoir,
Des plus sombres ravins jusqu'aux plus hautes cimes,
Là, dominant l'espace et ses splendeurs sublimes.
Tu regardes... sans voir.

Va, j'ai tout deviné; quand ta course s'achève,
Quand ton pied fatigué touche au nuage errant,
Ton âme insatiable encor plus haut s'élève ,

Mais tu n'atteindras pas cet objet de ton rêve,
Ce mirage attirant.

Cette blanche beauté dont ton âme est éprise,
Cette vierge céleste aux longs regards d'azur,
Hélas! pour toi, mortel, cette forme indécise
N'est rien qu'une vapeur qu'emporte au loin la brise
Vers l'avenir obscur.

C'est la houri du ciel que promet le prophète,
Avant l'heure, insensé, tu la veux pour trésor,
Tu lui donne ton cœur... ingrat, courbe la tête,
Car l'homme doit franchir avant cette conquête
Les portes de la mort.

Maudits soient les tolbas et la docte science
Qu'au sein de leur mosquée ils versèrent en toi.
Dans cette autre contrée où grandit ton enfance
Tu serais plus heureux par la simple ignorance
Et mon amour pour toi.

Moi, pauvre Jasmina, brune fille kakyle,
J'aurais bien su t'aimer et garder tes troupeaux;
Déguiser tes silos à l'œil le plus habile,
Et filer pour toi seul sur mon fuseau mobile
Les tissus les plus beaux.

J'aurais su, quand le soir ramène sous la tente,
Ouvrir pour toi la natte et les souples tapis;
Préparer du couscouss la pâte succulente,
Les bons pains sans levain, et la fève odorante
En un breuvage exquis.

J'aurais cueilli pour toi la datte parfumée,
Lorsque sur son régime elle s'attache encor;

J'aurais de ta tchibouque à la blanche fumée,
Entretenu l'ardeur, et mis l'onde embaumée
Dans ton narghileh d'or.

J'aurais su composer du lait de nos chamelles
Un aliment utile aux gens de ta smala;
Quand nos tribus, pour fuir des ardeurs trop cruelles,
Vont chercher, vers le Nord, des fraîcheurs éternelles
Aux lieux bénis d'Allah.

Je suis brune, il est vrai. Nous, filles des montagnes,
Sans voiles sur nos fronts nous bravons le soleil.
Les grands de Constantine ont de pâles compagnes,
Mais leurs jours sont comptés. L'air libre des campa-
Seul rend le fruit vermeil. [gnes,

Je suis jeune et vaillante, et de race guerrière.
Pour regagner le Tell je puis marcher longtemps.
Du jour où je naquis, Ben-Ismaïl, mon père,
Sut amasser pour moi, car il aimait ma mère
Et ses jeunes enfants.

Il déposa dès lors au coffre de famille
Les grappes pour l'oreille en longs grains de corail,
Les grands anneaux d'argent pour orner la cheville,
Les bracelets qu'on scèle, enfin tout ce qui brille
Au caravansérail.

Il y mit les haïks à rayure écarlate,
La balita légère en laine de brebis,
Les robes, par moitié, de couleur disparate,
La sheshia de velours sur lequel l'or éclate
En travail de Tunis.

La méharma légère et la riche ceinture,

Les mouchoirs éclatants, les sequins les plus lourds,
Et la jaune babouche, élégante chaussure.
« Tout cela, disait-il, ce sera la parure
» De ses jeunes amours.

» Alors que douze fois répandant sur la terre
» Ses baisers printaniers qui font naître les fleurs,
» Le beau soleil d'Allah dont le feu nous éclaire
» Aura mûri nos blés sous l'effet salutaire
» De ses âpres ardeurs.

» Alors que douze fois les cigognes fidèles
» Reconstruisant leurs nids aux mêmes minarets,
» Auront avec amour abrité sous leurs ailes
» Des petits frais éclos, des familles nouvelles
» Qui s'en vont sans regrets.

» Alors, au jour venu, l'enfant qui vient de naître,
» Etant femme, à son tour s'en ira loin de nous,
» Mais, riche par mes soins, pour seigneur et pour maître
» Elle aura le plus beau, le plus brave, et peut-être
» Le meilleur des époux.

» Jasmina sera belle et riche, et préférée,
» Oui, je la veux heureuse, et de tous les bonheurs. »
Ainsi parlait mon père à ma mère adorée.
Hélas !... et quinze fois la terre s'est parée,
Et je souffre et je meurs.

Je meurs pour avoir vu celui que mon cœur aime,
Passer indifférent sans daigner m'entrevoir;
Consumant sa jeunesse en un désir suprême,
Oubliant l'univers et s'oubliant lui-même
Dans un fatal espoir.

Ainsi disait un soir Jasmina, pauvre fille,
Sous les micoucouliers. Des pleurs brûlaient ses yeux.
La nuit était venue, et quand l'étoile brille,
Sous la tente on procède au repas de famille
Par d'autres soins pieux.

Elle n'y reprit point sa place accoutumée.
On crut qu'elle cherchait aux vallons la fraîcheur,
L'onde pour se baigner ou la fleur embaumée,
Ou qu'au pied des palmiers elle écoutait, charmée,
Bubul, le doux chanteur!

On s'endormit. Plus tard, quand le chacal timide
A l'entour des troupeaux vint glapir indécis,
Quand l'hyène féroce et lâche, mais avide,
Se glissa, retenant son haleine fétide
Auprès des chiens surpris,

Son père l'appela. Sa place était déserte,
Sa natte froide encor, ses coussins non foulés.
Pour son retour, la tente était restée ouverte,
Mais nul n'était entré... terrible découverte
Dans ces lieux isolés!

Qui peut la retenir à l'heure dangereuse
Où rôde la panthère en dehors des maquis?
On le sait, Jasmina ne fut jamais peureuse,
Pourtant... mais, dans la nuit sombre et silencieuse
N'entend-on pas des cris?....

Plus rien.... c'était l'agneau qui bêlait à sa mère,
Ou de quelque cavale, un doux hennissement,
Peut-être est-ce la voix du vautour solitaire?
D'un voyageur perdu, quelque cri de colère
Qui vibre longuement.

Pourtant il faudrait voir quel chemin doit-on prendre?
Est-ce vers les hauteurs, la plaine ou le ravin ?
Quel péril, quel malheur est venu la surprendre ?
Comment la secourir ?... contre qui la défendre ?
Où la chercher enfin ?...

Voici le dénoûment de cette triste histoire :
Jasmina près des eaux rêvant à ses douleurs,
Sur ses bras amaigris laissant tomber ses pleurs,
De l'heure et des dangers n'avait plus la mémoire ;
Quand celui qu'elle aimait, distrait et soucieux.
Vint à passer non loin. Il regardait aux cieux,
Dédaigneux des périls qu'enfante la nuit noire.
Un lion sur ses pas marchait... inoffensif
Peut-être, sans attaque ou sans verbale injure,
Il préfère aux humains l'animal pour pâture ;
Mais Jasmina l'a vu !... par un bond convulsif
S'élançant sur le monstre, insensée, éperdue,
Elle saisit, étreint sur sa poitrine nue
Le lion qui s'étonne et s'irrite à la fois,
Car la colère est prompte en cet hôte des bois...
Il rugit... Fuis!... Je meurs ! dit la voix haletante,
Pour toi !!... L'ongle de fer, dans sa gorge sanglante,
Etouffa d'un seul coup et son souffle et sa voix.....
Elle ne souffrait plus quand le cheïk, au front pâle,
Revenant sur ses pas à ce cri déchirant,
Vit dans l'ombre un lion qui portait en courant
Ce corps souple et léger vers sa grotte natale.

Deux maisons kabyles ouvertes à tous venant et destinées, sans doute, d'après quelque tradition de l'hospitalité antique, à abriter les passants, se trouvent à quelques pas et offrent aux plus pauvres les restes de fourrages laissés en ce lieu par de mieux pourvus. Une bonne source existe auprès et c'est un trésor sur cette hauteur. Les pentes de l'autre côté sont douces, nous pouvons enfin trotter pour nous dérober plus vite à la pluie qui recommence et nous poursuit. Elle augmente à chaque instant. Nous galopons de plus belle et c'est ventre à terre que nous faisons notre entrée dans le caravansérail, à peine terminé, de *Dra-el-Arba*, ouvert aux voyageurs depuis quinze jours à peine.

L'hôtelier ou cantinier s'avance respectueusement vers nous. Notre suite est restée en arrière; nous sommes seuls tous trois et, dans un tel pays, cela doit le surprendre. Il s'empresse cependant autour de nous, allume un feu immense pour nous sécher, demande *nos ordres pour le repas de ces dames;* tout cela avec des façons et des airs de si haute distinction (relative) que nous en sommes émerveillés; notre étonnement cesse quand ce majestueux vieillard trouve moyen de nous insinuer, au bout de peu d'instants, qu'il a été dans des positions... et que nous contemplons en lui l'ex-chef de cuisine d'un exprince (1) ex-ami d'un ex-roi (2). Après cette révélation, il ne fallait plus nous étonner de rien.

Maintenant, le père *Gilet*, pour nous servir, et nous très bien servir, est, grâce à ces beaux antécédents, nommé par le gouverneur d'Algérie au poste lucratif (dans l'avenir) de cantinier au caravansérail tout neuf de Dra-el-Arba, et il nous offre, en plein Atlas, beefteak aux pommes, raie aux câpres, thon frais piqué au jus, plus une omelette, mais une omelette tout-à-fait... le mot me manque... si j'osais je dirais *artistique*; oui il y avait de l'art. Vu que les truffes et les champignons faisant défaut, l'illustre *Gilet* avait imaginé de farcir son omelette avec des quartiers de tendres artichauts, préalablement *barigoulés*.

Ces surprises (car il nommait cela ainsi et il avait raison), voilées et entortillées d'œufs étaient vraiment fort originales (recette gratis). J'espère que mes lecteurs me pardonneront ces détails, un peu bien prosaïques.

Eh bien ! je voudrais les y voir, ces critiques



(1) Masséna, prince de Rivoli, duc d'Essling.
(2) Jérôme Bonaparte

railleurs. Ils comprendraient alors tout le sérieux intérêt que peuvent offrir les éléments d'un dîner dans les Grands-Babords.

Oui, digne père *Gilet*, votre existence accidentée n'aura pas disparu comme une étoile filante; vous passerez à la postérité, grâce à ces lignes, qui seront imprimées un jour ou l'autre. Votre délicieux fromage à la crème de chèvre (Chantilly à la vanille) a été pour nous une véritable manne tombée du ciel, je le proclame ici, et le monde entier le saura ou pourra le savoir.

On travaillait encore aux bâtiments de cette hôtellerie militaire. Une compagnie entière de disciplinaires aidait les maçons et les couvreurs. Ces vauriens étaient pour le pauvre père Gilet des hôtes bien dangereux; mais il lui fallait les endurer. Depuis huit jours à peine qu'il était établi à son poste de cantinier, ses provisions avaient été l'objet de plus d'une attaque clandestine. Des poulets manquaient à l'appel, la clef du cellier avait été soustraite, le chat même, le chat apporté à *Dra-el-Arba*, avait disparu, victime de quelque guet-apens. Ces disciplinaires, mal disciplinés, étaient à coup sûr des enfants de Paris. Aussi le digne Gilet soupirait-il après le départ de cette compagnie de si mauvaise compagnie.

Le matin même, la plus grande partie de ces travailleurs avait dû être envoyée, nous dit-on, dans la direction de Bougie pour réparer des dégâts considérables survenus à la route.

Ceci nous fit dresser l'oreille.

Par suite des orages continuels qui, depuis huit jours, inondent la contrée, tout le pays est ravagé. Des grêlons énormes ont haché les blés ; la pauvre route neuve n'a pu résister aux grosses pluies ; elle est rompue en maint endroit. On nous apprend ces détails au moment de monter à cheval. Des renseignements aussi précis que possible nous prouvent qu'il serait imprudent à nous de continuer à la suivre. Or, pour gagner le camp des chasseurs commandés par M. de Bellefond, ami de mon gendre, et plus loin au delà de ce camp, notre gîte du soir, au caravansérail de l'*Oued-Amisour*, il nous reste pour ressource une traverse arabe qu'on affirme être bonne et très directe. Va donc pour la traverse arabe ! et nous partons. Le temps s'était un peu levé. Selon notre habitude, nous avions fait partir, une demi-heure à l'avance, toute notre smala, afin de pouvoir faire un temps de trot en la rejoignant. Tillois seul nous restait. Très contrarié de ce changement de direction qu'ignorent nos gens, puisque nous venons de le décider depuis leur départ, M. de G*** envoie ce brave garçon (le pauvre Tillois a été enlevé peu de temps après par le choléra, à Sétif) à leur poursuite, pour les avertir à temps, s'il est possible, de prendre aussi par la vallée indiquée.

Tillois s'éloigne rapidement et nous nous mettons en marche seuls tous trois du côté indiqué.

Un pâle soleil perçait les nuées, essayant de nous sourire pour nous encourager. Mille sentiers capricieux, portant tous des empreintes de mules ou de chevaux arabes non ferrés selon la coutume, s'éparpillent en tous sens, des bois, des rochers, des sommets sans nombre superposés les uns aux autres rendent très difficile de suivre les indications reçues et de se diriger sûrement ; pourtant M. de G***, ayant assez l'expérience du pays, nous guide vers une profonde vallée que l'on pressent par la conformation des montagnes. On nous a dit d'y descendre, de la suivre quelque temps, en regardant bien sur les coteaux de droite pour y découvrir le sentier arabe qui tortille au travers des maquis de lentisques, de jujubiers et de grenadiers, puis arrive enfin jusqu'au fond de ce vallon si profond qu'il en est sombre. Ici commence la période pénible de notre aventureux voyage. Cette journée, et celle du lendemain 12 mai, ont été les seules véritablement fâcheuses dans toute la durée de nos expéditions.

Descendus, non sans peine, des coteaux raides et boisés que nous avions suivis depuis *Dra-el-Arba*, nous nous trouvons au fond d'une longue et obscure vallée, ou, pour mieux dire, dans le lit même d'un large fleuve absent pour le moment, absent peut-être depuis longtemps, peut-être pour quelques jours; il faut être en Afrique pour voir des eaux capricieuses.

On le nommait naguère l'*Oued-Amassin*. Reviendra-t-il? Qui le sait? Ses traces se voient de toutes parts sur ce fond plat, bordé d'une muraille de rochers nus et infranchissables à gauche, et à droite d'une autre muraille de taillis épais d'une hauteur prodigieuse. Bancs de sable, amoncellements de galets, flaques vaseuses, plantes aquatiques et visqueuses, quartiers de rochers çà et là, voilà le terrain sur lequel nos pauvres montures cheminent péniblement. On ne saurait se figurer à quel point cela est sombre et triste. De minces filets d'eau, tombés des rives, viennent se faufiler entre les pierres; un froid singulier et une humidité pénétrante nous saisissent, et des bandes de vautours blanchâtres, nous prenant pour une proie vivante qui cherche à s'échapper, passent et repassent effarés très près de nos têtes. D'autres vilaines bêtes grouillent sous nos pieds dans la vase. Heureusement, nous sommes à cheval.

Nous nous sentons comme perdus dans cette majestueuse horreur. Ce froid, ce demi-jour, le doute qui nous assiége dans cette voie inconnue, tout cela ressemble à une description du Dante.

Nous marchons en silence sous cette bizarre impression. Où donc est ce fleuve disparu? Le soleil d'Afrique l'a-t-il déjà bu goutte à goutte? Non, nous ne sommes qu'au douze mai. Sa source lointaine s'est-elle tarie tout à coup? ou bien, ainsi que notre Rhône l'a fait maintes fois, a-t-il choisi un autre lit? Qui sait? Il ne vient plus. Les Arabes ignorent pourquoi. Rien ne reste de cette vaste nappe d'eau courante. Les petits ruisseaux qui viennent de ses rives en frétillant de côté et d'autre, comme pour le chercher et lui porter leur tribut, semblent tout étonnés. S'il allait reparaître tout à coup? arriver sur nos pas en bouillonnant, remplir d'une rive à l'autre ce lit noir et profond que nous suivons lentement ? serions-nous protégés comme les Hébreux dans la mer Rouge, ou submergés comme les Egyptiens leurs ennemis ?

Il me semble parfois qu'il arrive sur mes talons, et c'est le cas de le dire : je voudrais bien m'en aller.

Nos chevaux fatiguaient horriblement sur ce terrain gras ou fuyant tour à tour, et nous cheminions avec une extrême lenteur, regardant sans cesse dans cette sorte de tranchée gigantesque si Tillois et le reste de l'escorte ne paraissaient pas au loin derrière nous. Depuis plus d'une grande heure nous allions ainsi, cherchant toujours des yeux la traverse arabe, et la journée s'avançait ; enfin un petit sentier jaunâtre et fréquenté, vient tomber, c'est le mot propre, presque verticalement sur notre droite. Nul doute : c'est le chemin, et sans attendre plus longtemps les trainards, pressés de sortir de ce lieu fétide et malsain, nous commençons l'escalade.

Quelles excellentes montures que ces chevaux arabes ! dans leur propre pays il n'y en a pas d'autres possibles ; rien ne les arrête, rien ne les rebute. On peut fermer les yeux et s'en fier à la sûreté de leur pied si adroit.

Hop! hop! nous voilà hissés tous trois à six pieds de haut comme par un mur. De là commence une telle suite de *raidillons*, de sauts périlleux, d'escaliers de rochers, de difficultés de toute sorte, que c'est à n'y pas croire. Quand par hasard ce chemin est en terre, il est gras, glissant, huileux, pour ainsi dire, et l'on n'y peut tenir debout sur ses deux propres pieds ; de plus, il est raviné en travers et régulièrement par le pas des mules arabes depuis le commencement du monde, et ces coupures, remplies d'eau de pluie, vous causent d'horribles secousses et vous couvrent d'éclaboussures à chaque pas de votre cheval.

Lorsqu'il est en rocher, il grimpe sur le penchant au risque de faire rouler le voyageur dans l'abîme noirâtre de la vallée *Maudite*, et lui présente en outre une foule de pierres roulantes pour aider à ce résultat.

Oh! quel chemin! quelle marche effrayante! Il m'est impossible de comprendre, à cette heure où je ne suis plus animée par une impérieuse nécessité, comment nous nous en sommes tirés sans malheur. Nous n'osions jeter les yeux de peur de vertige sur le gouffre que nous longions toujours en nous élevant de plus en plus, nous ne songions plus à Tillois ni au reste de la bande, toute notre attention était absorbée dans la difficulté et les dangers de notre propre route. Nous tirer d'affaire, c'était là notre unique préoccupation. Haletants et en nage, comme nos chevaux, nous avions essayé de marcher en les tirant par la bride ; mais les coupures, souvent très profondes et pleines d'eau, qui marquaient chaque pas, rendaient cela très pénible. De plus, les chevaux se faisaient traîner et n'aimaient pas à cheminer ainsi ; nous avons dû subir ce martyre pendant trois mortelles lieues sans trop savoir où cela nous mènerait. Pendant tout ce temps, des fleurs innombrables couvrant entièrement les pentes de chaque côté du sentier, rayonnaient, scintillaient, éclataient sous nos yeux. Elles me semblaient alors insulter à notre détresse, et je n'avais pas un regard ami, moi qui les aime tant! pour leur grâce et leur fraîcheur. Comment nous sommes-nous tirés de là? je l'ignore et j'en remercie Dieu du fond de l'âme. J'y ai cueilli un petit bouquet d'immortelles qui perpétue pour moi ce souvenir étrange.

La présence de ma fille, tout en augmentant mon inquiétude, me stimulait en quelque sorte; je me sentais comme ivre de nécessité, il fallait sortir de cette entreprise périlleuse. Cette chère enfant se montrait digne par son sang-froid et sa résolution de ce que j'attendais d'elle. Son mari marchait en avant, indiquant la manière de procéder avec le moins de danger possible ; elle venait ensuite et je fermais la marche, l'encourageant et l'affermissant de mon mieux, car toute assistance matérielle était impossible.

Quand je me reporte à ces heures de vertige, avec cet abîme glacial et béant nous suivant en quelque sorte comme une fosse noire à des centaines de pieds de profondeur sur la gauche, tandis qu'à notre droite, une muraille de fleurs éclatantes, de plantes échevelées tombaient sur nos têtes, et que des talus entiers de réséda, de bruyères roses, d'immortelles et de géraniums mêlés à ces grandes paquerettes que l'on aime tant à Paris, nous embaumaient au passage. Je crois avoir rêvé tout cela.

Mes yeux ne regardaient que les obstacles du chemin, et cependant je voyais tout, ensemble et détails. S'il était donné à mon pinceau de reproduire un pareil tableau, je le retrouverais entier à cette heure dans ma mémoire. Quel règne éblouissant que le mois de mai, pour la flore de Kabylie ! c'est à faire tout exprès le voyage de ces montagnes, rien ne saurait donner une idée de cette splendeur, qui sans doute est de peu de durée.

L'escalade durait depuis plus de deux heures, lorsque des bruits étranges attirèrent notre attention du côté des épais taillis de lentisques, de jujubiers et de caroubiers nains qui remontaient en broussailles jusqu'aux sommets des coteaux. Des craquements, de lourds mouvements dans les fourrés, comme pourraient les produire les bonds capricieux d'un animal de forte taille, commencent à inquiéter M. de G... Dans ces solitudes sauvages, rien de plus naturel qu'une mauvaise rencontre en ce genre. Nous écoutions donc avec assez d'anxiété. Lorsque, désirant éclaircir ses doutes, dans un moment où le bruit s'est fait entendre près de la lisière des fourrés, il nous fait ranger précipitamment derrière un rocher ; puis, armant la carabine qu'il porte en bandoulière, il pénètre sous le couvert. Là il se trouve en face de quoi? d'un quartier de rocher, de deux, de dix, de vingt quartiers de rocher qui descendent des hauteurs, assez lentement à cause des obstacles qu'ils rencontrent, mais enfin qui descendent en roulant. Evidemment ils sont poussés d'en haut; mais par qui et pourquoi? Que signifie cette singulière aventure? Enfin, nous entendons des voix humaines sans pouvoir distinguer quelle langue elles parlent. Mon gendre grimpe à l'assaut jusqu'à un endroit un peu découvert, et de là, appelant d'une voix retentissante les êtres inconnus qui nous battent en brèche sur ce sentier sauvage, il lance le fameux *haro !* normand fort à sa place en ce moment. A cette clameur historique, des voix françaises répondent d'en haut ; ce sont des chasseurs du bataillon de Bellefont qui *travaillent* au déblaiement de la route française sur les hauteurs, au grand préjudice des passants de la route arabe.

Sans les taillis épais qui avaient entravé la chute de ces projectiles inattendus, nous eussions couru de gros risques sur ces pentes malencontreuses.

Après une pareille ascension, être accueillis à coups de pierres, et par des Français encore, c'était un peu dur. Aussi, M. de G*** adressa-t-il une sévère réprimande à l'officier qui commandait cette belle manœuvre. Celui-ci répondit ingénument qu'il ne passait jamais que des Arabes par le sentier d'en bas. L'excuse était charitable et peint les sentiments de certains officiers.

A cette place, nous fûmes enfin rejoints par nos gens.

Dieu sait comment ils avaient passé à travers les éboulements ; eux aussi avaient couru des dangers, mais moins graves que les nôtres, Tillois ne les avait atteints que trop loin pour rétrograder ; enfin, et Dieu merci ! tout le monde était sain et sauf.

Nous avions grande hâte d'arriver à l'*Oued-Amisour* pour y trouver du repos après toutes ces fatigues, malgré les instances de M. de Bellefont, nous ne voulions pas mettre pied à terre au camp des chasseurs. Nous nous sentions encore irrités contre ses travailleurs ; mieux valait passer outre, pour ne point se plaindre *trop vertement.* Aussi, après quelques politesses, nous avons continué notre route.

Deux grandes lieues restaient encore à faire sur la route française, il est vrai, mais route faite depuis un an, sans pierres, selon l'habitude, sans entretien, par conséquent, toujours coupée en travers de ces sempiternels sillons qui rendent le trot impossible ; ravinée d'ailleurs par les pluies récentes ; en un mot, difficile et dangereuse à parcourir. Le sol s'enfuyait sous les pieds, menaçant par endroit de nous entraîner dans les bas-fonds. Bref, on ne peut rien imaginer de plus insupportable que ce trajet.

L'eau de ces innombrables petits fossés, jaillissait sous le pied des chevaux, rejaillissant sur nous, et le soubresaut continuel du cheval, dont l'allure était forcément lente et saccadée, nous avait brisées, anéanties ma fille et moi.

Nous cheminions en silence. La gaieté s'était bien envolée; des ondées, brusques et fréquentes, nous forçaient à garder nos capuchons sur nos têtes, et les beautés merveilleuses des contrées que domine sans cesse ce chemin ne parvenaient même plus à éveiller notre enthousiasme. Pourtant quels splendides aspects! quels horizons variés à chaque tournant de montagne! quelles perspectives admirables se sont déroulées sous nos yeux indifférents! Je les revois à cette heure par la pensée, ce qui prouve que la bête seule était fourbue en moi et que la folle du logis était toujours lucide et attentive.

Eh bien! je n'avais qu'une pensée : c'était d'échapper par un galop furibond à ces secousses pénibles, à cette lenteur forcée; hélas! c'était précisément là l'impossible.

Nous eussions brisé en cinq minutes les jambes de nos pauvres chevaux et quelque chute mortelle en eût été le résultat. Il fallait subir cette torpeur sans pouvoir la secouer; rien n'attirait nos yeux, et cependant le pays traversé était si magnifique que les soldats du train eux-mêmes, bien que peu admirateurs de la belle nature, poussaient des exclamations de surprise tout en pataugeant dans les ornières à côté de leurs mules épuisées.

Je ne saurais dire avec quelle fiévreuse impatience j'aspirais au but qui devait terminer cette longue et néfaste journée. Le sourire étincelant des fleurs que la pluie rendait encore plus éblouissantes semblait narguer notre mauvaise humeur et notre esprit n'était tendu qu'à maintenir sur chaque arète glissante des sillons le pied de nos pauvres montures au lieu de les laisser barbotter à dix-huit pouces de profondeur, puis s'enlever sur l'ourlet suivant, ce qui leur brisait les reins comme à nous; c'était un exercice d'équitation comme un autre. Tandis que nous portions à ce soin une attention toute machinale, des cris nombreux et féroces comme ceux d'une horde de sauvages qui se dispose à mettre à la broche ses ennemis vaincus, retentissent en avant... On distingue le langage véhément et dur des Kabyles qui semblent toujours en colère ou tout au moins en grande rumeur. Que se passe-t-il donc? quelle rencontre allons-nous faire? quel complément est réservé à cette malencontreuse journée? Autour de nous, à perte de vue, pas un village, pas un camp, pas un douar, et cependant deux cents voix humaines semblent vociférer dans un *crescendo* furieux.

Au tournant de la montagne tout s'éclaircit heureusement. C'était la tribu des *Barbacha*, (le nom est assorti à la douceur de l'idiôme), qui dégringolait sur les pentes sous la conduite de quelques Français. On venait de les chercher dans leurs douars, de les mettre en réquisition pour aider à réparer un grand éboulement qui avait eu lieu peu d'heures avant sur ce point. La route était obstruée. On avait mis les forces vives de ces honnêtes barbares à contribution, on leur distribuait des pelles et des pioches et on tâchait de leur faire comprendre la besogne. Voilà la cause du vacarme affreux qui nous avait effrayées, mal disposées que nous étions par les aventures de la journée. Le burnous retroussé, mais le capuchon rabattu sur leurs noires figures, ils s'escrimaient bruyamment et gauchement à la fois tout en criant à tue-tête comme une légion de diables en corvée.

Enfin ils y allaient de bon cœur ces Barbachas.

Sans doute, animés par l'espoir du salaire promis, ils travaillaient avec ardeur à déblayer la pauvre route, et sans ces bras nombreux nous aurions été obligés de retourner à deux lieues en arrière, coucher au camp des chasseurs. Il n'eût plus manqué que cela. A cette idée tous les cahots me reviennent si cruellement en mémoire, que je me sens prise d'une affection reconnaissante pour tous les Barbachas en masse. Bons Barbachas! dignes Barbachas! braves Barbachas! grâce à vous nous avons pu continuer jusqu'au gîte qui heureusement était proche.

Le travail de ces honnêtes Kabyles n'était que ce qu'on appelle un coup de collier, leur activité ne se serait point soutenue; ces flâneurs éternels ne savent point travailler avec suite. Conduire des mûles, des ânes avec quelques denrées à un *soueh* (marché, rassemblement) du voisinage, rêver sur les hauteurs, dormir, dirai-je manger? Ce n'est guère la peine, vu ce qu'ils mangent; récolter ce que les femmes cultivent sur ce sol fécond, aller vendre et en enfouir l'argent dans quelque trou, voilà la vie habituelle d'un Barbacha, après quoi il va rejoindre ses aïeux sans souci de la postérité.

Assurément le travail accompli le 11 mai

185 par les hommes de la tribu, aura fait époque dans les fastes des Barbachas, si fastes il y a, comme un exploit industriel des plus honorables.

---

## VI.

Contrairement à l'usage en Afrique, le caravansérail de l'*Oued-Amisour* étale son carré de bâtiments dans une vallée (d'ordinaire, on les construit sur quelque élévation). Une vaste agglomération de bâtiments s'étend non loin. Ce sont les moulins *Copello* sur l'*Oued-Amisour.* Ces moulins sont la propriété d'un jeune industriel de Bougie, car Bougie n'est plus qu'à huit lieues de nous ! et demain nous arriverons à cette ville par une route semblable à une allée de parc. M. *Copello,* élégant colon qui l'habite, vient sans cesse *en américaine* à ses moulins, où il fait, dit-on, de l'or en même temps que de la villégiature, du plaisir et de la farine.

Au-dessus de son établissement se dresse, sur un promontoire escarpé, le village kabyle des *Seba-Iggriden*, et précisément en face, sur la colline opposée, une belle maison de commandement, sorte de château construit à l'arabe par le gouvernement, pour la résidence du caïd de cette contrée.

*Bou-Rabba* est un cheïk jeune et beau, il est riche, élégant, on dit même, mais j'ai peine à le croire, on dit, le dirai-je moi-même? on dit donc qu'il a fait emplette d'une brosse à ongles. Voilà une recherche exquise pour un caïd! aussi en parle-t-on dans le pays avec admiration.

Une grande source de richesse dans toute cette contrée, est l'huile que les femmes fabriquent. Des négociants de Bougie l'envoient en France, surtout pour les savonneries, à cause de sa qualité particulièrement grasse. La végétation est magnifique et la fécondité du sol incroyable, dans toute cette vallée. Par de ravissants détours, nous arrivons enfin au caravansérail.

Le cantinier de l'*Oued-Amisour* se nommait *Muller*. J'étais étonnée de n'avoir pas encore rencontré de *Muller* sur ma route. Il y en a tant sur la surface du globe!

Celui-ci était invisible ainsi que sa famille,

hormis une enfant de 12 ans à peine. Une petite *Muller*, pâle et fade, à peau blonde et cheveux idem, qui baragouinait le français avec l'accent le plus allemand du monde; c'était là pour le moment le pivot de l'établissement. Pour commander notre dîner, nous n'avions pu voir qu'elle à la cuisine. Une fois à table, nous ne vîmes qu'elle encore. Les autres *Muller* étaient peut-être au lit avec la fièvre, et nous ne voulûmes pas éclaircir le fait.

Le repas apporté par cette jeune *Muller* commença par une si lourde soupière que la pauvre enfant pliait sous le poids. C'était un mélange visqueux de lait de chèvre, de mie de pain et de farine, qui aurait pu empâter vingt personnes et trente-six chapons; il s'en retourna intact. Etait-ce une invention *Muller*? Un filet de bœuf mariné depuis trois mois au moins, et toujours réservé pour les cas extrêmes, comme ressource dernière des *Muller* dans les jours de détresse, se présenta ensuite sans plus de succès; ce n'était plus de la chair, mais de la charpie au vinaigre. Des œufs, frits à la *Muller*, dans de la graisse rance, arrivent ensuite comme entremets. C'était tout. O digne père Gilet, où étais-tu?

Le vieux gruyère et les raisins fermentés fermaient la marche. Impossible d'avaler une seule de ces choses; nous les faisions remporter sans nous plaindre, espérant quelque autre chose, mais la mine de la pauvre petite Allemande s'allongeait de plus en plus. Evidemment, elle n'avait rien autre chose à nous servir. Cependant notre contenance piteuse touchait sans doute le cœur de cette enfant des *Muller*, car en nous voyant grignoter quelques vieux raisins, elle s'écrie tout à coup d'un air épanoui : « Oh! Metames, foulez-fous tes bommes te terre affec te la salatte?

» — Eh! oui! eh! oui! petite *Muller*! Oh! certes! Hurrah pour la pomme de terre, surtout si elle est bien portante à l'*Oued-Amisour*, et vive la salade, quitte à n'y mettre ni huile ni vinaigre, et pour cause! »

L'enfant enlève prestement ses raisins et son vénérable gruyère, et voilà notre appétit comprimé qui se réveille plus vif, stimulé par l'espérance. Nous les demandions au naturel, ces chères pommes de terre, afin d'éviter quelque sauce *Muller*, nous réjouissant d'avance de les manger avec un peu de sel du bon Dieu, lorsque nous voyons reparaître la grande soupière en guise de saladier; elle contenait cette fois, dans ses vastes flancs, au milieu d'un hachis d'oignons crus et d'huile kabyle non épurée, des tranches de pommes de terre cuites la semaine précédente, arrosées, pour les rafraîchir, avec cet exécrable vinaigre de bois malfaisant et sans goût.

Telle était la *salatte* annoncée; telles étaient les pommes de terre promises.

Encore une déception, et ce fut la dernière.

Cette famille de *Muller*, sans doute pauvre et malade, n'avait pu profiter des ressources que Bougie aurait dû lui offrir. Il fallait donc se résigner et par humanité ne pas même se plaindre.

Nous avons mangé du pain *affec* du chocolat de nos provisions épuisées, couché sous nos propres tentes, dressées dans la cour pour éviter tout contact *affec* le mobilier des *Muller*; de plus, nous avons rêvé de *Chevet* et du caid notre voisin, le riche et beau *Bou-Rabba,* qui, lui, aurait bien dû nous envoyer, pour *diffà*, un mouton rôti. C'est la dernière fois que des aventures gastronomiques trouveront place dans ces souvenirs. Cela deviendrait et est, sans doute, déjà fastidieux; il n'appartient qu'à Alexandre Dumas d'intéresser le lecteur avec de pareils détails. et je demande pardon à mes lecteurs de ne les leur avoir pas épargnés.

On dit que Bou-Rabba, le caïd de cette belle vallée a des femmes charmantes (1). L'une est, dit-on, française; elle lui aura appris l'usage de la fameuse brosse à ongles. Quant à la brosse à dents, on croirait que tous les Arabes en font une grande consommation, tant leurs dents étincellent de blancheur, même dans la vieillesse; une de mes bonnes kabyles d'*Aïn-Roua* portait suspendu au cou un bouchon de cristal trouvé près du caravansérail; elle y aurait certes suspendu aussi volontiers une brosse à dents en ivoire, si elle en avait rencontré une. *Sancta simplicitas!*

La vallée de l'*Oued-Amisour* (j'aime ce doux nom, malgré le souvenir importun des Muller) tombe, à peu de distance du caravansérail, dans la grande et majestueuse vallée de l'*Oued-Sahel*, *Summam*, *Oued-el-Kébir* (la grande rivière) enfin! Tous ces noms sont également donnés au fleuve majestueux qui coule à pleins bords jusqu'à la mer. Il serait navigable fort avant dans les terres avec

(1) Comme le dit la chanson de *Mam' Gibou* en Afrique:

Ces monstres d'homm' ont plusieurs femmes;
Pourvu qu'ils les nourriss' c'est bien,
L' procureur du roi n' leur dit rien.

quelques travaux. On nous avait vaguement parlé de son débordement partiel ; mais M. Copello avait amené de belles dames, l'avant-veille, à ses moulins. Donc, la route était praticable, bien que boueuse.

Le 13 au matin, le temps était passable ; nous avions hâte de gagner Bougie et, plus encore, de quitter l'Oued-Amisour et ses *Muller*, j'y avais eu un gros chagrin par la perte d'une bague arabe qui ne quittait jamais mon doigt depuis mon départ de Constantine. Le hasard seul avait présidé au choix de cette bague dont le chaton en cornaline s'était trouvé porter à mon insu ces mots en caractères arabes : *Dieu facilite les entreprises de l'homme qui l'aime.* Toutes ces bagues portent quelque sentence dans ce genre.

Or, j'appliquais à notre voyage cette consolante assurance, et quand il me fallut quitter l'hôtellerie sans avoir retrouvé ma bague, ma tendance superstitieuse s'éveilla soudain. On ne s'arrête pas à de pareilles lubies. On ne les avoue même pas.

De grands nuages traversaient le ciel, jetant alternativement des ombres où de vives lumières sur tous les points de ces magiques horizons. A chaque pas, des exclamations éclataient sur toute la longueur de notre petite caravane; la variété, la richesse, le pittoresque et le charme se réunissent à un tel degré dans ce parcours, que je ne pense pas qu'il y ait sous le ciel des lieux plus ravissants. Cette fois, nous cheminions dans la vallée qui devrait se nommer *Tempé*. Sur les montagnes les moins élevées, de beaux villages ayant tous leur marabout ou petite mosquée, comme un village normand a son clocher; des bois, des fleurs sans nombre, des ruisseaux murmurants, de grands arbres en bouquets, plantés comme à plaisir, et tout cela appartenant à tous, sans clôtures pour arrêter les pas ou le regard. Des ormeaux et des platanes auxquels se suspen- daient en longs festons des vignes folles; puis, à travers le feuillage, quelque petit minaret blanc comme l'albâtre ou les arcades d'une fontaine.

Partout la vie et la fertilité, partout des troupeaux gardés au son de la flûte arabe, des bananiers et des cannes à sucre plantés là comme essai et réussissant à souhait, des oliviers immenses aux troncs bizarrement contournés, et sous l'ombrage même des arbres, les simples pressoirs où les femmes en écrasent les fruits. Sur les bords doucement inclinés de la rivière, des taillis entiers de lauriers roses chargés de fleurs ondulant à la brise de mer, qui vient du golfe où, sous les murs même de Bougie, la Summam va bientôt se jeter.

Quel enchantement ! quel délice qu'une habitation située comme le sont ces nombreux villages ! Leurs habitants sont pourtant bien sauvages ! D'après le choix de leurs emplacements, faut-il croire qu'ils apprécient tout cet ensemble délicieux au milieu duquel ils vivent ? Ils aiment leurs riches vallons, leurs coteaux boisés et fertiles, peut-être seulement à cause de leur fécondité. Il nous prenait d'irrésistibles désirs de dessiner, de peindre, de rester immobiles en admiration devant cette nature si généreusement comblée des dons du Créateur ; mais notre insuffisance nous humiliait et nous passions. Qu'est-ce que des crayons, des pinceaux, en face de cette splendeur ? Comment essayer de rendre cette pureté lumineuse, ce charme varié, cette étendue limpide et pleine de détails ravissants ? Les rencontres même, ce jour-là, semblaient plus agréables et plus gracieuses. C'était d'abord un atatouch aux longs rideaux soyeux, renfermant la nouvelle épouse d'un caïd du voisinage ; elle arrêtait sa suite, puis elle regardait curieusement, à travers une fente habilement ménagée, notre cortége français; peut être enviait-elle notre liberté. Plus loin, une petite caravane se reposait à l'ombre si charmante des sycomores. C'était des juifs arméniens nommés dans le pays *Mercanty*, qui s'en allaient trafiquer dans les tribus. Ces hommes aux traits caractérisés et d'un beau type, portant le turban volumineux en mousseline d'un jaune pâle ou rose, et par dessus le cafetan brodé, une vaste houppelande ornée en soie de diverses couleurs, ressemblaient tellement aux rencontres racontées dans les *Mille et une Nuits*, que j'avais envie de leur demander des nouvelles de la sultane Schéherazade et de la princesse Badoura. Je suis certaine qu'ils savaient autant de belles histoires que ces illustres dames, et qu'ils avaient autant de perles fines et de sequins dans leurs coffres garnis de clous dorés et portés à dos de chameaux. Quel plaisir c'eût été de faire déplier devant nous, dans ce lieu, les belles étoffes tramées d'or fin; d'admirer les armes incrustées; de respirer les sachets, les flacons qui contenaient ces parfums si chers aux jeunes épouses des scheiks et des riches caïds!

Le mercanty s'y fût volontiers prêté; habitués à la vie nomade, ces gens feraient leur commerce au fond d'un gouffre. Mais le temps pressait, nous voulions arriver de bonne heure à Bougie, et nous venions d'apprendre que la Summam, débordée vers son embouchure, menaçait de couvrir la route au moins sur les trois dernières lieues. Il fallait nous hâter pour gagner le pont de bateaux sur lequel on la traverse à un quart de lieue de la mer. Nous étions sur la rive droite et Bougie est située sur la rive gauche.

Adieu donc aux mercanty; adieu à chaque détail ravissant de cette vallée, à toutes ces coquetteries de la nature qui semblaient vouloir nons arrêter au passage.

Pourtant, devant le marabout de *Tala-Hamza*, impossible de résister à la tentation; nous mettons pied à terre pendant quelques instants, et nous voilà croquant à la hâte les cinq arcades blanches de la petite mosquée entourée de cytises, de grenadiers et de jasmins fleuris. Sa treille à l'italienne, ombrageant les Tolbas nonchalants; son ruisseau qui vient des hauteurs où sont épars tant de beaux villages, s'arrète un moment dans le bassin de la fontaine aux ablutions, puis traverse notre route en gazouillant pour continuer sa course vers la Summam à travers les herbes fleuries.... Quel tableau paisible et riant! Quelle lumière! Quels tons fins et suaves dans les lointains! Quelle ordonnance gracieuse dans tous ces détails que la nature a seule agencés, et que l'art le plus exquis ne pourrait égaler même dans ses conceptions les plus riantes et les plus grandioses à la fois! Comment imiter le charme élégant du premier recoin venu dans cette vallée de la Summam? et cependant nous étions sur le territoire des *Beni-M'Saoud*, tribu farouche entre les plus farouches des environs de Bougie; ces aspects devraient pourtant adoucir leurs âmes.

Sous l'arcade même de la fontaine, un groupe de jeunes femmes se dessinant sur le fond sombre du bain, nous regardait passer en silence. Je comprends que les habitants de ce paradis terrestre aient cherché par tous les moyens possibles à repousser les envahisseurs. Ils ignoraient, les pauvres sauvages, qu'on ne résiste pas à ces fous entêtés qu'on nomme des Français. Si la route de l'Eden leur était connue et que la fantaisie leur en vînt, l'épée flamboyante de l'ange ne les arrêterait pas.

Au milieu de ces enchantements, à trois lieues environ de Bougie, de sérieux embarras nous attendent; la route, se rapprochant davantage de la rivière par un hasard fâcheux, est déjà couverte par les eaux. De minute en minute, la crue augmente. Aucun autre chemin n'existe au flanc des escarpements, du moins nous n'en connaissons pas. En tout cas, ils nous éloigneraient du but qu'il nous faut atteindre au plus vite. Les nombreux ruisseaux qui font la fertilité des montagnes kabyles, transformés en torrents par les pluies des orages récents, descendent en cascades coupant tumultueusement notre chemin , et comme pressés d'aller jeter leur trop plein inaccoutumé dans cette Summam ou *Oued-el-Kebir*, bien nommée *la grande* en ce moment, car ses flots jaunis et écumeux emplissent de plus en plus les prairies de ses bords. Chaque gué des petits affluents devient dangereux à franchir jusqu'à ce qu'enfin nous en soyions venus à ne plus marcher que dans une vaste étendue d'eau profonde de deux et même parfois trois pieds; les têtes de lauriers roses servent seules à nous guider.

Nous marchons à la file les uns des autres , pensant avec raison qu'où l'un a pu passer, les autres passeront.

M. de G*** , conjecturant d'après les arbustes et la teinte des eaux des endroits où le passage est le plus praticable, marche en tête, nous suivons, puis vient l'escorte ave les mules ; mais Dieu sait quels risques nous courons de voir nos chevaux et nous-mêmes tomber dans des trous invisibles au moindre écart de la ligne suivie.

Des troncs d'arbres renversés, des obstacles cachés par l'eau se rencontrent fréquemment ; alors on s'arrête et notre chef de colonne essaie d'une autre direction. La situation était périlleuse, nous frémissions d'ailleurs à l'idée de trouver le pont de bateaux établi sur la Summam, non loin de Bougie, rompu ou emporté.

Nous ne pouvions pourtant accélérer notre marche. La plus grande prudence était indispensable afin d'éviter les chutes et les accidents; heureusement ce pays n'ayant ni haies, ni fossés, puisque rien n'est clos ni séparé, on pouvait toujours tourner la difficulté quand elle se rencontrait. Le soleil étincelant audessus de nos têtes faisait tellement scintiller cette immense nappe d'eau, que nous en étions aveuglés. Chacun de nous ouvrait son sillon dans une mer de paillettes et de fleurs. L'étrange voyage ! C'était comme un rêve à la fois splendide et fatigant ! Là, plus encore que la veille, il fallait étouffer tout découragement, toute hésitation ; gagner le pont était pour nous chose tellement urgente que notre esprit, uniquement tendu vers ce but, se fixait moins à la pensée du danger sérieux que nous courions à chaque pas, et puis c'était si beau ! comment avoir peur? Tout ce qui nous entourait était si féerique, si lumineux ! Nous marchions comme dans un vague enchanté. Pour moi, j'avais fini par ne plus avoir conscience du vrai. J'allais, dans une sorte d'extase engourdie; moitié ravissement, moitié sommeil. Car le soleil aidant, bercée sur mon cheval que je ne dirigeais même pas, puisque je ne faisais que suivre lentement, je sentais le sommeil m'envahir et continuer ces éblouissantes images des grandes eaux parsemées de fleurs et d'étincelles jaillissantes. Enfin, lorsqu'après cette longue et bizarre *traversée*, les montagnes s'écartant et s'abaissant à la fois, nous ont permis d'apercevoir devant nous le golfe de Bougie, la mer immense et bleue, la ligne noire formée par le pont de bateaux tenait encore sur la Summam.

Il semblait nous attendre ce pauvre pont. A sa vue, un cri de joie s'est fait entendre sur toute la colonne fort allongée par d'autres voyageurs qui, peu à peu, s'étaient joints à notre petite smala. Dans ces sortes de voyages, on aime fort à se réunir en troupe. Cela a quelque chose de fraternel que je trouve touchant. On s'entr'aide souvent et l'on se gêne rarement en s'associant ainsi. Tout danger nous semblait passé, maintenant que nous étions assurés de pouvoir atteindre l'autre rive, et pourtant le plus grand était bien le passage du pont; mais nous ne voulions pas y réfléchir. A quoi bon? Il fallait passer et passer vite. Il était grand temps d'arriver.

Une compagnie du génie envoyée de la ville qui est située sur la rive gauche, s'agitait avec des cordages et des chaînes et travaillait à maintenir, pour le plus de temps possible, cette file de bateaux secoués par la violence du courant. Chacun de nous, entouré et maintenu par plusieurs de ces braves gens, a pu franchir, sans mettre pied à terre, ce trajet effrayant. Nos guides tenant chaque cheval par la bride, et cachant le plus possible à ces bons animaux la vue des flots tumultueux du fleuve, leur parlaient doucement pour les rassurer. La moindre incartade, la moindre sottise de leur part pouvait avoir les conséquences les plus funestes et compromettre notre vie à tous. Nous passons lentement; à peine l'on respire. On frémit secrètement en arrivant au milieu du fleuve furieux, qui ébranle sous nos pas le plancher fragile supporté par les bateaux. Enfin, nous sommes sur l'autre rive et pas un seul accident à déplorer! Béni soit Dieu! C'est la première pensée qui arrive à l'homme si frêle, si impuissant sans le secours de son Créateur, lorsqu'il échappe à un danger pour peu qu'il sache penser et sentir.

Il fallait rire un peu, cela est doux après avoir eu le cœur longtemps comprimé. C'est ce que nous avons fait en apprenant que dans toute cette inondation, avant le fameux passage du pont, le cacolet de Louise, la femme de chambre, ayant tourné, elle avait pris un bain involontaire dans une touffe de lauriers roses, et que, de plus, un de ses petits sabots y était resté.

Lorsque quelque indigène trouvera plus tard cet objet inconnu, quel usage en fera-t-il? ce sera pour lui une chose curieuse, un *objet d'étagère*, comme disent les marchands d'une multitude de laides niaiseries, je suis sûre que le négro de Constantine classait ainsi son pot à moutarde de *maille.*

La mer! oh! la mer! la Méditerranée, dont les flots caressent la France là-bas, là-bas! Avec quel bonheur nous la retrouvons! La voilà, enfin, qu'elle est belle! Encore quelques minutes et ses vagues tranquilles, qui viennent expirer si doucement sur le sable, au fond du golfe gracieusement arrondi, vont mouiller les pieds de nos chevaux ; c'est sur sa plage que nous continuons le trajet jusqu'au pied des rampes qui montent à Bougie.

Quel calme charmant dans ces vagues si bleues ! comme cela contraste avec la turbulence de la Summam fangeuse qui, en se précipitant dans la mer, derrière nous, trace longtemps, au milieu du golfe, une longue ligne jaunâtre et agitée !

Les lauriers roses poussent là dans le sable même et le flot vient baigner leurs racines. La brise de mer balançait leurs touffes de fleurs et les inclinait jusqu'à la vague paresseuse. Quel doux spectacle ! quel repos pour nos sens après tant d'émotions pénibles, après tant d'agitation et d'anxiété ! C'était ravissant.

Nous avancions lentement sur la plage même où le *Gouraya*, haute et noble montagne qui cache la ville de Buggiah dans un des plis de son manteau de verdure, vient baigner ses pieds dans la mer ; mais cette fois notre lenteur était le résultat de notre admiration et de notre intime bonheur.

Bientôt après, oubliant l'inondation, la fatigue, le péril passé, qui, dit-on, n'est que songe, nous montions les belles rampes qui conduisent à la porte sarrasine nommée *Fouka*, laissant errer nos regards ravis sur le golfe si tranquille, les montagnes si bleues et la vallée troublée, mais pourtant si belle, que nous venions de suivre et de traverser au péril de nos jours.

En ce moment nous avons aperçu de loin les débris du pont brisé qui s'en allaient à la dérive vers la mer avec une effrayante vitesse, et nous nous sommes écriés en chœur avec une terreur rétrospective : Il était temps! Pourvu qu'aucun de nos bons et dévoués soldats du génie n'ait été victime de cette débâcle!

Peu après nous entrions dans Bougie avec un triste costume de voyage. Nos amazones faites de coutil gris, à cause de la chaleur, avaient trempé dans l'eau qui arrivait parfois à l'épaule de nos chevaux et s'étaient à peine séchées; nos bagages encore couverts de la boue des routes ravinées des montagnes la veille et l'avant-veille, nos feutres déformés par la pluie, nos voiles mélancoliquement pâlis, faisaient la plus piteuse mine, mais nos figures rayonnantes disaient assez la joie que nous ressentions de toucher au but, de voir un des sites les plus charmants de ce monde, et d'avoir la perspective d'y séjourner quelque temps.

## VII

Bougie devrait être la reine de nos possessions africaines. Si elle n'eût pas résisté à nos armes pendant plusieurs années après la conquête d'Alger, la sûreté de son golfe et les délicieuses contrées qui l'entourent lui eussent valu cette couronne décernée à notre première ville conquise.

Les Maures, qui se connaissaient en délices, lorsqu'il leur fallut définitivement abandonner l'Espagne, vinrent sur cette plage et adoptèrent Buggiah. Ils parsemèrent ses belles pentes ombragées jusque dans les flots, d'habitations enchantées. Maintenant ce sont des ruines, mais des ruines poétiques comme le peuple qui éleva l'Alhambra. Leurs vestiges se rencontrent à chaque pas dans les sentiers du *Gouraya* et jusqu'au cap Carbon, où s'élève le phare le plus important de ces côtes.

Des pirates infestaient alors la Méditerranée, comme ils l'ont fait longtemps après et le faisaient encore dernièrement dans l'archipel grec, à la honte des nations civilisées. Beaucoup d'entre eux avaient leurs repaires de l'autre côté du golfe, au pied des montagnes sauvages, ainsi que dans l'île des Pisans, du côté même de Buggiah. Un tel voisinage devait inquiéter sans cesse ces émigrés d'Espagne, habitués à une vie molle et douce. Ils imaginèrent, pour arrêter les invasions de ces incommodes voisins, d'entourer le fond de leur golfe, sur la plage même, d'une muraille crénelée, dont le pied trempait dans la vague. Curieuse invention ! De distance en distance de petites redoutes s'avançaient sur l'eau et de véritables forts protégeaient cette enceinte sur différents points.

L'entrée de la vallée de la Summam et tout le pied du Gouraya étaient ainsi fermés aux agresseurs.

Le mont, qui se dresse à 2,200 pieds au-dessus de la mer, où sa base plonge, apparaît derrière cet obstacle proportionné aux hommes qui l'avaient construit, comme un géant prisonnier dans un cerceau d'enfant.

Pourtant cette enceinte garantissait les habitants de ce rivage béni du ciel, et empêchait les débarquements redoutés par eux.

Les tronçons encore debout de cette clôture sarrasine et la porte ogivale qui ouvre du bas de la ville sur l'eau même où se trouve une petite escale et quelques barques, ont un cachet romantique et tout orientale Des clochetons pointus couronnent toute la muraille qui suit les sinuosités de la plage, puis remonte ensuite derrière la ville jusqu'au fort du Gouraya perdu dans les nuages et incrusté, pour ainsi dire, dans le roc qui forme le sommet du mont. Je ne sais pas quel nom on donne en architecture à ces aiguilles de pierre qui n'ont, je crois, d'autre but que d'orner la crète de certains remparts. La vieille et pittoresque enceinte d'Avignon porte le même couronnement. C'est un cachet sarrasin d'une véritable originalité.

Des mousses si douces à l'œil, si variées de tons, recouvrent ces clochetons et les préservent; des lianes, des fleurs grimpantes qui s'y attachent retombent en maint endroit au-dessus de l'eau, formant ainsi de frais abris pour les baigneurs ou pour les batelets au repos.

Ces Sarrasins, à les juger par leur séjour en Espagne, étaient des artistes et des poètes. Les Maures, leurs descendants, puis des Espagnols établis en ce lieu sous Charles Quint, à la suite d'une victoire qui les en rendit maîtres, vécurent en paix derrière ces remparts maritimes que quelques soldats suffisaient à garder. Un château fort encore debout est de cette époque et s'avance sur la mer. Heureux et indolents, ils savouraient sous leurs ombrages délicieux, près des cascades de leurs fontaines, le charme de ces beaux lieux. L'hiver ne se fait point sentir au fond de ce golfe abrité, la brise marine y tempère les ardeurs de l'été, quelques beaux palmiers y croissent au bord de l'eau, d'autres espèces d'arbres d'une végétation prodigieuse répandent aussi leur ombre sur les flots, et toutes les productions les plus précieuses de la terre ne demandent que des bras pour fructifier sous ce ciel si clément.

Les habitants de *Buggiaïah* se sont tous fait massacrer dans la ville avant de nous l'abandonner. Plusieurs années après notre installation à Alger, elle résistait encore. Un traître s'est trouvé parmi eux, pour introduire les Français. Cette prise a coûté bien du sang et d'héroïques efforts.

Trois ans après la prise, une fois installés dans la ville, trois autres années se sont écoulées sans que le territoire voisin nous offrît la moindre sécurité. Cette situation amenait de continuels combats dans lesquels bon nombre de braves ont péri malheureusement. Pourquoi faut-il que sur cette terre un instinct envahisseur et souverainement inique pousse les uns à dépouiller les autres au lieu de se contenter de leurs lots respectifs.

Aujourd'hui tout est calme dans ce pays.

La bienveillance dans nos relations avec les tribus kabyles du voisinage augmente de jour en jour. Les terrains cultivés par les Français, les jardins pleins de fruits et sans clôture pour ainsi dire ne sont l'objet d'aucune attaque, d'aucune déprédation. Les femmes s'y rendent seules, sans être exposées aux insultes ; en somme, les peuples des montagnes de Kabylie, plus guerriers, plus difficiles à soumettre que les autres races du littoral, en arrivent à reconnaître notre autorité. Plus industrieux, plus francs, plus laborieux que les races voisines, ils montrent dans leurs relations avec nous plus de loyauté et de probité commerciales. Ils commencent à comprendre l'avantage immense d'être en bons termes avec les Français, et nous vendent avec empressement leurs récoltes en grains et en huiles, ce qui rend le port de Bougie fort commerçant.

Si après une expédition sérieuse dans le Jurjura, contrée située sur la gauche du pays que nous avons traversé, on se décidait enfin à construire des routes *solides* de Sétif à Dellys, à Bougie et à Djidjelli, la Kabylie entière, cette pittoresque et riche province de l'Atlas qui offre tant de charmes par sa fraîcheur et tant de ressources par sa fécondité, serait définitivement à nous.

La ville de Bougie fut pendant un temps romaine, comme toutes les cités de Numidie; elle se nommait alors *Salda*. Les Vandales la détruisirent: la destruction était leur élément; mais ils s'établirent dans ses ruines, et Genséric en fit sa capitale jusqu'à la prise de Carthage.

Un fait singulier mérite d'être mentionné ici. Il m'a été raconté par M. Froppo, jeune chirurgien de spahis, homme d'une intelligence et d'une instruction remarquables. Plusieurs preuves de la vérité de son récit me sont venues depuis. Appelé à son grand étonnement, par suite d'une petite vérole qui ravageait les environs de Bougie, dans l'intérieur même des tribus insoumises pour y soigner des femmes et des enfants atteints par le fléau, M. Froppo fut conduit un jour chez les *Ouled-Tamcalt*, dans une vallée écartée; solitude profonde au milieu de montagnes inaccessibles. Là, il fut extrêmement surpris de trouver chez tous les individus de cette tribu les signes extérieurs de la race teutonique: yeux bleus, cheveux d'un blond ardent, peau blanche et colorée. Aux questions faites par lui, on répondit que les anciens avaient raconté autrefois, qu'en des temps reculés, les *Ouled-Tamcalt* étaient venus d'au-delà des mers à la suite d'un grand chef, que depuis lors, séduits par leur fraîche vallée, ils l'avaient cultivée sans s'en éloigner jamais, sans s'allier avec les peuplades voisines, noires et cuivrées par le soleil, vivant entre eux dans cet Eden, oubliés de tous et ne sachant rien du reste du monde qui voulait bien les laisser en paix depuis tant de siècles. Il demeura avéré pour M. Froppo qu'il avait sous les yeux la lignée sans mélange de quelques-uns des compagnons de Genséric, roi des Visigoths.

Plus tard, Buggiah eut ses rois ou sulans.

En 1309, *Ali-ben-Zekrir,* l'un d'eux, concluait un traité avec le roi d'Aragon O: Jayme II. *Abd-Allah* et *Aben-Zechrir* furent ses successeurs. La marine catalane fréquentait ce port, le plus sûr de la côte barbaresque. La république de Venise, celle de Pise, les villes d'Arles, de Montpellier et de Marseille y avaient des comptoirs dès l'année 1220.

Sous le ministère du fameux cardinal Ximenès, Ferdinand V, roi d'Aragon, envoya Pierre de Navarre châtier les pirates maures sur leurs propres côtes. Cet habile général s'empara d'abord d'Oran et de plusieurs points de ces rivages plus voisins de l'Espagne, puis enfin de Bougie où il voyait l'emplacement d'un établissement important pour son propre pays. Pendant cinquante ans la domination des Espagnols s'y maintint.

Les traces encore existantes à cette heure de cette occupation, sont la kasbah ou citadelle qui s'avance dans la mer, et le fort *Moussah* qui couronne la ville. Ce dernier porte aujourd'hui le nom de fort *Barral,* à cause du tombeau qui renferme les restes du vicomte de Barral, général tué devant Bougie.

*Sélim Eutémi*, prince sarrasin (les chrétiens appelaient de ce nom tous les musulmans, Arabes ou Maures, mais non les Turcs), cité dans l'histoire pour sa bravoure et ses malheurs, attaqua vainement l'établissement espagnol de Bougie. *Aruch* ou *Ariodant Barberousse*, son allié d'abord, son meurtrier et son successeur ensuite, échoua comme lui dans cette entreprise. Ce ne fut qu'en 1555 que *Salah-Raïs-Pacha*, dey d'Alger, parvint à s'en emparer, et depuis lors elle fit partie de la régence d'Alger. La ville, proprement dite, était gouvernée par un caïd et un conseil des principaux habitants. Un marché où les Kabyles apportaient leurs denrées se tenait à ses pieds, dans la plaine, sur les bords de l'Oued-el-Kébir, autrement dit la Summam, car ce nom de Oued-el-Kébir s'applique en Afrique à tous les fleuves d'une importance supérieure. Les hommes des tribus y venaient au nombre de quatre à cinq mille et plus.

Le traître *Bouséta*, riche commerçant, ennemi du caïd qui gouvernait vers 1833, livra l'entrée de la ville aux Français qui l'assiégeaient vainement. Une horrible mêlée eut lieu, chaque maison devint le théâtre d'un combat acharné ; je n'ose avouer pour qui eussent été mes sympathies dans cette lutte injuste et révoltante.

L'infâme *Bouséta*, se glissant alors dans la résidence du caïd qui combattait ailleurs, faisant héroïquement son devoir, tua de sa main dix-sept femmes et enfants dont les cadavres furent trouvés sur le sol. Peu d'instants après, le monstre dont nous avions accepté les honteux services, tombait frappé lui-même en pleine poitrine par la balle d'un soldat français qui, dans l'obscurité de la nuit, trompé par son costume, l'avait pris pour un bougiote ennemi. Il reçut ainsi le digne salaire de sa trahison et de son infamie.

En visitant le cimetière de Bougie, véritable jardin de délices parsemé de tombes, on se sent le cœur serré à chaque pas en lisant tant de nobles et touchantes inscriptions! Que de jeunesse, que d'espérances sont couchées là! Que de mères ont envoyé de loin toutes les larmes de leur cœur à ces tombes qui, pour elles, sont la terre étrangère!

Dans un recoin oublié, envahi par les ronces et les orties qui sont, hélas! de tous les pays, se trouve une pierre tombale mal scellée, posée sans soin et livrée à l'oubli faute d'un nom. Une nichée de serpents a élu domicile sous cette pierre. On recommande aux curieux promeneurs qui visitent le cimetière de ne pas s'en approcher. C'est, dit-on tout bas, la tombe du traître *Bouséta*.

---

## VIII.

Ceux des habitants de Bougie qui survécurent à notre triomphe, autrement dit au massacre, se réfugièrent dans les tribus, abandonnant le toit de leurs pères et les habitations qu'ils aimaient tant. Des quartiers entiers, tombés en ruines, sont restés depuis lors sans habitants. Les chiens errants, déplorablement nombreux en Afrique, font seuls leur demeure dans ces maisons délaissées. Cela est profondément triste à voir. La végétation si luxuriante sur les pentes du Gouraya, travaille à recouvrir de verdure tous ces pans de murs, toutes ces fontaines, toutes ces gracieuses arcades à moitié renversées ; bientôt on ne les verra plus.

Les parties les plus élevées de la ville, vers le fort Moussah, lieux ombragés nommés *Sidi-Touati*, sont surtout parsemés de ces ruines mélancoliques. A chaque pas, sous les figuiers, les orangers et les citronniers, qui portent à la fois fleurs et fruits, on rencontre la vasque brisée d'une fontaine, où l'eau arrive encore fraîche et murmurante ; l'ogive mauresque d'un portique ou le pan de muraille de quelque salle jadis bien fraîche, écroulée aujourd'hui, mais ornée encore de mosaïques et de versets du Coran. Il faudrait la muse de Byron pour chanter ces beaux lieux, où les jasmins, les cobéas à larges calices variés, ainsi que tant d'autres fleurs charmantes s'enlacent autour de ces restes poétiques, comme pour attester l'éternelle jeunesse de la nature, debout et souriante quand l'homme et ses œuvres sont tombés.

Les Français, ou pour m'exprimer avec plus de justesse, la population nouvelle de Bougie, aux trois quarts formée de Maltais et d'Espagnols, habite des rues françaises vers le bord de la mer. Un certain nombre de belles maisons, construites par un spéculateur intelligent, mort malheureusement avant d'avoir achevé et sa fortune et le bien qu'il méditait encore, donne une certaine apparence à cette partie renaissante de Bougie ; mais ces constructions lourdes et carrées, de quelques balcons, de quelques persiennes qu'on les surcharge, n'arriveront jamais à remplacer les demeures poétiques, les nids pittoresques qui s'abritèrent jadis sur les flancs verdoyants du *Gouraya.*

Bouggiaïah, solennellement maudite par les Arabes en 1833 parce qu'elle était tombée en nos mains, resta longtemps isolée et en défiance sur sa montagne. A cette heure le rapprochement s'opère peu à peu.

Sans résider encore dans la ville, les Kabyles y passent pour leurs affaires des journées entières ; on les rencontre par bandes dans les rues, se tenant par le petit doigt, coiffés de la calotte rouge qui distingue les Kabyles des autres Arabes. Souvent ils restent de longues heures couchés à terre à regarder la mer. Quand la nuit les surprend ou qu'ils veulent attendre le lendemain dans la ville, ils s'étendent roulés dans leur burnous sur quelque seuil de la place Philippe, ancien quartier arabe à demi détruit. Quels sont là leurs pensées et leurs rêves? — Dieu le sait.

Les *M'Saiah*, tribu puissante dont le territoire s'étend au bord de la mer, vers *Dellys*, et surtout les Zouaouas farouches ont longtemps intercepté l'approche de Bougie aux autres tribus plus disposées à entrer en relations amicales avec nous.

On ne pouvait, sans s'exposer aux coups de fusil de ces farouches montagnards, amener à la ville les troupeaux des *Beni-M'Saoud*, la cire, les sangsues et les cuirs des *Fenaïa*, les oranges exquises que produit la montagne des *Toudja*, le miel si abondant dans le creux des arbres ou dans les ruches qu'on sait fabriquer, ainsi que toutes les autres productions du pays. C'était une sorte de blocus fort pénible pour les habitants; cela n'existe plus heureusement.

Des mines assez riches, dit-on, d'or, d'argent et d'autres métaux existent sur le territoire de plusieurs de ces tribus, chez les Beni-Oualise entre autres.

Le fer se trouve chez nos amis les *Barbacha* et les *Béni-S'liman*. Qui croirait que plusieurs villages de Kabylie, entre autres Aït-el-Arba, sont des repaires presque inaccessibles de faux-monnayeurs? Déjà, avant notre conquête, les deys d'Alger et de Constantine s'étaient entendus pour les traquer, mais sans y réussir. Ils imitaient avec une perfection incroyable les monnaies de tous les pays du monde. Les divers métaux sont à leur portée, et l'on affirme qu'à cette heure encore, ils en fabriquent et en font répandre dans les principaux marchés d'Algérie. Les gens d'Ali ou Arzoun et d'Aït-el-Ardra, qui se livrent à cette criminelle industrie, en font émettre le produit au loin par d'autres tribus complices, car eux ne quittent guère leurs mystérieuses retraites. Ils sont d'ailleurs l'objet de la défiance générale et de l'éloignement des autres Kabyles.

Des villes fortifiées telles que *El-Kalah* et *Akril* existent de loin en loin dans la Kabylie ; on y fabrique de la poudre et des fusils. Le salpêtre abonde dans les grottes.

Le flissah, sorte de coutelas de l'aspect le plus féroce, se confectionne chez les *Beni-Abdallah !*

En général, les Kabyles sont moins sévères observateurs de l'islamisme que les autres Arabes; cependant c'est chez eux que se trouvent dans les montagnes, de l'autre côté du golfe, les *Beni-Bou-Thaleb,* tribu réputée pour sa sainteté. Il en sort une foule de lettrés et de santons qui se répandent dans toute l'Algérie.

Le fameux marabout au burnous bordé de

jaune que j'avais rencontré avec Ahmondah, son parent, dans les rues de Constantine, et qui se faisait baiser l'épaule droite par tous les passants de bonne volonté, réside dans cette tribu, au sud de Djidjelly. Les mœurs et le caractère des Kabyles ont quelqu'analogie avec ceux des Corses, leur parole est sacrée et ils méprisent le mensonge.

Ce sont les femmes qui fabriquent les tissus de laine des burnous ordinaires, mais c'est l'industrieuse Tunis qui envoie par terre, en caravane ou par de rares felouques tunisiennes, tous les autres objets servant aux vêtements de luxe dans toute cette province. Alger, Oran, se fournissent plutôt au Maroc.

En général, les habitants de la Kabylie montagneuse sont d'une simplicité sévère dans leur extérieur. La richesse et la somptuosité des vêtements arabes est dédaignée par eux. Leurs maisons, construites en pierres et couvertes en tuiles creuses, comme à Constantine, sont divisées à l'intérieur en deux pièces : l'une pour la famille, l'autre pour le bétail. Les maçons et les potiers qui font les tuiles sont des gens du pays même. Ces peuples se suffisent pour tous les besoins matériels, sans progresser beaucoup jusqu'alors, j'en conviens;

mais c'est déjà beaucoup de n'être tributaire de personne.

Les Juifs, repoussés de Bougie avant l'occupation française, n'ont pas essayé de s'y établir depuis. Les Maltais y font presque tout le commerce. Aller chez les Maltais, c'est dire aller chez l'épicier, le fruitier, ils sont portefaix, commissionnaires, ouvriers de tout état. Ces gens sont pétulants, grossiers, bourrus, remplissant les rues de bruit. Vêtus de larges chemises de couleurs vives, ils portent, comme à Constantine, toute espèce de fardeau à l'aide d'une perche posée sur l'épaule droite de deux hommes. Ils vous parlent une vilaine langue franque, arabe et un peu française dans laquelle ils vous tutoient sans façon. Quelques-uns de leurs jeunes gens les plus riches sont plus soignés dans leur costume et ne manquent pas d'une certaine grâce. Dès qu'arrive la saison des fleurs, ils se campent, ainsi que la plupart des Kabyles à demi-nus qui rôdent dans les rues, de gros bouquets de roses ou de jasmins sur la joue droite, le pied des fleurs pris et retenu sous la calotte rouge qui leur sert de coiffure. Cette invention est vraiment plaisante surtout pour ces grands diables de Kabyles, noirs et déguenillés.

Les femmes maltaises, brunes et petites, n'offrent rien de remarquable, ni comme type ni comme costume.

Les Espagnols fixés à Bougie sont généralement des Catalans et des Mahonais. Des affaires, de commerce et de spéculation les y attirent. Les femmes de ceux-ci ont le costume national avec la jupe à petits volants et la mantille de dentelle noire sur leurs cheveux bien lissés en bandeaux. C'est à la messe qu'on peut voir toute cette colonie mêlée; il n'existe aucun autre lieu de réunion.

La société française est nulle à Bougie en ce moment; mais, dans les villes d'Afrique, il suffit d'une famille agréable pour relier des éléments épars parmi les fonctionnaires.

Lorsque les chefs militaires ne sont point mariés, ils deviennent ours et s'enfouissent dans un genre de vie qui les éloignerait du monde, si le monde existait là dans le sens du mot *société*. Le cercle, le tabac et les courses à cheval, voilà leurs plaisirs avouables.

La pauvre petite ville charmante qui pourrait détrôner Nice sous le rapport du climat, et qui attirerait les touristes en quête d'une atmosphère véritablement vivifiante, sans la nécessité d'un voyage maritime souvent pénible, semble oubliée des gouverneurs. Soumise au même régime que Constantine et Sétif, elle n'a eu jusqu'alors ni maire, ni conseil municipal. Un *commissaire* civil, sorte de Michel-Morin administratif, trop souvent dépourvu de considération personnelle, veille ou plutôt s'endort sur ses intérêts les plus urgents, sur sa police intérieure et tout ce qui pourrait lui donner un essor qu'elle est si bien faite pour prendre pour excuse à ce magistrat.

Il est vrai de dire que l'autorité suprême est entre les mains du chef de cercle militaire et que celui-ci est toujours peu soucieux de toutes les questions d'amélioration et de progrès. De là ce *statu quo* déplorable. La mesure promise par l'Empereur, pour la création des municipalités et sous-prefectures en Afrique, aura-t-elle le résultat si désirable qu'on en attend? Il semble que, jusqu'à présent, l'administration ait eu pour mots d'ordre : lenteur, indifférence, complète absence de calcul et de suite dans les idées.

Le rapprochement graduel des tribus des environs de Bougie, partie si importante de la Kabylie, leur confiance naissante, les relations utiles qui s'en sont suivies et qui progressent de jour en jour, sont dues entièrement à l'intelligent courage d'un seul individu, de cet industriel dont j'ai parlé plus haut.

M. Troncy, venu en ce lieu la balle de colporteur sur le dos, se montra loyal et confiant envers les Kabyles, allant sans crainte dans leurs villages, les attirant chez lui et se portant garant de leur sûreté, a su, peu à peu, nouer des relations étendues.

Grâce à son initiative, en quatorze ans, il a gagné deux millions, fondé la sûreté des concessions environnantes et donné l'exemple de les cultiver avec courage et sans méfiance exagérée.

En plantant des vergers immenses de pommiers, de poiriers, de pêchers, il a prouvé que ces fruits pouvaient réussir à merveille à côté des abricotiers, des bananiers et des mûriers indigènes. Ses enclos garantis seulement des animaux par un étroit fossé ou une haie de cactus parmi lesquels fleurissent les géraniums et les héliotropes, ses jardins situés au pied des coteaux, tapissés de fraisiers parfumés, produisent tous les légumes de France et ne sont jamais pillés par les Arabes.

Malgré les préjugés reçus, cet homme intelligent n'a pas hésité à entreprendre des dessèchements qui ont contribué à assainir la ville du côté de la Summam; les fièvres ont disparu et il a habitué les Kabyles à ne plus maudire le nom français. Ce sont là de véritables bienfaits.

Quand une mort prématurée vint le surprendre, il y a peu de temps, ses navires animaient la rade, ses marchandises couvraient le quai, ses constructions, largement conçues, solidement exécutées, ce qui est très rare en Afrique, fondaient une nouvelle ville; ses œuvres enfin prenaient l'extension la plus honorable, et si une population flottante, comme celle des villes africo-françaises, pouvait connaître le patriotisme, on élèverait une statue à M. Troncy, le véritable créateur de la nouvelle ville de Bougie.

Son tombeau, toujours entouré de fleurs, semble régner parmi tous ceux qui emplissent déjà ce cimetière français si éloigné de la mère patrie.

Puisse l'avenir de ce lieu qu'il a aimé n'être pas enfermé sous sa pierre!

---

## IX

Bougie, située à 45 lieues d'Alger et à 30 de Constantine, n'a encore aucune autre communication que la mer avec ces deux capitales. Elle regarde le Midi au fond de son golfe tranquille. Le *Gouraya* la préserve du Nord et le cap *Bridjà* semble s'avancer pour la garder des vents de la pleine mer ; ce cap ou *mont* Bridjà a sa racine dans la base même du mont *Gouraya* ; il s'en détache par un mouvement noble et gracieux, se relève et porte à sa surface un bel hôpital militaire qui ressemble au plus riant château, une caserne importante et le dépôt de l'artillerie ; son extrémité s'abaissant ensuite sur la mer est terminée par un fort dépendant de l'ancienne enceinte des Sarrasins. Cette curieuse construction est encore parfaitement intacte et porte le nom de fort *Abd-el-Kader*.

C'est une petite forteresse, dont les profonds souterrains sont creusés dans le roc vif bien au-dessous du niveau de la mer qui l'entoure, elle offre des voûtes et des pavages fort remarquables. On y enferme des Arabes, enlevés dans des sortes de razzias françaises chez les tribus qui se refusent ou qui tardent à payer l'impôt et on les y garde comme ôtages plus ou moins longtemps.

Deux autres caps, le cap *Bouak* et le cap *Carbon* s'avancent encore sur la même côte et portent chacun un phare.

Celui du cap Carbon est d'une magnifique dimension et peut rivaliser avec le phare de Gatteville près Cherbourg. Les anses formées entre ces promontoires offrent des abris sûrs et un bon ancrage pour les vaisseaux. Une flotte pourrait y mouiller sans danger. Un peu plus loin vers la haute mer, un rocher formant une arcade naturelle s'avance dans les flots, l'arcade est assez élevée pour permettre aux navires levantins de passer dessous à toutes voiles. L'île des Pisans, ancien refuge de pirates, se montre à peu de distance de cette pittoresque curiosité. Rien de plus délicieux que les gorges entièrement boisées qui descendent de la montagne à la mer entre ces caps. L'étroit chemin qui les domine comme une corniche et conduit au grand phare est une promenade unique dans son genre, elle l'emporte sur tout autre site analogue à cause de la beauté et de la fraîcheur de la végétation, même sur la fameuse corniche de Gênes. Pendant deux lieues on chemine ainsi au-dessus du golfe, passant tour à tour en revue les deux ports excellents que peut offrir Bougie, ports où la nature a tout fait pour la sûreté des navires, tandis qu'à Alger et à Stora des millions ne suffiront pas à construire des jetées insuffisantes, et les sites les plus variés avec la mer et de belles montagnes pour horizon.

La vallée appelée le jardin des Oliviers, une autre vallée étroite et boisée qui appartient en propre à tout un peuple de singes, nos cousins germains, sont dominées par ce chemin des phares et viennent s'y terminer. Lorsqu'on se promène en respirant la brise marine sur cette sorte de balcon, l'âme exaltée par la radieuse beauté de ces aspects, l'œil aperçoit tout à coup d'en haut la tribu grotesque qui y vit en paix dans des fourrés inextricables; on ne peut accéder dans son domaine par aucun autre côté que par la mer; mais d'en haut, on peut, en jetant quelque chose à ces amusants individus, du pain, des gâteaux, des noix, les attirer en grand nombre. On les voit alors sauter sur les arbres d'où ils adressent pour remerciment mille grimaces aux passants. Des méchants sont quelquefois venus en barque les troubler, les tourmenter, leur voler leurs petits, mais cela est rare heureusement ! N'y a-t-il donc pas un lieu d'abri sous le ciel pour chaque créature du bon Dieu ?

De magnifiques tortues d'eau douce abondent dans les rivières voisines de Bougie. Nous en avons vu promener une dans les rues, elle avait plus d'un mètre de long. Les hyènes et les chacals qui rôdaient chaque nuit dans la ville après sa dévastation, semblent avoir pris leurs habitudes ailleurs; les combats et les hurlements affreux des chiens errants, tant kabyles que français, abandonnés par leurs maîtres, troublent seuls le sommeil des habitants; le nombre de ces animaux est effrayant.

Ainsi que dans le Levant on ne prend contre ce fléau aucune mesure, et si, par un bienfait spécial de la Providence, l'hydrophobie n'était pas inconnue dans ces contrées, les plus grands malheurs seraient à déplorer.

Tout en étant rassuré sur ce point, il reste

encore l'agrément de passer les nuits blanches à entendre hurler ces vilaines bêtes, et le risque, en plein jour, de se trouver compromis dans leurs combats à travers les rues. On est souvent pris dans des bagarres soudaines, et jeté à terre au moment où on y pense le moins par une meute en furie. Il serait pourtant bien facile, au moyen de quelques os empoisonnés et d'un peu de surveillance, de remédier à cet inconvénient, en détruisant ces hordes vagabondes.

Bougie n'a pas encore d'église et n'a plus de mosquée. On célèbre le culte catholique dans une grande chambre arrangée en chapelle. On s'y étouffe, et les Arabes curieux, groupés en dehors contre les fenêtres, empêchent l'air d'y pénétrer.

Les militaires, habitant Bougie, déplorent de n'y pas voir fonctionner un petit théâtre comme à Sétif; malheureusement les précieux zéphyrs, ces acteurs formés pour la plupart à l'école des gamins de Paris, manquent ici pour composer la troupe.

Le génie, qu'on surnomme en Afrique *l'étourneau savant*, fait des siennes à Bougie comme ailleurs. Tout est de sa compétence en fait de travaux. Si l'on crée une fontaine, il lui donne la forme heureuse d'un cercueil ou, comme aux environs de Sétif, celle d'un fromage de Hollande à demi enfoui dans le sol. Si c'est un égout, il ravage dix rues pour une, changeant de direction et de plan après avoir démoli, dépavé à tort et à travers, empesté plusieurs quartiers pour en assainir un ; aussi, un chorus de bénédictions lui est-il adressé de toute part.

Les rues de Bougie sont étagées aux flancs de la montagne, de façon à permettre à presque toutes les maisons d'avoir la vue du golfe de leur premier étage, par dessus celles qui leur font face. Le rez-de-chaussée qui regarde la montagne est un premier, si ce n'est même un second du côté de la mer, tant la pente est raide, mais les rues, toutes tracées horizontalement, sont rejointes par des escaliers qui permettent d'abréger les distances lorsqu'on veut aller de l'une dans l'autre. On passe des heures charmantes sur les balcons couverts de tentes le jour à respirer la brise de mer, le soir ou la nuit à contempler le plus délicieux tableau. Notre rue, toute française, portait à un bout ce naïf écriteau : *Rue du Viellard*; à l'autre, celui-ci : *Rue du Veillard*. *L'artiste peintre* n'avait pu saisir la combinaison voulue pour perpétuer le souvenir d'un vieillard qui avait fait sur cet emplacement une résistance héroïque lors de la prise de la ville. Pauvre vieux ! il était dans sa destinée d'être estropié et mutilé même dans sa gloire et son souvenir.

Le grand événement, dans cette existence toute contemplative, c'est toujours l'arrivée du bateau de France. Bien qu'il ne vienne point directement et aille toucher à Alger ou à Philippeville avant d'apporter à l'humble ville kabyle, si déshéritée, son courrier tant désiré, tant attendu, ce n'en sont pas moins des nouvelles fraîches du reste du monde. Tous les dix jours seulement, le courrier vient. Un coup de canon se fait entendre, c'est le signal de l'entrée dans le golfe du paquebot côtier : il fait le service de poste et de messagerie.

Une rumeur joyeuse s'élève de toute part dans les rues. On sait que deux heures à peine sont accordées pour écrire les réponses pressées, pour faire en hâte les préparatifs, ou bien qu'il faudrait retarder de dix autres jours envois ou départs.

On conçoit l'agitation que chacun éprouve en attendant l'instant où le paquebot jette l'ancre et exhale sa vapeur pour s'arrêter en face de la porte d'eau des Sarrazins. Des barques nombreuses chargées de monde et de ballots se détachent de la jetée, abordent au bateau qui ne peut approcher tout à fait; elles en reviennent plus chargées encore, toutes les fenêtres sont garnies de curieux, la poste aux lettres est assiégée. On court dans les rues journaux et lettres à la main. On lit à tous les coins d'ombre, et les adieux ou les bonjours s'échangent de tous côtés à la hâte. Ce bateau est la pile de Volta qui secoue Bougie de son doux engourdissement. Mais déjà il chauffe pour repartir; il s'écarte bientôt du rivage, on le suit des yeux, des lunettes, quelquefois du cœur. On monte sur le cap Bridjà, jusqu'à l'hôpital, on court jusqu'au fort Abd-el-Kader pour le voir plus longtemps jusqu'à sa sortie du golfe, regagnant la haute mer. C'est la France qui s'éloigne, c'est la vie qui s'en va. Le calme retombe sur cette plage africaine, où chacun reste avec une somme nouvelle de joie ou de tristesse au milieu de toutes ces ruines et de toutes ces fleurs.

Pourquoi ce point important de la Kabylie, cette ville si favorisée de Dieu, reste-t-elle ainsi oubliée par le gouvernement français? L'opinion des Anglais qui y voient l'importance d'un second Gibraltar et pourraient prendre ombrage de sa prospérité, est-elle pour quelque chose dans son abandon? Cela se dit ici, mais je ne veux pas le croire.

La routine, l'indifférence des gouverneurs pour tout ce qui n'est pas leur chère résidence d'Alger explique suffisamment cet état de choses. Bougie qui possède deux cent mille francs de revenus, en jouira le jour où elle sera émancipée, majeure si l'on veut, ou du moins régie par des magistrats municipaux. Jusque-là, ces ressources vont se fondre dans les brouillards d'Alger ou d'ailleurs.

Depuis un mois déjà nos jours s'écoulent dans ce lieu de paix et de bénédiction.

De longues promenades le matin sur les sentiers de la montagne, lorsque son sommet, qui est notre oracle, notre baromètre infaillible, se dessine nettement sur l'azur du ciel, et montre ses crénaux et ses rochers habilement confondus par la main des hommes.

La petite garnison de ce nid d'aigles se renouvelle tous les quinze jours, et emporte pour ce laps de temps toutes ses provisions excepté l'eau. Cette précieuse substance s'y trouve et ne fait jamais défaut dans une citerne qui s'alimente à 2,200 pieds à pic sur la mer par un abondant suintement du roc vif.

Quand, au contraire, la cime se cache dans

des nuées, nous restons prudemment à portée de la ville à dessiner sur les pentes moins élevées, ou à lire et travailler sur les belles pelouses du fort Barral avec la petite ville étendue à nos pieds et son golfe toujours tranquille pour perspective, car il est probable que dans la journée on aura de la pluie.

Près de ce fort, nommé jadis Moussab, du temps des Sarrasins, mais reconstruit par les Espagnols, une source presque brûlante s'élance du sol et remplit d'une vapeur épaisse la petite construction dont on l'a entourée. Cette source doit avoir une vertu curative qui sera sans doute utilisée un jour. Elle a peut-être rajeuni, guéri, fortifié bien des Maures énervés ou malades. On ne songe pas, depuis notre installation, à essayer son influence.

Le milieu du jour se passe au repos derrière nos jalousies où la mer nous envoie sa fraîche haleine. Le flux et le reflux n'existant pas dans les eaux méditerranéennes, on n'a jamais sur ces bords délicieux les inconvénients de la marée basse si déplaisants sur les autres rivages; des gerbes de fleurs, cueillies le matin dans la montagne, embellissent notre logis et nous aident à passer les heures brûlantes. Le soir venu, nous descendons dans la vallée, vers la mer si douce, quelquefois dans la vallée de la Summam où croissent tant de lauriers-roses. Des promenades en bateau ou en calèche avec Mme de Golberg et sa famille, jusqu'aux concessions, remplissent ces belles heures ; quelques relations agréables nous aident à ne pas oublier le monde, les arts et le charme d'une conversation spirituelle. Le sous-intendant M. H***, sa femme et sa jeune fille, sont une précieuse ressource sous ce rapport.

On rentre, l'air est suave, la montagne nous envoie le parfum de ses fleurs, et le golfe son haleine saline. La lune fait scintiller les vagues tranquilles que nous voyons par dessus les maisons voisines ; les rossignols se répondent dans les bosquets de Sidi-Touati ou sur les palmiers de la plage. Comment se résoudre à fermer sa fenêtre ?

A cette heure, les âmes errantes des pauvres Maures dépossédés viennent visiter ces lieux tant aimés, glissent entre les ruines et murmurent leurs plaintes. Heureusement quelque guitare espagnole empêche d'entendre leurs soupirs.

On s'endort doucement, une voix belle et pure traverse l'espace et dit quelque boléro à Térésa, Térésita, Rosita, etc. Aïe ! aïe ! voici les moustiques qui viennent vous dévorer... ces petits monstres préfèrent le sang des nouveaux venus à celui des gens acclimatés. Cette préférence est peu flatteuse, et puis voilà les meutes endiablées qui commencent leur sabbat ; elles arrivent, passent, repassent, se déchirent, se dévorent pour un os, pour un débris, pour rien, et le doux sommeil s'enfuit faute d'une mesure de police.

S'il est *dur*, ce sommeil, comme on dit si drôlement, s'il résiste à cet infernal tapage, l'on reste du moins en proie à quelque cauchemar où la reine Athalie vous raconte comment sa mère Jésabel à ses yeux s'est montrée. L'on croit voir en frémissant :

Des restes palpitants et des lambeaux affreux
Que des chiens dévorants se disputent entre eux.

Quel hideux cauchemar !

—

Pendant notre séjour à Bougie, nous avons souvent passé des heures entières dans l'intérieur du fort Abd-el-Kader, à dessiner des types arabes.

Ces prisonniers, qui ne sont nullement des malfaiteurs, mais seulement des ôtages enlevés par nos soldats dans ce que l'on nomme des *razzias*, nous inspiraient de l'intérêt et de la pitié.

Quelle étrange justice que la nôtre! on enlève un innocent, un père de famille, un homme honorabe, irréprochable. Plus il est estimé, plus la capture est utile à nos intérêts. Puis on l'enferme dans une étroite prison; celle-ci est heureusement entre l'eau et le ciel, autrement il mourrait, jusqu'à ce que sa tribu, souvent pauvre et disséminée dans la montagne, ait apporté au conquérant qui, un beau jour, a jugé bon d'envahir la contrée, l'impôt ou l'amende qu'elle a encourue.

Quels sont les barbares, s'il vous plaît?

En attendant que cette question soit résolue, nous traitons, il faut le dire bien vite, assez humainement nos prisonniers.

Morbleu! il ne faut pas qu'ils meurent! il faut que leurs chagrins, leurs regrets, leurs souffrances bien ménagés, touchent le cœur de leurs frères de la montagne, et amènent de l'eau à notre moulin, autrement dit de l'argent dans notre escarcelle. Pardon de cette apostrophe tant soit peu virulente. Je ne suis qu'une femme. Il faut croire que je n'entends rien à la politique. Un an, quinze mois et plus s'écoulent souvent dans cette captivite, et, comme me le disait en langue sabir le bon et doux *Bel-Kassem* des Beni-M'ssaoud: *prizoun l'arby morto*, pour l'Arabe, la prison, c'est là mort.

Ce même sentiment s'exprimait à Constantine lors du procès des fils d'Ali le kalifa.

Ce Bel-Kassem, pauvre prisonnier aimé de tous, y compris le gouverneur, qui intercédait de son mieux pour lui, languissait depuis quinze lunes loin des siens, loin d'une femme *unique* et bien aimée, d'un petit enfant qui faisait sa joie et ses délices, car les Arabes généralement adorent leurs enfants. A Constantine, ville où les jeunes femmes ne sortent pas, on rencontre sur les pentes du Mansourah beaucoup d'Arabes promenant eux-mêmes leurs mutchatchos avec les plus tendres soins.

Souvent assises avec la femme et les ·eunes filles du gouverneur sur la plate-forme du donjon, nous dessinions ces groupes de prisonniers arabes dans leurs attitudes indolentes et rêveuses.

On les laissait respirer là tout le jour. Les uns jouaient à différents jeux, entre autres aux échecs, pour tromper leur ennui; d'autres égrenaient éternellement un long rosaire et demandaient à Allah l'heure de la liberté. Ils nous regardaient *far la carta* (écrire sur le papier), disaient-ils, en croyant parler français, et ne comprenaient pas que nos dessins reproduisaient leur image, sans quoi ils se seraient soustraits à notre observation.

Bel-Kassem-M'ssaoud restait, lui, des jours entiers appuyé au parapet de la plate-forme ; ses regards ne quittaient pas le sommet lointain de sa montagne qu'il reconnaissait dessinée sur le ciel parmi les cimes nombreuses entassées au fond du golfe. Bien souvent je l'ai vu pleurer, et il ne cherchait point à s'en cacher.

Evidemment, le chagrin détruisait cette vie. Chaque jour, on le voyait s'affaisser davantage; sa lèvre attristée murmurait sans doute les plaintes suivantes que je croyais comprendre.

Oh ! que le jour est long et la nuit éternelle
Depuis qu'on me retient par une loi cruelle
Captif au fort Abd-el-Kader
Dont les murs plongent dans la mer!

Qu'ai-je fait, moi, chétif? quand ma tribu soumise
Aux Français, nos vainqueurs, eut demandé l'aman,
J'enfermai dans mon sein comme un flissah sanglant,
La honte et la douleur que l'ennemi méprise...
Mais, je n'étais point scheïk ; il fallut obéir,
Jurer, que sais-je encor?... oublier ou bien feindre,
Et puisqu'Allah devait d'un tel coup nous atteindre,

Avec honneur, du moins, je voulus le subir.
Jamais la trahison n'approcha de mon âme.
Je tiens tous mes serments et chacun le proclame;
Aussi dans les Babords on vénère mon nom,
Et Bel-Kassem-M'ssaoud est surnommé : le Bon.

Oh! que le jour est long et la nuit éternelle
Depuis qu'on me retient, par une loi cruelle,
Captif au fort Abd-el-Kader
Dont les murs plongent dans la mer!

Autour des vieux Babords aux cimes dentelées
Où la neige résiste aux ardeurs du soleil,
Nos villages nombreux dominent des vallées
Dont les fleurs ont toujours un éclat sans pareil.
Le pâturage est frais, le doux jus de l'olive
S'épanche en nos pressoirs, près de la source vive
Où viennent librement s'abreuver nos troupeaux.
Dans des arbres géants, le miel pur des abeilles
Se cache, et l'oranger, l'abricotier, les treilles
Entourent nos moissons au penchant des coteaux.

Oh! que le jour est long et la nuit éternelle
Depuis qu'on me retient, par une loi cruelle,
Captif au fort Abd-el-Kader
Dont les murs plongent dans la mer!

Ah! que j'étais heureux près de Tima que j'aime!
Que j'aime uniquement! Près de l'enfant béni,
Seul fruit de notre amour! quand tremblante elle-même
Tima venait poser sur le cou de S'kiani,
Ma cavale rapide à la longue crinière,
Le mutchachos joyeux dont elle était si fière,
Quel homme, sous le ciel, put s'égaler à moi?
Mon enfant était beau, plus beau qu'un fils de roi,

Et Tima, ma compagne, oh ! qu'elle était charmante
Et douce, et travailleuse et fidèle servante,
Songeant le jour, la nuit à l'enfant, à l'époux
Dont son amour savait rendre le sort si doux !

Oh ! que le jour est long et la nuit éternelle
Depuis qu'on me retient, par une loi cruelle,
Captif au fort Abd-el-Kader
Dont les murs plongent dans la mer !

Un soir que *Bou-Bargla* passa dans la montagne,
Le cheïk et les anciens écoutèrent sa voix.
Tout en payant l'impôt on maudissait son poids......
Par ses ardents conseils que le trouble accompagne,
Dès lors, on refusa. J'ignorais ce refus,
Ce refus que je blâme et dont je suis victime,
Ce refus qui du ciel me plongea dans l'abîme,
Où, depuis, j'ai langui quinze lunes et plus.
Des cavaliers français tombant sur nos villages
Comme le tourbillon du simoun en courroux,
Pour châtier la faute et saisir des ôtages,
M'entraînèrent, hélas ! avec six d'entre nous.

Oh ! que le jour est long et la nuit éternelle
Depuis qu'on me retient, par une loi cruelle,
Captif au fort Abd-el-Kader
Dont les murs plongent dans la mer !

Du donjon sarrasin, au golfe de Bougie,
Je puis apercevoir dans un vague lointain
Le vieux mont escarpé près duquel est ma vie,
Près duquel mon esprit s'envolera demain.
Enfin je sens la mort qui me fit trop attendre,
La prison pour l'Arabe est un mortel séjour.
O vallon des M'ssaoud ! ô ma Tima si tendre,

À demain ! à demain ! ô mon fils ! mon amour !

Et c'est là ta justice, ô grand pays de France !
A toi qui crois marcher parmi tous en avant,
Un peu d'or te fait faire une injustice immense;
Rachète-t-il les maux que tu causes souvent?

J'entendis, par hasard, cette plainte touchante;
Tout mon cœur s'en émut et mon front en rougit,
Je parlai, j'écrivis, enfin l'on me comprit
Bel-Kassem, libre alors, rejoignit son amante;
Il revit son enfant. Son âme bénit Dieu.
Au sein de sa tribu, dans son vallon tranquille,
Aura-t-il su jamais, le simple et bon Kabyle,
Que j'ai pu lui laisser ce bonheur pour adieu (1)?

Un autre otage, ami de Bel-Kassem, *Shel-Roum*, grand blond, aux yeux d'un bleu clair, était un *Ben-Tamcalt* pur sang, vandale par l'expression dure de sa physionomie; c'était un regard d'acier que lançait sa prunelle et son nez recourbé en bec d'aigle complétait cet ensemble hautain et dominateur. Très différent de ses compagnons de malheur, il me déplaisait. Je l'ai cependant compris dans mes

(1) Ce n'est pas immédiatement que j'ai pu obtenir la liberté du pauvre Bel-Kassem. Cela souffrait de grandes difficultés, disait-on. C'est seulement quelques jours après mon retour à Vermont qu'une bonne et gracieuse lettre du chef du bureau arabe, M. de La Brousse, m'a appris le succès de mes démarches, ce dont j'ai été vraiment heureuse.

sollicitations, ce qu'il ignorera sans doute jusqu'à la vie éternelle, où l'on doit tout savoir.

Un troisième prisonnier, remarquable comme type, était un marabout des *M'zaïa.* Celui-là, enlevé au moment même où il prêchait contre nous la guerre sainte, mourra dans les murs du fort Abd-el-Kader comme un pauvre vieux martyr de sa foi et de son amour pour sa patrie.

Un jour je demandais à *Bel-Kassem* de me céder, moyennant finance, un anneau en argent ciselé qu'il portait au petit doigt. On aime à rapporter d'un lointain voyage des souvenirs matériels. Témoin les Anglais pillards et destructeurs des plus précieux trésors historiques.

Le gouverneur, M. Collier (dit Colleix), insistait, croyant m'être agréable, près du pauvre prisonnier, pour l'engager à s'en dessaisir, et celui-ci l'ôtait lentement de son doigt par obéissance, mais évidemment avec regret. Tout à coup il m'a regardée avec les yeux humides, en me disant en Arabe : *Mes frères de la montagne me l'avaient donné, je croyais mourir avec lui...* Garde, garde ton anneau, bon M'saoud, me suis-je écriée. Et mentalement j'ajoutais : puisses-tu, par mes instances, aller le montrer bientôt à tes frères de la montagne ainsi qu'à ta muchrer fidèle et à ton mutchachos bien-aimé. Ce souhait s'est réalisé depuis, et cette nouvelle a été une des joies de mon retour sous mes ombrages de Normandie.

Le rhamadan durait depuis huit jours. Les prisonniers, comme tous les Arabes, observaient ce jeûne sévèrement.

A huit heures du soir, un coup de canon annonçait qu'ils pouvaient manger, et alors quatre heures durant le couscouss fumait de toutes parts. Dans le fort Abd-el-Kader on leur laissait préparer eux-mêmes leurs aliments. C'était une distraction. Vingt heures sur vingt-quatre sont consacrées à l'abstinence de nourriture et de tabac. Ceux qui veulent rattraper le temps perdu dérangent souvent leur santé pendant ces quarante jours. Les Arabes, du reste, fument infiniment moins que les Turcs. Un très grand nombre, et surtout dans les hautes classes, dédaignent ce passe-temps. Vous verrez que les belles façons et la distinction des habitudes se réfugieront sous la tente, puisqu'on les bannit des salons.

Le 2 juin, de grand matin, nous étions déjà assises en dehors de la porte *Fouka*, vieux donjon qui donne entrée dans la ville en venant de la plaine ; on dit la plaine en parlant de la grande vallée de la Summan, par opposition à toutes les montagnes des environs. Ce fleuve, le plus grand cours d'eau qui ait son embouchure sur nos côtes d'Afrique, s'avançait dans la brume transparente du matin comme une nappe d'argent, tandis que le golfe qui absorbait ses eaux dans son sein, restait d'un bleu de saphir. Quelques nègres à demi nus, portant seulement une légère pagne blanche et la calotte rouge à long gland adoptée par les zouaves, des files de Kabyles le bouquet de fleurs sur la joue droite, poussant devant eux ânes et mulets chargés de denrées, se rendait à la ville.

Leurs voix éclatantes par la dureté de l'idiôme, leurs rires violents et comme sauvages montaient jusqu'à nous dans le calme du matin. Ils suivaient la frange même des vagues à travers les touffes de tamarins et de lauriers roses ; puis, arrivés aux vergers d'orangers qui s'étendent au pied du Gourage, ils commençaient à gravir, disparaissant à nos yeux sous les immenses balisiers qui ombragent *la cabane* (c'est le nom d'une riante guinguette située entre la mer et le pied des rampes, dans la plus délicieuse position qu'on puisse imaginer), continuant lentement à monter, et reparaissant à travers les grenadiers fleuris des pentes, selon les lacets de la route, ils venaient enfin s'enfoncer devant nous sous l'arcade béante du donjon de Fonka.

Les soldats du poste, poétisés à leur insu par l'enchantement du lieu et de l'heure, se faisaient des couronnes avec des fleurs de grenadier. Si ceci était un emblême, plusieurs de ces braves petits troupiers auraient pu y joindre des lauriers. Pour imiter la mode kabyle, ils plaçaient sur leur joue droite un bouquet dont le pied sortait de sous le képi et leur donnait une très drôle de figure. Tout semblait heureux sous le ciel ce matin-là.

Quatre jours après, dans la plaine si paisible en ce moment, s'étendait un grand camp aux nombreuses tentes. C'était une colonne expéditionnaire qui, sous les ordres du général marquis de Mac-Mahon, allait châtier dans les environs quelques tribus insoumises. On venait d'abord rallier une partie de la garnison de Bougie. M. de G..., mon gendre, devant être de cette expédition, nous étions de trop désormais, selon lui, dans ce voisinage, et il avait été décidé la veille que le prochain paquebot, le *Cerbère*, nous emporterait à Alger, où des parents et des amis nous appelaient depuis longtemps.

Quel changement de décoration! quel revirement soudain! c'était un vrai réveil, car je crois que nous dormions un peu au soleil de Bougie.

Il en est ainsi dans la vie d'Afrique; il y a des gens qui aiment cet imprévu; certains caractères trouvent que c'est *amusant*; pour moi, c'est du moins utile, car je me serais volontiers éternisée à tous les coins sans ces brusques nécessités.

Penchées sur le rempart de la vieille kasbah de Charles-Quint, nous avons dit adieu du regard, le 7 juin, à cette belle et fraîche vallée de l'Oued Sahel, toute militaire, toute retentissante à cette heure du son des clairons et des tambours.

Notre chère petite Bougie, si calme naguère, semblait prise d'assaut, les boutiques étaient dévalisées pour les besoins de la colonne expéditionnaire, les approvisionnements de toute sorte, les caisses de biscuits et autres denrées nécessaires, incessamment débarquées, arrivaient par mer de Philippeville, où sont les grands dépôts; des centaines de mulets de réquisition, des goums convoqués de tous côtés, sillonnaient et encombraient les rues ; tout était si changé autour de nous, que nous en étions venues à désirer partir, semblables en cela à certains oiseaux qui prennent en aversion le nid le plus aimé si quelqu'intrus est venu en troubler la paix. Nos enfants de village ont fait pour rendre cette situation le verbe *enhaïr* qui exprime bien le sentiment éprouvé. Dans notre gentille rue, à l'extrémité de laquelle la cime du Gourage se dressait tantôt lumineuse, tantôt avec un véritable bonnet de nuit grisâtre, lui donnait l'air si maussade, se trouvait aussi l'entrée de la poste aux lettres. Je crois que tous les Français faisant partie de l'expédition avaient à prendre ou à envoyer des lettres, car elle était encombrée d'uniformes. Nous reçûmes ce jour-là plusieurs visites inattendues. Le colonel Picard qui, peu après, devait faire avec mon gendre la campagne de Crimée, M. Alexandre de Courseulles, frère d'un de nos meilleurs amis de Normandie, enfin notre bon et aimable compagnon pendant notre voyage de Constantine à Sétif, le jeune Paul de M..., avec son ami fidèle, M. P. de Saint-Mars, tous faisant partie de la colonne, montèrent en ville pour nous visiter; ils étaient joyeux de faire un peu parler la poudre (1). Je me sentais le cœur serré en leur disant adieu. La Crimée était dans le lointain.

Le 8, nous attendions d'heure en heure, tout le jour, le coup de canon annonçant l'arrivée du *Cerbère*; l'attente a été longue et ennuyeuse. Tous nos préparatifs terminés, nous restions oisives et agitées à la fois. A six heures du soir seulement, le paquebot arrivait, chargé de munitions et de vivres pour la colonne expéditionnaire. Tandis qu'on les débarquait en hâte à babord, nous embarquions à tribord. Jusqu'à la nuit close nous avons pu contempler du pont, dans une extase recueillie, le beau mont Gouraya, la ville posée sur l'ourlet de son manteau vert dont les derniers plis viennent tremper dans les flots; puis sur la gauche, la vallée avec son camp, sa vie active et agitée pour quelques jours encore.

A droite, le cap Bridjà s'avançait jusqu'à nous, et sur la plate-forme du fort qui le termine, nos pauvres amis, les prisonniers arabes, nous reconnaissaient et nous faisaient

(1) Hélas! les deux derniers, si charmants et si jeunes, sont tombés avec tant d'autres devant Sébastopol, et nous les avons pleurés avec leurs pauvres mères.

des signes d'affectueux adieu auxquels je répondais de tout mon cœur.

Peu à peu les teintes d'or et de pourpre du couchant se sont changées en opales, puis en améthystes: c'était la nuit qui s'avançait, et la longue opération du débarquement des vivres durait encore.

Tout à coup une grosse nuée orageuse et rougeâtre s'est détachée de la montagne, puis une pluie chaude, mais bienfaisante, est tombée comme un rideau entre nous et ce tableau charmant.

Enfin, le *Cerbère* s'est éloigné lentement, sa machine ne marchait pas. Nos regards ont pu longtemps entrevoir vaguement dans l'ombre les doux rivages que nous quittions après une si délicieuse halte d'un mois.

Nous avons mis deux heures à sortir du golfe; cette lenteur nous plaisait; la lune s'était levée, elle éclairait ces côtes accidentées, repaires de pirates autrefois; aujourd'hui, nids de fleurs au bord des eaux.

Au petit jour, un peu avant Dellys, des coups de canon nous ont appris que les hostilités commençaient sur ce point, où l'avant-garde, dont mon gendre faisait partie, était déjà arrivée; il n'avait pu être à Bougie la veille pour nous embarquer. Mille bons soins nous étaient venus en aide; le sous-intendant militaire et sa charmante femme, le capitaine du port, M. Ch..., nous avaient épargné toute espèce de souci dans cette circonstance. On ne peut se figurer quelle parfaite obligeance on rencontre en voyage la plupart du temps; j'aime à m'en souvenir ici avec gratitude.

M. de G... nous a raconté depuis, que du haut d'un rocher sur le territoire des *Ya-Zousen*, il avait vu passer le *Cerbère* nous emportant vers Alger et qu'il l'avait salué du cœur.

Si nous l'avions su là !! quelle émotion pour sa femme attristée, malgré qu'on nous eût donné l'assurance que cette expédition n'était qu'une démonstration, une promenade sans danger dans les tribus !

Si nous avions pensé que son mari pouvait nous apercevoir de cette côte dont nous nous rapprochions après toute une nuit de navigation, quelle impression nous eussions ressentie au passage ! Malgré que ma fille fut déjà bien éprouvée par la mer, que d'efforts nous eussions faits pour l'entrevoir !

A six heures du matin, par un splendide soleil, j'étais debout et vaillante sur le pont pour regarder *Dellys*, devant laquelle nous étions en panne pour une demi-heure. J'aurais bien voulu débarquer un peu, mais impossible pour si peu de temps. Quant à ma fille, elle dormait fatiguée dans notre cabine, qui était bel et bien le salon du *Cerbère*, dont les divans étaient nos lits.

La petite ville française, au milieu de laquelle s'élève une église, objet de la jalousie ardente de Bougie, s'étend sur le bord de la mer. La partie arabe de Dellys étale sa mosquée et ses maisons en terrasses sur la droite. Une faible muraille d'enceinte serpente en arrière sur des collines sans grandeur et sans végétation apparente. Que ce lieu m'a semblé laid auprès de ce que nous venions de quitter!

Dellys doit être un ennuyeux séjour. Une route existe entre cette ville et Alger. On la dit favorisée d'une petite diligence jaune dans le genre de celle de Philippeville à Constantine. Mais ce véhicule chemine seulement l'été tout comme le vieux omnibus marseillais que nous avons connu à Sétif.

On peut en conclure que l'entretien du chemin de Dellys à Alger est au même degré de perfectionnement que ceux de la province de Constantine.

C'est pendant cette halte devant Dellys que notre commandant, le lieutenant de vaisseau Pradier, frère du fameux sculpteur, m'a appris un horrible incident survenu dans la nuit précédente. Tandis que nous dormions, oubliant inquiétudes et regrets, nous avions croisé le *Tanger*, autre paquebot de la même compagnie, venant d'Alger, et en échangeant les communications d'usage, on avait remis au capitaine les papiers et les effets du malheureux mécanicien du *Tanger* qui venait d'être broyé par la machine.

Peu d'instants avant, il la dirigeait, la maitrisait à son gré. Horreur ! On savait à peine comment ce malheur était arrivé.

Cet homme venait de quitter sa famille à Alger pour faire sa course habituelle.

Aucune inquiétude n'avait troublé les adieux ; l'habitude émousse ce sentiment parmi les gens employés à ces dangereuses fonctions. Malheureusement elle émousse jusqu'à la prudence, jusqu'à la pensée du danger.

Hier au soir, ce père, ce mari, était à terre avec les siens ; ce matin nous allions leur rapporter, non pas même ses restes disparus dans la mer, mais l'affreuse nouvelle et à peine quelques vestiges de son existence évanouie à jamais.

Triste ! Triste !

## ALGER.

Alger! Voilà donc Alger, la princesse, la sultane, la favorite des gouverneurs et des princes en voyage. La voilà éblouissante de blancheur, s'étendant sur ses collines, dont l'amphithéâtre verdoyant enserre une large baie faite pour les douces brises et les beaux effets de soleil.

Au centre de cette agglomération de maisons, différentes de caractère et d'importance, s'élève une sorte de cône ou de piton singulier, sur lequel sont entassées les maisons purement mauresques et couvertes de terrasses; tout cela d'un blanc vif, à peine taché çà et là de quelques sycomores, prisonniers dans la cour d'une mosquée ou d'un harem. La vieille cité mauresque, badigeonnée sans relâche selon la coutume arabe, se détache plus blanche encore sur tout ce blanc des constructions neuves, qui composent à ses pieds la ville française.

C'est bien la cité orientale qui sourit de loin. C'est bien aussi la ville africaine avec sa kasbah indispensable pour couronne murale.

Elle semble s'étaler indolemment sur des pentes arrondies et tremper ses pieds dans les flots, mais sa tête inquiète se dresse pour regarder au loin si les tartanes, les felouques, les galères de ses pirates vont rentrer au port chargées de butin sans être poursuivies par les chrétiens, les giaours maudits.

L'azur de ses vagues est foncé, mais comme parsemé d'une poussière de diamants; la magicienne veut nous séduire. Le soleil et l'heure sont ses complices. Sur ces teintes tellement lumineuses que l'œil a peine à les supporter, tranchent énergiquement de nombreux navires à la robe sombre.

Des paquebots à vapeur aux bordages noirs, aux cheminées noires, sévèrement alignés, attendent les ordres de départ qui ne tardent guère par le temps belliqueux qui court.

Sur notre gauche, voici le coteau nommé *Mustapha-Supérieur*. C'est là que se pressent les villas fastueuses, y compris celle du gouverneur, résidence bien aimée du duc d'Aumale, lors de son séjour dans cette colonie. Tant de cavaliers, tant d'équipages, tant d'omnibus et de fiacres se croisent sur les chemins de Mustapha, que je défie bien qu'on puisse s'y croire à la campagne. C'est pourtant l'illusion qu'on se fait. Quoi qu'il en soit, on y est dans un lieu charmant embelli de beaux ombrages, rafraîchi par l'air de la mer et saupoudré de la poussière de la civilisation autant et plus que les Champs-Elysées en été, car les tonneaux-arrosoirs n'y sont pas encore arrivés. Toujours sur notre gauche, dans cette rade attrayante, mais peu sûre, la Mitidjà allonge une pointe étroite de sa terre fertile jusqu'à la mer; puis, après avoir poussé cette reconnaissance, elle étend dans l'intérieur du pays sa plaine richement cultivée qui se prête à tous les essais, à toutes les tentatives, à toutes les espérances des colons, assez heureux pour avoir là leurs concessions. Les trappistes y ont fondé leur florissant établissement de *Staouéli*. Le succès couronne les efforts intelligents et soutenus, bien qu'on en puisse dire. Je laisse à d'autres le soin de traiter ces questions sérieuses.

130 mille habitants peuplent Alger à cette heure, mais la belle enceinte dont on vient

de l'entourer est calculée pour quatre cent mille, et l'on assure qu'ils y seront dans dix ans. Sur notre droite s'étend la jetée qui *essaie* de refermer le port.

Elle s'élève maintenant à deux mètres au-dessus du niveau des grandes eaux, dit-on, et l'on prétend que cela produit déjà un immense résultat. On n'en jugerait pas ainsi en voyant ce travail qui semble si insuffisant.

C'est sur la côte qui s'étend derrière cette jetée, au point nommé *Sidi-Ferruch*, que le maréchal de Bourmont opéra son débarquement et marcha à la conquête d'Alger, le cœur brisé par la mort d'un de ses fils tué dans un premier engagement dès le 24 juin.

En voyant les travaux où s'enfouissent tant de millions pour arriver à protéger ce port, je ne puis m'empêcher de songer à ce que la nature seule a fait pour le mouillage de Bougie, retraite si sûre, où le cap Carbon et le cap Bridjà étendent leur majestueuse protection. A ce souvenir, la jetée d'Alger me semble un obstacle lilliputien.

Plusieurs batteries construites çà et là à fleur d'eau, sont, dit-on, un système de défense très habilement conçu.

Quant aux quais, ils sont encore fort incomplets en ce moment. On dit le projet adopté pour leur terminaison très heureusement combiné avec l'ensemble de la ville et de la rade.

A peine le *Cerbère* avait-il mouillé dans le port, qu'un journaliste de la localité grimpait à bord, prenait les noms des passagers de première classe, s'informait des tenants et des aboutissants pour en faire le sujet d'une annonce de journal, et raconter nos faits et gestes à tous. Cette invention, qui nous a semblé d'une ridicule inconvenance, doit être une importation britannique ; c'est bien là le commérage anglais. Lorsqu'au bout de trois ou quatre jours nous avons appris cette particularité, et que nous nous en sommes étonnées et choquées, on nous a répondu que cela amusait M^me^ la gouvernante. C'est à merveille. Mais si l'on voulait visiter Alger incognito pour s'affranchir des visites officielles, il faudrait donc déclarer un faux nom sur son passeport. Risquer d'avoir maille à partir avec dame police et sa proche parente, dame justice ; le remède serait pire que le mal, il est vrai ; mais il faut convenir que cette inquisition et ce bavardage sont choses fort déplaisantes.

Je crois avoir dit que des amis et même des parents nous attendaient à Alger.

Après une vive résistance à leurs gracieuses instances, nous avons obtenu d'eux de garder une partie de notre liberté en nous logeant à l'hôtel d'Orient, rue de la Marine. Un appartement, dont les fenêtres dominant la grande mosquée (D'jammah-el-Kébir) nous permettent la vue et l'air de la mer, nous a été une vive satisfaction. Nous avions à Bougie apprécié cette exposition.

Dès le soir même nous parcourions les rues si connues de *Bab-Azoun* et *Bab-el-Oued*, pleines de beaux magasins, garnies de larges trottoirs, éclairées au gaz et remplies d'une foule originale. C'était Paris un jour de mascarade.

Au point central où ces rues se rejoignent, se trouve une vaste et belle place plantée, nommée *Place du Gouvernement*. C'est par excellence le lieu de flânerie des oisifs de toutes nations qui fourmillent dans cette capitale. Là, malgré les arcades des maisons imitées de celles de la rue de Rivoli, malgré les candélabres à gaz, malgré le roulement continu des voitures, c'était bien Alger, car la moitié de la place s'ouvrait sur la mer, sur la mer toute phosphorescente en cette saison, et deux mosquées flamboyantes à l'intérieur des illuminations du rhamadan, se détachaient blanches comme de l'albâtre sur l'azur si profond du ciel. Voilà un décor que Paris, l'orgueilleuse reine du monde, ne peut et ne pourra jamais offrir qu'en toile peinte à l'Opéra.

Assises de ce côté à des tables où glaces et sorbets vous apportent une jouissance de plus, penchées sur la balustrade, où chaque vague étincelante envoie de fraîches émanations, nous restions comme en extase devant ce délicieux tableau... C'était une mer de paillettes qui s'agitait sous nos yeux, tandis que la lune, encore à l'horizon, semblait cacher son disque entre les mâts des navires et que ses rayons paisibles se jouaient dans les cordages. Quelles soirées on doit passer là! Malheureusement, sur plusieurs points de cette vaste place, des musiques rivales produisaient une désolante cacophonie. Quelle différence si une seule harmonie voilée, ou quelque chant mélodieux se fût fait entendre! Ce lieu est assez grand pour s'isoler, bien que bon nombre des habitants d'Alger y restent une partie de la nuit. On peut y jouir sans voisinage importun du charme extrême de la position. Nous nous en sommes arrachées à grand peine.

MM. de G... et d'H..., nos complaisants cicérones, voulaient nous montrer l'intérieur des mosquées illnminées et pleines de fidèles Musulmans, malgré cette heure avancée, à cause de la fin du rhamadan.

Il était 10 heures, les rues fourmillaient de promeneurs. A notre entrée dans la cour peu étendue de la d'*Jemmah-el-Kébir*, où un grand platane ombrage la fontaine aux ablutions, un jeune Arabe voyant notre hésitation pour trouver l'entrée des tribunes, a quitté un groupe de Coulouglis avec lesquels il causait et s'est avancé vers nous.

Grand, mince, vêtu seulement de cette souple gandoura gracieusement serrée à la taille et retombant sur la culotte flottante des Arabes comme une écharpe légère, la tête entièrement rasée avec une petite calotte rouge à long gland posée en arrière sur la mèche de Mahomet, ce jeune homme, ou plutôt cet enfant, est venu à nous avec l'air candide et naturel de son âge et tout à la fois la politesse un peu timide du fils de famille le mieux élevé. Nous saluant à la manière arabe, en posant la main au cœur puis au front, il nous a adressé la parole en français, mais en nous tutoyant, et s'est offert avec une simplicité toute gracieuse à nous servir de guide.

Ses bras, ses jambes et même ses pieds nus, car ses babouches étaient sans doute à la porte de la mosquée ; sa taille mince et droite comme celle d'un jeune palmier, ce crâne rasé avec un si jeune visage, tout cela donnait de l'étrangeté à son ensemble. Il me semblait voir un jeune sacrificateur du temple de Salomon. Au bout de quelques pas, nous savions qu'il se nommait *Ahmidou*, qu'il était neveu du grand iman, thaleb déjà lui-même à la grande mosquée autant par droit de naissance que par son savoir ; mais que son oncle, chef des Eulémas, voulait qu'il allât chaque jour encore au collége d'Alger pour apprendre le français.

Tout en parlant ainsi, il nous avait fait monter de ces degrés arabes qui ont soixante-quinze centimètres de hauteur. Tout à coup il se tut. Nous étions arrivés dans de longues tribunes réservées aux femmes, elles étaient entièrement désertes à cette heure. En revanche, la *nef* d'en bas remplie d'hommes vêtus de blanc et très éclairée par des guirlandes de lumières suspendues d'un pilier à l'autre semblait resplendir.

Ils paraissaient prier avec la plus grande ferveur. Point d'autel, bien entendu, ni aucun autre emblême pieux. Dans un marabout placé au fond, le grand iman, le nez au mur, disait, de temps à autre quelques paroles ; alors toute l'assistance se prosternait, et chacun touchait la terre de son front. Un autre iman, du haut d'une chaire délicatement découpée et dorée, lisait, ou plutôt psalmodiait, des versets du Coran auxquels tout le monde répondait sur une sorte de phrase musicale. Pas un seul de ces visages bronzés n'avait un regard à donner à la curiosité ou à la distraction. Je pensais à nos églises, où les femmes presque seules remplissent les nefs, et je m'étonnais du contraste.

Comme aucune cérémonie ne devait varier la prière, j'ai dit à notre jeune guide Ahmidou que nous voulions aller aussi visiter la mosquée de la place. Eh bien ! je vais t'y conduire, Madame, m'a-t-il répondu aussitôt. Et tout en nous précédant d'un air respectueux, notre nouvel ami causait comme un enfant qu'il était, du reste, car il avait seize ans à peine.

Oh ! quel désir j'aurais d'aller en France ! disait-il. Je voulais partir, l'autre jour, quand ceux de la *Djemmah-el-Kébir* sont allés à Paris porter notre étendard à ton sultan pour la guerre qui commence en Turquie. Ils ont dit : Ahmidou est trop jeune... Oh ! oui, trop jeune ! et il poussait de gros soupirs. Après avoir fait plus ample connaissance en visitant une autre mosquée où il nous avait également conduits, il me disait : Oh ! si tu voulais m'emmener avec toi quand tu quitteras Alger ! mon oncle me laisserait partir ; tu le demanderais au gouverneur ; tu veux bien, n'est-ce pas? Tu me présenterais à ton sultan de France ; puisqu'il est le nôtre à présent, j'ai droit d'entrer dans son palais, je suis thaleb, et j'ai 17 ans bientôt !... Nous répondions en riant : Ahmidou est trop jeune ; quand il aura une grande barbe noire, il sera maître de lui-même et alors il viendra en France. — Oh ! c'est à présent, c'est à présent que je le veux. Quand pars-tu? J'irai le savoir à ta demeure, je parlerai au grand iman.

En effet, le bouillant Sidi-Ahmidou est venu dix fois à l'hôtel d'Orient où nous ne séjournions guère, puis le pauvre enfant s'est lassé, sans doute, de ne jamais nous rencontrer, et quand nous sommes reparties, nous n'avions pas à notre suite ce jeune compagnon qui eût à plus d'un titre attiré l'attention en France.

Peu s'en est fallu que je n'aie ramené, au lieu de ce pauvre *Ahmidou*, un grand domestique nègre qu'on m'assurait être un trésor. Malheureusement, il fallait prendre avec lui sa femme aussi noire que la nuit ; la ménagerie eût été trop complète et m'aurait donné le cauchemar.

Il faut un véritable courage pour s'arracher aux enchantements du soir sur la place du Gouvernement, et pour regagner prosaïquement, comme ailleurs, une chambre et un lit. C'est la fin vulgaire de toute journée à la française. Nous nous créons des habitudes dont l'empire devient absolu. C'est un réel esclavage que nous endurons tous, bien qu'avec regret parfois, du moins pour quelques-uns.

Notre intelligence, qu'on dit plus étendue parce qu'elle est plus cultivée que celle de ces Arabes, replie ses ailes comme le papillon dans la chrysalide, à l'heure précise où l'usage veut qu'un homme civilisé mette son bonnet de nuit et ôte ses pantoufles.

Que la nature déploie ses magnificences, ses charmes les plus exquis; qu'elle offre à l'homme, son roi, les spectacles nocturnes, qui élèvent les pensées jusqu'aux plus hautes sphères et tendent à épurer les cœurs; si le serein tombe sur nos têtes, si un peu d'humidité atteint nos chaussures, nous voilà préoccupés, inquiets et pressés de rentrer dans quelque petite boîte bien close.

La vie intellectuelle, celle qui fait notre seul titre de noblesse, est, pour nous, peuples civilisés, interrompue à chaque pas par des considérations, des habitudes, des convenances, des usages établis, passés à l'état de besoins et de nécessités indispensables, d'entraves enfin qu'on ne peut secouer.

Nous sommes bien autrement esclaves de la matière que ces hommes auxquels nous nous croyons si supérieurs. Libres des mille obstacles qui nous arrêtent, des mille tyrannies qui nous oppriment, forts parce qu'ils sont indépendants, gens de loisir par excellence, grâce à la simplicité, à la sobriété de leurs besoins, ils vivent dans le plein exercice de leur volonté, de leur fantaisie du moment. Chez nous, le rêveur, le savant distrait, l'enthousiaste facile à entraîner hors des habitudes reçues, est considéré comme le tourment des siens ; lui-même, il est persécuté sans cesse, c'est un excentrique, ce mot dit tout.

Si son dada le porte à oublier l'heure du repas, à omettre quelqu'un des détails compliqués de sa toilette, ou bien encore les petits devoirs multiples devenus des conventions sociales, Dieu sait quel ridicule s'attache à lui, et quelle lutte il doit soutenir chaque jour. Quel original insupportable! dit-on autour de lui; il ne fait rien comme personne.

L'Arabe, errant en paix sur les hauteurs qu'il aime, contemple longtemps la mer ou le ciel, sans craindre qu'on l'attende pour se mettre à table, ni que sa ménagère le gronde au retour.

L'eau d'une source, quelques dattes, des figues de Barbarie se trouvent toujours à sa portée et suffisent à satisfaire sa faim moins exigeante que la nôtre, car l'estomac, grâce aux habitudes qu'on lui laisse prendre, devient notre tyran. Roulé dans son burnous à la lueur des étoiles, les grandes scènes de la nuit se déroulent sous ses yeux et lui parlent du Créateur bien mieux que le tumulte des jours. Il dort quand le besoin s'en fait sentir ni moins ni plus, et conserve, grâce à ce régime, des yeux de lynx, des dents de tigre. Economie notable, vu le prix des osanores et des jumelles de Gonichon.

Si les jasmins embaument le soir, si Bulbull chante dans les lentisques et les tamarins, si la lune brille et argente le léger minaret de la mosquée ou le dôme du marabout isolé, voilà sa fête à lui. Il rêve alors, et si le sommeil succède doucement au rêve éveillé, il s'étend sur le sein de sa terre natale, *the ground*, comme disent les Anglais, sans souci du sommier élastique du progrès, pas plus que de l'édredon de la civilisation.

Les femmes algériennes, dans les hautes

classes, mènent à peu près la vie de recluses les femmes de Constantine. Cependant, les maisons d'Alger, toutes couvertes en terrasses, leur permettent, quand vient le soir, de respirer et de voir la mer et l'espace ; ces maisons auxquelles on arrive par des ruelles en escaliers, sont échelonnées sur le cône étrange qui s'élève du cœur même de la ville, et doivent offrir quelques distractions à leurs habitantes qui peuvent causer d'une terrasse à l'autre en prenant le frais. Ces femmes sont, à vrai dire, moins captives et plus gracieuses de tournure que nos pauvres Numides. J'en ai rencontré quelques unes bien escortées, bien voilées, mais enfin s'aventurant dans les rues françaises et entrant chez des marchands ; j'en ai même vu se rendre au bain en fiacre ou à la campagne en omnibus.

La vie mondaine nous ressaisissait à Alger. Des relations extrêmement agréables devaient nous entraîner dans nos explorations d'une façon bien différente de nos précédentes excursions ; j'ai donc bien moins à raconter. D'ailleurs, tout le monde sait Alger par cœur ; et puis je ne vois pas que des courses en calèche découverte avec des femmes élégantes soient un sujet de récit bien piquant.

Je n'entrerai donc pas dans le détail de

nos promenades, aux environs, aux sites vantés, aux jardins des plantes et d'acclimatation; on peut lire cela partout.

La plupart des maisons mauresques, élégantes et grandes, celles du moins dont l'accès est possible en voiture, sont devenues, bien entendu, dès notre installation la proie des autorités françaises ; c'est la loi du plus fort. On a dit que c'était la meilleure; moi, je ne suis pas de cet avis. Le gouverneur, l'évêque, les amiraux, les généraux et intendants sont, ainsi que la mairie et la préfecture, logés dans ces charmants petits palais ; ils n'ont aucuns dehors, il est vrai ; mais à l'intérieur, ces résidences, fraîches et gracieuses, sont bien entendues sous le rapport du climat et du genre de vie de leurs anciens possesseurs. Elles se prêtent mal aux besoins de la société française ; le service de table, les danses et les réceptions ne peuvent s'y développer à l'aise : quelques jolies réunions, organisées pour nous, nous en ont fourni la preuve.

Le gouverneur général Randon étant en Kabylie, la gouvernante s'était mise en retraite à Mustapha, résidence arabe que le duc d'Aumale avait francisée avec amour. Le jour où, pour complaire à M$^{me}$ de G..., qui désirait nous présenter à elle, nous sommes allées lui faire une visite, une dizaine de femmes étaient chez elle, toutes françaises bien entendu, assises dans les jardins. Ces dames étaient fort élégantes et quelques-unes assez belles.

On s'est promené dans les allées en terrasses d'où l'on voit la mer et la ville à travers les ombrages et les fleurs; c'est ravissant.

Cette réunion, toute féminine, faisait songer aux retraites dans les couvents à la mode, car la mode se niche dans les couvents comme ailleurs. Cela semblait étonnant de voir toutes ces dames sans un seul homme, dans ce pays où l'élément masculin, français, domine notablement.

Après cette formalité, que le bavardage du journal avait rendue nécessaire, nous sommes allés visiter le village de Byrmandrès et le vallon de la Femme-Sauvage, fort cité à Alger.

Aujourd'hui, une femme très peu sauvage offre dans la grotte, peinte en vert émeraude, de la bière ou du café aux curieux et aux promeneurs.

Vingt sites charmants, où l'on voudrait passer sa vie s'ils étaient plus solitaires, servent de but aux promenades à cheval et en voiture. Le jardin d'essai est une belle création française en plein succès. Les journaux nous parlent assez de toutes ces choses ; je n'en dirai donc rien. Au centre des magnifiques avenues de tilleuls qu'on dirait avoir cent ans au moins, et qui n'en ont que vingt-deux à peine ; une enceinte formée d'arbustes fleuris renferme plusieurs couples d'autruches, elles sont fort civilisées et reçoivent aussi volontiers les politesses des promeneurs que les cygnes du bassin des Tuileries.

Combien nous eussions préféré voir ces oiseaux étranges aux environs de Biskra, près de ces oasis du Sahara où nous avions tant désiré pousser nos excursions ! Quelle différence pour moi de voir une créature quelconque dans son cadre, c'est-à-dire dans sa liberté natale ! Ces autruches auxquelles nous trouvions l'air si stupide, dans leur enceinte fleurie, vues sur le sable du désert, chassées par des nègres agiles, nous eussent inspiré peut-être un vif intérêt et laissé du moins un souvenir pittoresque.

On conviendra sans peine que les collections sont l'antipode de la poésie et que tout objet étiqueté, numéroté, soigné, expliqué, disséqué, épousseté et emprisonné, n'est guère autre chose qu'un article de catalogue.

Décidément le progrès produit autant d'éteignoirs que d'allumettes chimiques.

Ces laides autruches m'ont fait dire là une

énormité qui pourrait m'attirer quelque méchante affaire. Je me hâte donc de m'enfuir pour visiter l'établissement de M^me^ Luce.

Et d'abord qu'est-ce que M^me^ Luce?

M^me^ Luce est tout bonnement une simple et généreuse femme française, qui en sait long en fait de progrès, de véritable, d'utile, de bienfaisant progrès.

Elle a pensé qu'en Algérie il fallait tâcher de relever la femme de la condition inférieure qui lui était faite; de la retirer de cette ignorance complète qui la dégrade, de cette oisiveté déplorable où elle végète et qui la rend d'une nullité fâcheuse pour son bonheur même. Puis elle s'est dit que par la femme arabe ainsi régénérée, on arriverait en peu de temps à modifier, à assouplir les hommes de cette nation, victoire que le sabre n'obtiendra jamais à lui tout seul.

Sur cette donnée philanthropique, M^me^ Luce s'est mise à l'œuvre avec ses propres ressources, avec sa fortune personnelle, avec son intelligence active et son admirable désintéressement; elle a ouvert, dans le quartier le plus arabe d'Alger, dans cette ruche blanche dont les rues ne sont que des couloirs couverts où l'on monte par de larges degrés, une *école* dite *musulmane*.

La première des conditions imposées par les familles arabes auxquelles M^me^ Luce a pu développer ses plans, a été qu'on ne toucherait pas aux idées religieuses ; elle en a donc pris l'engagement et le tient loyalement ; mais la morale évangélique facilement mêlée à la morale du Coran, forme le fond des instructions, des lectures et travaux littéraires des enfants.

Ce mot travaux littéraires peut sembler un peu ambitieux, pourtant j'ai lu des récits, des résumés, des appréciations historiques composés par de jeunes filles arabes, élèves de la digne M^me^ Luce, qui feraient le plus grand honneur à certaines pensionnaires de nos institutions en vogue.

Les commencements ont été lents et rudes. Le croirait-on? il a fallu combattre des obstacles suscités par des Français, par certaines jalousies ombrageuses, par des gens à qui leur position même rendait impossible à tenter ce que M^me^ Luce a su réaliser avec tant de sagesse. Aujourd'hui 200 jeunes Arabes de trois à quinze ans entourent cette femme de bien qu'elles aiment comme une mère et qui est en effet la mère de leur intelligence.

Elles lisent, écrivent, calculent en français comme en arabe ; leur esprit se forme, s'élève, s'ouvre à la vertu, à la vertu, mot vide de sens pour la femme arabe jusqu'alors!

En s'arrêtant habilement à propos, comme à tout prendre Allah est le Jéhovah de la Bible, et que le langage et la morale de ce divin livre sont eux-mêmes la base du Coran, Mme Luce peut relier les principes religieux et moraux de ses élèves aux nôtres sans toucher aux détails du culte, sans effaroucher les volontés paternelles, et le temps peut faire son œuvre sur cette semence.

Ces jeunes filles cousent, brodent, tricotent, exécutent de beaux ouvrages en soie et en or que leurs familles apprécient beaucoup, parce qu'ils font partie du costume national, et qu'en cela les Arabes d'Algérie sont tributaires de Tunis, et du Maroc.

Leur adresse, leur habileté fait déjà l'orgueil et l'étonnement de leurs parents, en même temps que leur amusement le plus cher à elles-mêmes. N'y a-t-il pas là un préservatif contre les mille inconvénients de la vie oisive des femmes algériennes?

On voit chez Mme Luce des types de physionomies qui seraient pour un peintre des trésors d'étude et des costumes qui feraient le bonheur d'un coloriste.

La tenue de ces petites Africaines n'est pas

précisément celle de nos pensionnaires du couvent ; mais elle est convenable et gracieuse. Leurs yeux admirables révèlent une intelligence vive et ardente qui, dirigée vers le bien, produira dans les familles une réaction salutaire. On en viendra à rechercher les élèves de M^me Luce comme les épouses les plus dignes, les plus distinguées de la nation ; c'est déjà un beau résultat, et il ne sera pas le seul.

J'avoue que cet établissement, où nous n'avons pu pénétrer que par grande faveur, puisque le principe de la réclusion doit régner en maître dans cette maison, est une des choses qui m'ont le plus intéressée en Afrique. Je lui souhaite vie et prospérité de toute mon âme, ainsi qu'à sa digne fondatrice, qui a besoin de beaucoup de courage pour lutter contre les impulsions maladroites de certaines gens trop exigeants.

La cathédrale d'Alger a été, dans l'origine, une délicieuse mosquée. On a voulu l'agrandir, on l'a ébranlée ; on a voulu l'embellir, on l'a gâtée ; bref, après un travail qui dure depuis vingt ans, et une dépense qui monte à 2 millions, on en est encore à cette heure à avoir un sanctuaire en planches. Une façade ridicule, précédée d'un perron tellement dangereux à descendre, qu'il donne le vertige, et qu'on doit forcément s'y prendre comme les petits enfants, marche à marche, sous peine de s'aller fendre le crâne au bas des degrés. A qui s'en prendre?

Au-dessus du vieux Alger s'élève la kasbah, dans une des galeries de laquelle fut donné, et par conséquent reçu, le fameux coup d'éventail chasse-mouche qui changea le sort de l'Algérie. Cette citadelle ne renferme plus que des casernes. Le fort de l'Empereur, construit par Charles-Quint, élève sur la gauche ses sévères bastions.

Un autre fort qui termine l'enceinte d'Alger vers la mer et qu'on nomme le fort des Vingt-Quatre-Heures, j'ignore pourquoi, vient d'être le théâtre d'un événement religieux dont se préoccupe beaucoup le monde catholique. Des fureteurs de vieilles chroniques ont découvert dans des documents espagnols relatifs à Alger, puis au même moment, dans des manuscrits maures de la même époque, c'est-à-dire de 1600, le récit fort détaillé du martyre d'un jeune Arabe, converti au christianisme pendant un séjour en Europe.

Par suite de circonstances étranges, revenu à Alger, sa patrie, avec la religion chrétienne dans le cœur, et le nom de Géronimo, reçu sur les fonts baptismaux, il résista fermement aux persécutions et aux menaces du Turc féroce qui, avec le titre d'agha, commandait alors dans la régence. On construisait précisément à cette époque le fort des Vingt-Quatre-Heures.

Le dey ou agha, irrité de la résistance du jeune chrétien, imagine de le faire enfermer dans la maçonnerie même du mur, le menaçant ainsi d'une affreuse mort, s'il refuse de revenir à Mahomet. Cette menace restant sans effet, on le place debout dans le centre de l'épaisse muraille. La chaux, les pierres s'entassent et montent le long de son corps. C'était le sépulcre qui le saisissait vivant et s'attachait à ses membres. L'agha et ses officiers foulaient eux-mêmes avec rage les matériaux destinés à comprimer le corps du martyr. Bientôt sa poitrine est entourée et subit cette horrible pression, le mortier monte, atteint sa bouche et la ferme à jamais. Quelques instants encore, ses yeux disent la foi sublime de ce jeune confesseur, puis broyés eux-mêmes sous les pierres, ils se ferment à leur tour sous cette immuable étreinte, et toute trace de sa présence a disparu. Le mur se termine, le temps s'écoule, et l'oubli tombe sur toutes ces choses à travers les bouleversements continuels qui agitaient ce repaire de pirates.

Lors de la découverte faite par ces bibliophiles, la concordance des faits, les indications diverses étaient si précises que l'attention et la curiosité se sont éveillées. Mgr Pavy, évêque d'Alger, homme de mérite et d'action, ainsi que les fonctionnaires principaux de la colonie, ont obtenu l'autorisation de démolir à l'endroit indiqué par la légende le pan de mur désigné dans les vieux manuscrits. Singulière cérémonie! Au jour fixé, on s'est rendu avec pompe et recueillement devant la forteresse, et le marteau de démolition à la main, on a procédé, avec des précautions infinies, à la recherche du corps dont l'âme courageuse était depuis deux cent cinquante années dans le sein de Dieu.

Tout s'est vérifié de point en point. Le visage du jeune saint avait creusé son moule dans le mortier, des vêtements dont on pouvait encore distinguer la couleur sont tombés en poussière à l'action de l'air. L'attitude était celle de la prière et l'expression du visage celle du calme et de la béatitude. Tous ceux qui ont pu assister à ce spectacle en ont ressenti une impression profonde. Lorsque les formalités si lentes de la cour de *Rote*, à Rome, auront terminé la canonisation,

Alger la musulmane aura son saint et ses reliques bien authentiques.

Dans cette ville charmante, ce qu'on est convenu d'appeler *le monde* est une fraction nombreuse et fort brillante de la population très mélangée. Il s'y passe de temps à autre quelque aventure qui défraie la chronique; mais où cela n'arrive-t-il pas? D'ailleurs, en peut-il être autrement parmi des éléments aussi hétérogènes et si souvent renouvelés?

Une bonne troupe italienne a chanté pendant plusieurs années dans la salle de spectacle, qui est jolie et assez grande. Aujourd'hui, l'opéra français et le vaudeville y sont fort suivis.

Il y a en ce moment à Alger un spectacle national, on dirait *pur sang* si l'on voulait faire de l'actualité, qui attire de nombreux spectateurs, tant étrangers qu'indigènes.

Ce sont des séances d'*Aïssa Ouah*, ou mangeurs de feu, pour parler plus exactement, des jongleurs contorsionnaires. Ils se sont adjoint, afin d'ajouter un attrait de plus à leurs affreux exercices, quelques danseuses ou almées de la tribu des *Ouled-Naïl*, souvent nommées *Naïlettes*.

Nous n'avons point voulu, malgré notre avidité de couleur locale, nous laisser entraîner là. On y va pourtant, un peu en cachette, comme vont les honnêtes femmes au bal de l'Opéra. Pour moi, je crois que l'un est aussi dégoûtant à voir que l'autre.

Je me suis fait raconter en peu de mots ce que font ces *Aïssà-Ouah* au son de leur monotone musique de tambourins et de flûtes; ils arrivent par des mouvements de tête extrêmement rapides et des contorsions du corps à une sorte d'étourdissement, de délire, de surexcitation nerveuse, qui tient à la fois de la folie, de l'ivresse et du somnambulisme magnétique. Dans cet état, ils touchent du fer rougi à blanc, avec les mains, avec la langue, sans éprouver le sentiment douloureux qui s'est sans doute retiré de l'épiderme pour se concentrer ailleurs. L'éthérisation, le chloroforme produisent des effets aussi étranges, mais moins hideux à voir que cette agitation frénétique. Au moyen âge, on eût brûlé ces pauvres diables qui font sans doute de la physique sans le savoir, comme M. Jourdain faisait de la prose; on les eût pris pour des possédés. J'espère pourtant que le diable n'est pour rien dans leurs affaires. Il me semble que *leurs procédés* doivent être quelque reste des mystères célébrés dans l'antiquité païenne qui se connaissait en jongleries.

Ce qu'il y a de bon, c'est qu'ils trouvent à faire des élèves pour continuer leur état (quel état !) et qu'ils vont chercher l'origine de leur savoir-faire dans des paroles de Jésus à ses disciples. De là leur nom d'*Aïssa* (Jésus.)

En sortant des maisons où nous avions passé la soirée, avant de rentrer à l'hôtel d'Orient, près de la Djemma-el-Kebir, nous ne pouvions résister à la tentation de nous asseoir quelques instants près de la balustrade de la place du Gouvernement au-dessus de la mer.

Enveloppées de grands burnous qui cachaient nos toilettes, nous pouvions, sans attirer aucunement l'attention, prolonger la notre veillée et jouir encore du charme infini de ces nuits si délicieuses.

Nous étions en juin et les jours étaient brûlants. Aussi, quelle exquise sensation que la fraîcheur de ces nuits méridionales au-dessus même des vagues scintillantes ! On aurait pu croire que toutes les étoiles du ciel s'y laissaient choir, et, pour s'assurer du fait, on levait les yeux vers cette voûte radieuse du firmament, ne sachant lequel admirer le plus.

Toujours en quête de détails sur ce pays que nous allions bientôt quitter, nous devisions de toute chose avec les amis qui nous reconduisaient à notre gîte.

Nous apprenions ainsi mille particularités intéressantes que le cadre restreint de mon livre ne me permet pas d'ajouter ici.

Entre autres choses, ces messieurs nous parlaient des écoles, nommées zaouyas, où les jeunes Arabes de distinction vont, sous la direction des tolbas (pluriel de thaleb qui signifie lettré) étudier les livres saints.

Ces études se composent ainsi : le Coran expliqué, commenté, paraphrasé, quelques autres livres en très petit nombre, de rares manuscrits conservant des notions sur l'histoire de la nation, la tradition orale, c'est tout.

Appliquant tout leur esprit à ces études si peu variées, ils en arrivent à un ordre d'idées qui s'empare de leur vie entière au lieu de disséminer leurs facultés sur une quantité de sujets. Les élèves sortant de ces sortes de séminaires où l'instruction est gratuite, sont, comme le jeune Ahmidou, aptes à remplir des fonctions civiles et religieuses.

La noblesse militaire et la noblesse religieuse qui est moins nombreuse, mais considérée comme supérieure, sont également héréditaires.

Dans cette nation, les castes restent très distinctes. Beaucoup d'entre les tolbas, marabouts ou santons, sont révérés après leur mort comme le sont les saints du catholicisme. On leur élève des chapelles, on raconte leurs miracles, et les pauvres demandent la charité en invoquant leur nom. C'est ainsi que j'ai compris pourquoi un centenaire aveugle, qui se tenait dans la rue de Combes, à Constantine, et demandait l'aumône aux passants, répétait sans cesse le nom d'*Abd-el-Kader* dans ses monotones supplications. Je le trouvais tant soit peu séditieux, ce pauvre vieux; mais je sais maintenant que c'était un *grand saint* de sa légende et non l'émir, notre ami et ancien ennemi, qu'il prenait ainsi à témoin de sa misère.

Les Arabes ont une multitude de sentences, de devises, de proverbes, dont ils parsèment leurs moindres discours. Mon ami le thaleb de Constantine m'en avait donné une véritable litanie. De belles pensées presque toujours religieuses revenaient sans cesse dans sa conversation. Je me souviens entre autres de celle-ci :

*Dans la nuit noire,*
*Une fourmi noire*
*Sur un marbre noir,*
*Dieu la voit!*

Dans la forêt sombre,
Où nul pied n'entra,
La fleur cherche l'ombre,
Mais Dieu l'y verra.

De son doux arôme,
Du ciel descendu,
Dieu reprend le baume
Sous le bois perdu.

Dans la mer immense,
Tout au fond de l'eau,
Dieu met la semence
Du corail si beau.

Son regard qui penche
Vers l'abîme obscur,
Voit la perle blanche
Dans son nid d'azur.

*Dans la nuit noire,*
*Une fourmi noire*
*Sur un marbre noir,*
*Dieu la voit !*

Au sein de la terre
Dieu fait naître l'or,
Mais notre prière
Est son vrai trésor.

Et dans la nature
Au Dieu paternel
Toute créature
Doit l'hymne éternel.

Quand l'orage gronde,
Dieu seul peut ouïr
Dans les bruits du monde
Un faible soupir,

Entendre la plainte
Qu'enferme le cœur,
Et dans l'âme sainte
Mettre le bonheur.

*Dans la nuit noire,*
*Une fourmi noire*
*Sur un marbre noir,*
*Dieu la voit !*

Aussi dans l'espace,
De la terre au ciel,
L'eau, le feu, la glace,
L'absinthe et le miel,
Le cèdre, le chaume,
Le jour et la nuit,
Le géant, l'atôme,
Tout est devant lui !

En somme, Alger et ses environs sont un charmant séjour; on y trouve des plaisirs de toutes sortes et sans l'ennui de la traversée, souvent mauvaise en automne ou au printemps, cette ville originale, au climat si doux, aux aspects si riants, serait bien vite envahie par des nuées de touristes de toute nation. La chaleur tempérée par les brises de mer est d'autant plus supportable que l'on trouve de l'ombre partout; nous sommes à la fin de juin et je sors à midi chaque jour sans en souffrir. Mais l'inévitable embarquement est l'épouvantail qui empêchera l'envahissement de ce beau lieu.

La Méditerranée est une coquette au caractère impérieux et changeant; elle semble sourire et vous blesse; elle attire et brise. En quelque saison qu'on la traverse, on ne peut rien augurer de son humeur ni du sort qu'elle vous réserve.

Ses lames courtes, son ciel orageux en font (qu'on me passe l'absurdité de l'expression) une mer nerveuse et impressionnable. Pour un rien, elle semble oppressée, haletante, et communique aux cœurs les plus présomptueux des contre-coups funestes.

Nos adieux à cette résidence séduisante ont été sans tristesse. Nous emportions l'intime conviction d'y revenir. C'est tellement la France!

On ne se sent plus là sur cette vieille terre africaine, parcourue avec de nombreuses difficultés qui arrêtent court les voyageurs ordinaires.

Ces villes sans ressources régulières, ces contrées si mal pourvues de routes, si peu peuplées en apparence, même d'indigènes, si désertes d'aspect qu'on serait tenté de s'y croire seul sous le ciel, laissent des souvenirs plus vivaces que la charmante Alger; il est vrai que c'est selon les goûts. Cette singulière impression qui fait qu'on se dit à chaque pas en voyage : tout ce que je vois est à moi aussi bien qu'aux autres, je puis mettre là mes troupeaux si j'ai des troupeaux, abattre et brûler ce bois si l'envie m'en prend, prendre ces arbres et m'en construire une cabane, comme Robinson dans son île, sans qu'un garde champêtre ou un gendarme accoure sur mes talons, armé du procès-verbal de rigueur, cette impression, dis-je, a beaucoup de variété et de piquant.

J'ignore ce qu'il y a en réalité de fondé dans ces douces croyances, dans ces idées de liberté grande, dans ces sensations larges qui dilatent l'âme ; mais je les ai ressenties, et c'est là du moins une jouissance toute neuve. Dans les environs d'Alger, le dieu Terme se retrouve et règne avec toute sa sévérité. Chaque coin a son propriétaire, et la liberté primitive en est complètement bannie. Nous étions donc rentrés dans l'ornière avant même d'avoir dit adieu au sol africain ; la civilisation avait déjà crevé nos bulles de savon, si légères, si fluides, mais irisées par le soleil.

Le *Louqsor*, beau navire à vapeur appartenant à la Compagnie nationale, mais commandé par un officier de la marine de l'État, nous attend dans le port.

Nous passerons comme des princesses, ni plus ni moins, grâce aux bons offices de MM. les intendants, que nous avons trouvés partout en Afrique si pleins d'obligeance et de gracieux bon vouloir.

Il est réel que le corps des intendants, à de rares exceptions près, est composé de gens parfaitement bien élevés, infiniment moins ours que la plupart des autres officiers, et qu'étant à portée, par leur position, de rendre mille bons offices, ils le font généralement avec une grâce parfaite et les meilleurs procédés.

Depuis quatre jours, le *Jean-Bart*, magnifique vaisseau de ligne, est venu mouiller au milieu du port en face de nos fenêtres; nous le voyons par dessus les dentelures blanches de la grande mosquée qui nous fait face en contre-bas. Sa masse sombre et majestueuse pose dans notre panorama tout à côté du minaret d'où chaque nuit le muezzin nous réveille avec sa voix grêle et cadencée. Tout cela compose un tableau bizarre mais ravissant. Ce fier vaisseau, si sévère, si noble dans ses lignes, ce *glorious warman*, (glorieux homme de guerre) diraient les Anglais dans leur enthousiasme maritime, porte treize cents hommes d'équipage ; il amène en outre une garnison de quinze cents soldats pour Alger dont il emportera demain vers Constantinople la garnison actuelle bien habituée à ce climat. Quelle capacité dans ses vastes flancs! Il est là, immobile comme un géant au milieu d'une bande de nains, car tous les autres bâtiments semblent rapetissés depuis sa pré sence dans le port.

Nous sommes allées en barque faire le tour de cette forteresse flottante, admirer ses proportions imposantes, sa tenue irréprochable dans son élégante sévérité. De jeunes officiers de marine, appuyés au bordage comme à un balcon, nous regardaient passer, supposant sans doute que nous allions demander à visiter l'intérieur; mais nos moments étaient comptés, et d'ailleurs j'ai déjà vu dans les ports de Bretagne des vaisseaux de cette importance. Nous nous sommes donc bornés à glisser lentement autour de lui comme un goujon autour d'une baleine. Cela me rappelait un mot comique d'un homme de ma connaissance, très fluet, très petit et très spirituel; il était souffrant par suite de travaux sédentaires et son médecin lui ordonnait de faire de l'exercice.

J'obéis au docteur, disait-il; sans me donner la peine de sortir, je fais trois fois à pied le tour de ma femme.

En effet, sa femme était d'une circonférence peu proportionnée à la sienne.

Notre promenade autour du *Jean-Bart* était une sorte d'hommage rendu au génie de l'homme. Après avoir tant admiré depuis quelque temps l'œuvre de Dieu dans les solitudes africaines, nous avons effleuré le colosse du bout de nos rames, plongé notre regard dans la gueule de ses canons, salué la belle tête de l'amiral Jean Bart qui orne sa proue. Puis nous sommes rentrées à Alger, où l'on venait de débarquer les troupes destinées à y tenir garnison.

Un régiment de hussards, à pied bien entendu, puisqu'il va se remonter ici, en fait partie. Ces pauvres hussards ont l'air penaud, humiliés qu'ils sont de faire leur entrée *à pied*; de plus, ils viennent d'avoir le mal de mer, ce qui ne donne pas l'air vainqueur. Dieu sait ce qui nous attend nous-mêmes demain sur le *Louqsor*.

---

## III

La fumée du *Louqsor* monte en noire spirale dans un ciel du bleu le plus vif. Pas un nuage à l'horizon. Rien de splendide comme cette matinée dernière de notre séjour en Afrique. Il est onze heures, nos amis nous entourent, ils veulent nous conduire à bord et rester avec nous jusqu'au coup de cloche du départ. Ce départ ressemble à une partie de plaisir. On se reverra à Paris ; Alger et Paris, c'est tout un maintenant.

Au revoir donc, Alger si riante, si gaie, si animée entre tes belles vagues et ton beau soleil, je me sens sous l'influence de ton charme extrême malgré mes secrètes résistances.

Je comprends trop comment, pour te parer, dangereuse sirène, on se laisse entraîner à dépouiller les cités écartées que ton aspect radieux fait trop vite oublier. La vie doit être bien douce sur tes bords.

Là-bas, sous le ciel souvent gris et triste de nos rives de la Manche, triste jusqu'aux larmes dont il nous inonde trop fréquemment, je songerai à toi, je me sécherai, je me réchaufferai à ton soleil, je me plongerai par la pensée dans ton atmosphère si pure et si légère que les grandes chaleurs s'y supportent sans accablement. Le souvenir, aidé du pinceau, rendra l'illusion plus durable. Je te regarderai de loin à travers l'espace comme un sourire resplendissant jusqu'au jour où, peut-être, je te reviendrai.

Le *Louqsor* est un beau paquebot dont les aménagements sont faits avec luxe et confort. La chambre à deux lits qui nous est destinée est meublée de damas de soie cerise. Tous les détails sont analogues. Un salon, où personne ne viendra sans y être invité par nous, lui est contigu ; des panneaux en glace, des peintures où les fleurs et les amours s'enlacent en guirlandes, ornent les parois. Un excellent piano d'Érard, du solide Érard qui brave même la mer, est fixé au milieu de ce salon et permet un agréable passe-temps ; mais il fait si beau, le spectacle du pont est si curieux que nous y faisons notre établissement provisoire. M. Fabre, notre commandant, est un homme spirituel et poli, de cette politesse cordiale des marins, beaucoup moins sauvages que la plupart des militaires de nos jours. Il sait avoir la bonne grâce d'un maître de maison expérimenté.

Quatre cents passagers sont à bord, parmi eux le bon vieux colonel d'Alayrac, notre chevalier en titre; M. et M^me^ de Bussy, qui, selon leur coutume de chaque année, se rendent à Paris jusqu'en septembre ; un des grands-vicaires de l'évêché d'Alger, homme d'un extérieur et d'une conversation distingués ; trois autres ecclésiastiques appartenant à la maison des missionnaires Maristes, de Lyon, venus en tournée de curiosité et de prédication en même temps dans la France africaine ; des jeunes femmes emmenant en France leurs petits enfants, pour leur éviter la saison des chaleurs, et quelques autres personnes, composent une réunion agréable dans l'enceinte réservée aux passagers de première classe.

Au-delà sur le pont nous apercevons un étrange rassemblement d'Arabes surmontés de chapeaux de paille pointus à larges bords avec des fonds de la plus extravagante hauteur. Au milieu d'eux sont des moutons vivants, d'énormes jarres d'huile, des tellys contenant les dattes et autres provisions de bouche. Qu'est-ce donc que cette Afrique qui déménage, et surtout qu'est-ce donc que ces soixante parapluies de coton rouge, *foncièrement français*, qui développent au soleil leurs dômes arrondis en cloches? Sous ces étonnants parapluies s'abritent, se pressent dans les plus drôles d'attitudes deux cents figures arabes, basanées, barbues, étonnées du mouvement rapide du navire? Quel est le mot de cette énigme? Ces Arabes sont, nous dit le capitaine Fabre, les pélerins allant à la Mecque cette année.

Le gouverneur français leur procure, dans sa protection tolérante, le passage gratuit jusqu'à Marseille d'abord; puis ensuite de Marseille au Caire sur quelqu'autre paquebot français, après quoi ils se débrouillent comme ils l'entendent.

Pour gouverner cette troupe assez mal disciplinée, répondre de ses faits et gestes, prendre les décisions nécessaires et la responsabilité de toute chose en route, le gouverneur d'Alger nomme un chef suprême, habituellement choisi parmi les scheiks les plus recommandables et autant que possible d'un rang élevé dans la nation.

Ce chef que nous apercevions, se tenant à l'écart avec ses serviteurs, n'avait pas été placé dans l'enceinte réservée pour les premières. Pourquoi ?

Le capitaine Fabre avait craint de nous causer du déplaisir en admettant un Arabe parmi nous. C'était une étrange erreur, suite sans nul doute de ce stupide dédain, affecté par certains de nos compatriotes envers la nation Arabe. Cette compagnie était précisément celle qui pouvait nous intéresser le plus, en nous mettant à même de continuer à bord nos études et observations.

Mme de Bussy, fille d'un consul, et née à Alger même, parle l'arabe comme le français. Elle allait donc rendre facile et amusante la conversation entre nous et notre compagnon, le chef africain. Quelle chance inattendue! Quelle bonne aubaine pour intéresser notre traversée !

Aussitôt cette découverte, nous avons sollicité du commandant l'entrée de *Si'Kaddour ben Kaddour, caïd des caïds de Médéah*, rien que cela, dans l'enceinte réservée, pour en faire l'amusement, non, bien mieux encore, *le lion* de notre petite société. Quand le commandant Fabre nous l'a présenté, après lui avoir fait expliquer par son interprète que des dames françaises voulaient bien l'admettre en leur compagnie pendant le voyage, nous avons cru voir s'avancer Malek-Adel en personne. Où était M^me^ Cottin? Même beauté, même douceur, même port de prince, enfin un ensemble si noble dans sa simple draperie blanche, qu'à l'instant même, il en faut convenir, tous les hommes du bord sont tombés dans une vulgarité déplorable et s'y sont embourbés à n'en plus sortir pendant tout le voyage. Je reviendrai sur Sidi-Kaddour en terminant le récit de notre traversée.

C'est décidément une douce chose que de voir des lieux nouveaux, d'en emporter mille souvenirs daguerréotypés dans la mémoire. Quel trésor pour les jours d'ennui qui viennent toujours plus souvent qu'à leur tour! Que de bonnes heures on doit à ces retours par l'imagination vers les pays parcourus! Quitter avec le cœur léger et calme, des villes, des contrées dont on n'a fait que moissonner les fleurs, que respirer les parfums, sans y semer rien de soi-même, sans y prendre assez racine pour qu'il y ait souffrance à s'en arracher; regretter un peu, juste assez pour se sentir le cœur ému, mais sans déchirement, aux preuves d'intérêt affectueux reçues au passage, juste assez pour se dire : Il y a partout sous le ciel de bonnes et sympathiques natures, je retrouverais ces gens-là avec plaisir ailleurs! juste assez pour avoir l'œil attendri en regardant de loin pour la dernière fois le lieu que l'on quitte; juste assez pour sentir plus encore que de coutume peser sur soi le mystère de toute destinée! C'est décidément une douce chose puisque c'est une sensation nouvelle, dépourvue d'amertume, mais vive et pénétrante! C'est ce que nous avions éprouvé en quittant Alger. Longtemps des signes affectueux s'étaient échangés entre nous et la barque à bord de laquelle s'éloignaient des personnes qui, complètement inconnues quinze jours avant, bien que des liens de parenté et de monde existassent entre nous, étaient désormais des amis en possession d'une des meilleures places dans nos souvenirs.

Le ciel et la mer semblaient en fête. Le mal de mer, ce monstre aux étreintes douloureuses, n'a pas osé nous attaquer. Ses mortelles langueurs n'ont atteint personne de notre groupe. Notre chevalier est bien descendu chez lui, mais c'était sans doute pour écrire.

Pendant deux jours et deux nuits, filant en moyenne dix lieues à l'heure, nous avons vaillamment fendu l'onde, voguant vers notre chère

France où nous étions bien impatiemment attendues après cette absence de huit mois.

Pourtant nos cœurs et notre pensée retournaient bien souvent dans cette Kabylie où l'expédition se poursuivait avec succès. Nous en avions reçu de bonnes nouvelles avant de quitter Alger.

Assises sous une tente placée à l'arrière, nous regardions dans notre sillage écumeux bondir des troupes de marsouins qui nous suivaient gaîment sur les vagues. Leurs gros dos ronds, si noirs et si luisants, nous amusaient à voir quand ils s'élançaient les uns sur les autres comme pris d'une folle joie.

Sur nos têtes, une bande de goëlands faisait le même manége, emplissant l'air de jolis petits cris joyeux. Entre le ciel et l'eau, cette double escorte nous faisait plaisir. Je ne saurais dire combien a duré leur lutte de vitesse, leur course au clocher, allant des minarets d'Alger à la vieille cathédrale de Marseille, avec le ciel pour pavillon et la mer pour piste. Le vapeur, troisième engagé dans la course, devait vaincre et distancer ses adversaires. La nuit tombant tout d'un coup sur cette scène lumineuse et charmante a caché la défaite, et les vaincus ont disparu dans l'immensité sombre.

Les marsouins pris de lassitude ont, sans doute, retrouvé leur lit d'algues et de mousses marines. Mais les jolis oiseaux blancs, où sont-ils allés reposer leurs ailes aiguës? peut-être sur le bord d'un nuage errant qui les aura transportés pendant leur sommeil sur d'autres mers lointaines.

Le soleil, en se couchant sur la côte d'Espagne, s'était tout à coup voilé d'un épais nuage plein d'éclairs. C'est chose fréquente en ces parages. La nuit qui se fait en quelques minutes dans les climats méridionaux, comme si le jour, lassé de sa splendeur inouïe, laissait soudain tomber son flambeau, était profonde, bien qu'étoilée à miracles. La lueur intermittente qui s'échappait du ciel orageux à l'horizon des îles Baléares, les faisait s'effacer à chaque instant, ces belles étoiles, pour reparaître après l'éclair passé dans l'azur si sombre de ces latitudes.

Après un thé et de la musique au salon, nous nous sommes endormis, croyant bien qu'il y aurait de l'orage pendant notre sommeil et nous en inquiétant peu.

On devient forcément brave en voyage.

Le lendemain matin, en montant sur le pont pour voir Mahon dont nous longions les côtes en ce moment, j'ai appris avec étonnement que nous n'avions point marché pendant la fin de la nuit, et qu'au lieu d'orage nous avions eu une brume de mer si intense, qu'il avait fallu mettre en panne quatre heures durant, de crainte de rencontre et d'accident grave. C'est pourquoi nous nous retrouvions devant les Baléares comme la veille au soir. Il paraît que cette immobilité avait été favorable à notre repos; nous avions le cœur aussi vaillant que la veille, nos pélerins arabes et leurs curieux parapluies rouges de nouveau épanouis sur le sommet des hauts chapeaux étaient à leur poste et ont fait le sujet de nos dessins et de notre amusement par leurs grotesques attitudes. Quel adroit trafiquant, en peine de se défaire d'un pareil fonds de boutique, avait trouvé moyen d'en gratifier ces naïfs pèlerins de la Mecque? Les grands bords des chapeaux kabyles, amplifications du chapeau calabrais, dépassant de beaucoup les épaules, eussent été plus que suffisants pour garantir ces teints bronzés, habitués déjà à toutes les ardeurs du ciel comme à toutes ses inondations ; il faut que quelqu'idée baroque se soit introduite dans ces cervelles arabes pour les décider à *acheter*, chose qu'ils n'aiment nullement, et à acheter cher, sans doute, ces rebuts de nos villages normands. Je vous demande jusqu'où se fourre la spéculation ? Pour moi, je trouve que ces antiques parapluies de coton rouge s'en allant vers la Mecque, au tombeau de Mahomet, en nombre de soixante et plus, sont un de ces faits qu'on appellerait *canard* si on ne l'avait pas vu de ses yeux. Désormais lorsque j'en rencontrerai quelqu'un, attardé dans nos hameaux, où s'épanouissant dans une foire de campagne pour protéger la tête d'une chanteuse montée sur une chaise en guise d'estrade, je le saluerai du nom vénéré de *el hadji* que l'on n'a le droit de porter qu'au retour du grand pèlerinage. Il ne faut pas risquer d'être oublieux et impoli, peut-être sera-ce un de nos compagnons de voyage qui, par d'étranges vicissitudes, se sera rencontré de nouveau sur ma route.

Se trouvera-t-il un écrivain pour raconter les impressions de voyage d'un parapluie de coton rouge? Il s'en trouve pour tant de choses qui n'ont guère plus d'intérêt !

Si'Kaddour ben Kaddour nous a raconté, avec une bonne dose de malice, qu'un vieillard de sa troupe, follement épris de sa jeune épouse, mais ne voulant pas manquer le pèlerinage de cette année, l'emmène avec lui, voilée, roulée, entortillée dans une foule de haïks, de gandouras, de yamacks et de féredjeh; de plus enfouie dans l'enfoncement d'une de ces couchettes de navire qu'il a prise pour un marabout. Il monte la garde d'un air inquiet et farouche près de cette couchette où la malheureuse suffoque et meurt à la peine. Si cette façon de voyager dure pour elle jusqu'à la Mecque, et qu'elle ne meure pas d'asphyxie, elle méritera par son martyre une place de houri dans le septième des paradis de Mahomet.

Quelques-unes des dames qui font la traversée avec nous sont allées la voir ; elle a osé leur confier qu'elle se mourait de chaleur et de soif; cela se conçoit du reste. Nous avons tâché de lui faire arriver quelque chose à boire; ce n'a pas été sans parlementer.

Je reviens au portrait de Si'Kaddour ben Kaddour et je le transcris ici, tel que je l'ai crayonné sur mon album, tandis que, posé sur son tapis, à la manière arabe, assez près pour faire partie de notre petit cercle, il était, sans s'en douter, le sujet de notre intérêt et de notre curiosité.

**Si' Kaddour ben Kaddour, vers la Mecque la sainte,**
**Conduisait trois cents pèlerins.**

Le gouverneur d'Alger l'avait nommé sans crainte,
Lui, marabout, pour chef de tous ces Bédouins.
Ce grave personnage à la haute stature,
Drapé d'un blanc burnous, noble et simple parure,
Pouvait avoir trente ans. Son œil resplendissait
Par moment d'un beau feu, pris au soleil d'Afrique,
Puis son regard voilé, tendre, mélancolique,
Sur quelque souvenir, sans doute, s'abaissait.

Sa barbe au poil soyeux, noire comme ses prunelles,
Tombait sur sa poitrine au contour large et fort,
Ses dents d'enfant brillaient comme des étincelles,
Et ses pieds nus flottaient dans des babouches d'or.
Avec ces pieds nerveux que l'ablution lave
Au moins trois fois le jour, comme dit le Coran,
Sa main jouait souvent ; il n'était point esclave
De notre savoir-vivre inflexible tyran.

Caïd de Médéah, cheïk de tribus nombreuses,
Il avait tout quitté, deux femmes amoureuses,
De beaux enfants bien forts, mutchatchos bien-aimés,
Pour aller accomplir le long pélerinage
Que doivent, s'il se peut, entreprendre à cet âge
Tous les bons musulmans d'un saint zèle animés.

Jadis, en caravane, on cheminait par terre,
A pied, où sur le dos bossu du dromadaire,
Lentement cahoté par plaines, monts et vaux,
On traversait Tunis et sa longue régence,
Où le roi saint Louis, grand pèlerin de France,
Vint s'arrêter.... dans un tombeau ;
Tripoli, des déserts, l'Egypte... aux pyramides
On ne demandait pas leur antique secret,
Non plus au Nil celui de ses sources limpides,
Et la caravane passait.

Un but, un but unique aux lointaines contrées
Attirait ce troupeau d'hommes au front pieux.
Leur regard calme et doux n'était point curieux;
Leur esprit s'en allait vers les villes sacrées.
Courbés sous la fatigue, ils mettaient bien deux ans
(Nos voyageurs du jour pourront-ils le comprendre?)
Pour aller et venir et sans perdre de temps.

Aujourd'hui, quel progrès? Les enfants du Prophète
A demi francisés (est-ce pour leur bonheur?)
Profitent bel et bien, et se font une fête
De nos inventions. Un paquebot vapeur
Vous les porte à Marseille, un autre vers le Caire.
Que dit de tout cela Monseigneur Mahomet?
Il n'y faut point songer, et l'on n'en parle guère,
D'ailleurs, c'était écrit. Ce qui est fait est fait.

Si' Kaddour ben Kaddour, dont ici je babille,
Voguait tranquillement vers le sacré tombeau;
Il était brave et fier, mais doux comme une fille.
Assis presque à nos pieds, sur le pont du bateau,
Il s'amusait... de voir enfiler une aiguille,
Ouvrir un parasol ou fermer un couteau.
La keffieh transparente autour de son visage
Retombait, puis le vent la soulevait parfois
Et sur son large fez, selon l'antique usage,
La corde de chameau tournait quatorze fois.
Par moment, il dormait. Armé du chasse-mouche,
Eventail parsemé de paillettes et d'or,
Un serviteur alors, pour que rien ne le touche
Veillait sur son sommeil comme sur un trésor.

D'autres fois il priait, lorsque venaient les heures
Que fixe le Coran pour prier et bénir,
Il se levait... quittant les terrestres demeures,

Son âme au Créateur semblait se réunir.
S'isolant, oubliant toute humaine présence,
Recueilli dans la paix d'un solemnel silence,
Puis touchant par trois fois la terre de son front,
Il rendait grâce au Dieu seul maître de ce monde,
Au Dieu juste et puissant, mais paternel et bon,
En qui tout notre espoir se fonde.
A qui tout notre être répond.
Son rosaire à la main, l'œil perdu dans l'espace,
A chaque grain nommant une perfection
De ce Dieu qu'il semblait contempler face à face;
Il était admirable en sa dévotion.

Bientôt il revenait avec un bon sourire,
Comme un enfant content d'avoir fait son devoir,
S'asseoir sur son tapis et s'essayer à dire
Quelques mots de français. Difficile savoir.
Heureusement une aimable interprète,
Fille d'un consul, née au sol algérien,
Voyageait avec nous et toujours était prête
A mettre son esprit à l'unisson du sien.
Grâce à ce bon secours, complaisance parfaite,
Il nous contait sa vie et son âme et ses vœux,
Lorsqu'il serait au seuil du tombeau ténébreux
D'où Mahomet entend ce que le cœur souhaite.

Pour nous, ses compagnons, il comptait demander,
Quand sa droite tiendrait la grille vénérée,
Là grâce la plus désirée
Par chacun; le Dieu grand doit alors l'accorder.
Et puis d'après les lois simples et fraternelles
Nous devions invoquer, nous, le Dieu des chrétiens
Pour qu'il trouve au retour ses épouses fidèles,
Ses enfants bien grandis, ses chevaux et ses chiens.

Vigilants, vigoureux, et sa smala nombreuse,
Après tant de longs jours de la revoir heureuse.

C'était comme un ami donné par le hasard.
Une douceur naïve au fond de son regard,
La bonté sur la lèvre, une mâle énergie
Secouant par moment la douce léthargie
Où semblent s'engourdir les peuples du Midi,
Disaient que dans ce cœur profond, tendre, hardi
Les plus nobles vertus fleurissaient de naissance.

Etrange compagnon de trois jours d'existence
Entre l'azur des eaux et l'azur de l'éther
Te souvient-il de nous au fond de ton désert ?
Souvent nous t'y suivons à travers la distance.
A l'instant solennel où les côtes de France,
Après un long exil parurent à nos yeux,
Je n'oublierai jamais quels furent tes adieux.
Doucement tu me dis : adieu mère bénie !
L'éloge de ma fille était dans ton accent
Et tu sus l'expliquer d'un coup d'œil caressant
Complétant ta pensée à ma tendresse unie.

Arabe à l'œil profond interprète du cœur,
Quelle bouche eût dit mieux que ta bouche africaine?
Va, nul des compagnons qu'un sort propice amène
Sur le chemin du voyageur,
Plus que toi n'a laissé souvenance certaine.
Avec émotion, digne ami d'un seul jour,
Nous serrâmes ta main, ta main brune et nerveuse;
As-tu tenu, pour nous, ta promesse pieuse ?...
Moi, j'ai prié pour toi, Si'Kaddour ben Kaddour !

Ce poétique compagnon a fait le charme

de notre traversée, et j'aimerais à savoir si le bonheur accompagne ses pas.

Le rhamadan durait encore. Du coucher de l'étoile du matin au lever de l'étoile du soir, les musulmans ne doivent ni manger ni boire, ni fumer. Le besoin s'en fait parfois si impérieusement sentir que, semblable à cet Anglais pauvre qui s'en allait au Palais-Royal, près des soupiraux des caves-cuisines, humer, faute de mieux, les exhalaisons culinaires qu'il nommait *les soupirs de Mme Ghevett*, nos pauvres Arabes se mettaient longtemps à l'avance à préparer le couscouss qu'ils devaient manger la nuit afin d'en aspirer les succulents arômes.

Ces détails étaient fort drôles à voir, et nous nous sommes aventurées à travers les nombreux passagers qui encombraient l'avant du navire pour essayer de croquer quelques-unes de ces physionomies si accentuées.

En voyage, il faut être un peu entreprenant; sinon, mieux vaut rester dans son salon et ne voyager que dans les livres des autres.

Tandis que je crayonnais appuyée au capot d'un escalier, le vent emporta un de mes feuillets, qui fut poliment relevé par un homme assez jeune, à l'air pauvre et timide. Il m'a adressé quelques mots auxquels j'ai répondu avec plus de facilité, en raison même de son air malheureux.

Au bout de peu d'instants, je savais qu'il était... quoi?... transporté... oui, un transporté de Lambessa, en permission sur parole, ce qui, du reste, prouvait en sa faveur. Il allait passer trois mois en France pour affaires de famille.

Ce mot *transporté* sonnait mal à mon oreille, et cela se conçoit. Je crains fort d'avoir regardé ce malheureux comme on regarderait un loup-garou s'il s'en présentait un à votre portée. Mais tout m'intéresse en voyage, et mon âge me permet de satisfaire bien des curiosités. *A quelquc chose malheur est bon*. J'ai donc pu, tout en dissimulant mes impressions, questionner ce jeune homme sur l'état de la colonie pénitentiaire dont il fait partie, sur cette vie qui lui semblera bien dure au retour après trois mois passés sur la terre de France, peut-être au sein d'une famille aimée. D'après son dire, cette mesure de transportation, qui pourrait avoir de si excellents résultats pour la colonisation, marche à pas de tortue, sans impulsion utile, sans habile direction. Quel dommage que l'Empereur ne puisse s'occuper de tout! Avec sa grande intelligence, développée et cultivée dans les épreuves, mûrie, élevée dans les heures de captivité, il saurait transformer en bien un mal cruel, mais nécessaire.

Comme je n'aurai sans doute pas souvent l'occasion de sermonner, de chapitrer un *transporté*, je ne m'en suis pas fait faute.

Dieu sait si je prêchais un converti; moi, je l'ignore.

Un pareil bâtiment porte tout un monde; quelques chenapans arabes s'en allaient aussi en notre compagnie subir leur condamnation au fort Sainte-Marguerite, sur les côtes de Provence. Un horrible négrillon et sa femelle, plus horrible encore, étaient de ce nombre.

Il paraît que ces gens avaient l'esprit inventif, car ils ont imaginé de faire à leur profit une collecte parmi les pèlerins. Leur donner c'était une œuvre pie, et malgré la peine qu'ont les Arabes à se dessaisir de leurs chers *douros*, même de leurs maigres *sordis*, ils avaient l'espoir qu'en raison même de leur qualité de pèlerins ils se montreraient accessibles à la requête des prisonniers. Les voilà donc faisant écrire par je ne sais qui, une manière de supplique adressée à notre ami Si'Kaddour ben Kaddour, pour qu'il veuille bien permettre cette quête parmi les Arabes.

Le bon sheïk a reçu avec une suprême dignité le placet qu'il n'aurait pas su lire mais dont son interprète lui glissait tout bas à l'oreille le sujet. Il tenait gravement le papier à l'envers et feignait de le lire avec attention ; que voulez-vous ? Ce brave caïd de Médéah n'était point un thaleb ; la science mère de toutes lui manquait, et il ne se souciait nullement de le laisser voir. Après quelques instants de cette petite comédie, il s'est levé majestueusement et d'un geste de roi il a octroyé au nègre la permission demandée.

Le soir de cette seconde journée de navigation, une vapeur rougeâtre, sans cesse sillonnée d'éclairs se dressait, comme la veille, le long de la côte d'Espagne ; c'était une muraille de feu. Malgré cette menace d'orage, nous nous sommes endormies en rêvant que le lendemain matin nous foulerions du pied la terre, la terre de France.

Il est neuf heures.

Voilà Marseille ! c'est notre beau et cher pays qui s'étend là devant nous. Il semble qu'au retour d'une si longue absence on serrerait volontiers la main de tous ceux qu'on va rencontrer. Il faut raisonner son cœur et sécher ses yeux.

Nous allons prendre terre au port neuf. Je

m'en réjouis. Il me plaît tant ce port de la Joliette !...

Nous sommes heureuses de débarquer, et pourtant nous aurions aimé prolonger cette délicieuse traversée ; nous avons oublié les inconvénients de la navigation, nous sommes guéries à tout jamais du mal de mer, du moins nous le croyons. Sans notre vive impatience du pays, quinze jours encore de promenade sur l'eau, pendant les chaleurs de juillet, nous eussent été agréables. Mais nous touchons au quai. La cargaison du *Louqsor* va s'éparpiller tout à l'heure. Nous, infortunées ! nous allons d'abord tomber dans les griffes de la douane marseillaise, dont je ne dirai rien de peur d'en trop dire.

Adieu beau navire qui nous as si vaillamment portés sur le sein de la mer profonde ! Adieu, brave commandant Favre, qui estimez si haut les Kerdrain, les marins de ma famille, mes marins à moi, l'amiral mon cousin, et son fils le brave capitaine de vaisseau.

Cette opinion, émise sans savoir les liens existant entre nous, m'a causé un vif plaisir, et je vous en remercie ici.

Adieu, compagnons divers, qui un instant avez vécu de la même vie que nous, mettant en commun, esprit, intelligence, bonne humeur et gaîté.

Adieu à toi, Si'Kaddour le beau scheik, caïd des caïds de Médéah ! Que tes deux femmes te soient fidèles, qu'elles soient plus belles pour ton retour, car tu seras alors *el hadji*, Si'Kaddour, et cela mérite considération. Que tes mutchatchos bondissent au-devant de toi comme les jeunes faons des gazelles ; qu'Allah surtout te regarde et te bénisse, ô Si'Kaddour ben Kaddour !

Je devrais en rester là de mes récits déjà si longs, puisque nous avons définitivement quitté l'Afrique en prenant terre à Marseille. Jusque-là, on en conviendra, elle semblait nous suivre sur le *Louqsor*, cette Afrique, comme une maîtresse de maison bien apprise qui reconduit ses hôtes.

Cependant, comme il nous faut traverser la France du Sud au Nord, d'une mer à l'autre, je consacrerai encore quelques pages à ces derniers tours de roue.

J'espère que la bienveillance qui m'a escortée depuis mon départ de Vermont-sur-Orne voudra bien m'y ramener.

Ce n'est qu'à onze heures que nous avons pu, libres enfin des ennuis de la douane, monter avec notre chevalier, le colonel d'Alayrac, dans l'omnibus qui devait nous mener à l'hôtel Beauveau. Ce bon colonel était le seul des passagers qui eût été éprouvé pendant la traversée. Il avait fait le plongeon jusqu'à sa cabine dès le premier jour, et n'avait reparu qu'au quai de Marseille.

Un accident qui aurait pu nous être funeste, nous attendait presque au débotté.

Nous avions sans doute oublié d'offrir quelque petit sacrifice à la déesse Fatalité, qui s'était montrée si bonne personne pendant le voyage sur mer.

Quoi qu'il en soit, en traversant les inextricables embarras de la Cannebière, un énorme tombereau de charbon de terre qui cheminait bord à bord avec nous, tourne d'une façon inattendue, et, avec une grosse traverse de derrière, crève une de nos glaces et enfonce l'un des côtés de l'omnibus. Si quelqu'un eût été assis sur cette banquette, on aurait reçu par la tête un coup peut-être mortel.

Pendant les cris, les injures, suites naturelles de cet événement, une voiture nous croisant de l'autre côté, prend sa roue entre la nôtre et la caisse de l'omnibus. Nous voilà enchevêtrés, accrochés, emprisonnés et si bien embrouillés dans ce vilain écheveau, que nous ne sommes arrivées à l'hôtel qu'à une heure pour déjeuner.

Nous avions choisi ce gîte SEULEMENT afin d'avoir des fenêtres sur le quai de la Cannebière et de voir la côte de Notre-Dame-de-la-Garde, d'où une curieuse procession devait partir le lendemain pour se joindre à la procession générale de la Féte-Dieu.

En effet, dès le matin de ce beau jour, les sentiers en zig-zag qui mènent à la chapelle étaient couverts de confréries, de bannières, de prêtres, etc., qui montaient au rendez-vous. La procession de Notre-Dame, devant préalablement parcourir la ville pendant six ou huit heures, ne se joignait aux autres qu'à sept heures du soir. Pénitents noirs, bleus, gris, blancs, cagoule abaissée, nombreux serviteurs de la chapelle, enfin un cortége à n'en plus finir a promené par les rues, qui fourmillaient de monde, la statue de la sainte Vierge, couverte de ses plus beaux atours. Derrière elle, de vastes mannes très ornées étaient portées chacune par quatre hommes *à sa livrée*; on y plaçait les offrandes de toutes sortes qui lui étaient faites en chemin: orfèvreries, étoffes, broderies, fleurs artificielles, etc. A chaque instant le cortége s'arrêtait.

On mettait alors une chaise au milieu de

la rue, devant la statue, dont on posait le brancard à terre, et un enfant paré, frisé, bichonné, montant sur cette chaise, débitait un compliment à la bonne Vierge et lui offrait un bouquet ; puis il prenait rang à sa suite dans la foule, et vingt pas plus loin, un autre recommençait la même cérémonie. Des chaises placées dans les rues larges se louaient de trois à cinq francs pour le passage du soir. La grande procession du Saint-Sacrement, à laquelle assistaient les autorités, les troupes et leur musique, a rallié celle de Notre-Dame-de-la-Garde à cette heure ; mais tout cela se faisant sans ordre, sans calme, manquait de solennité et de dévotion vraie. C'était un spectacle curieux, mais sans grandeur. J'attendais mieux. Le caractère des peuples méridionaux doit mal se prêter aux cérémonies qui demandent du calme et de la noblesse dans leurs pompes.

Tous les jours de cette semaine il y aura ainsi des processions, et dimanche prochain sera la plus belle. Nous serons loin alors.

Marseille me séduit peu. En ce moment elle pressent un fléau (peut-être même y sévit-il déjà) et sa population effrayée s'enfuit dans les environs.

Demain lundi, nous nous enfuirons aussi.

Selon nos prévisions, nous avons été étrillées d'importance à l'hôtel Beauveau ; mais aussi, avec un hôte nommé *Schrumaker,* comment ne pas être dévoré tout vif ? Il y a dans la mer, sur certaines plages, d'affreuses bêtes qui s'attachent, s'accrochent à vos jambes pour sucer votre sang ; elles doivent avoir un nom dans le genre de celui-là.

A la sortie de Marseille, le chemin de fer traverse de si arides contrées, les coteaux montrent tellement à nu la carcasse de la terre, que nous nous sommes retrouvées par la pensée dans cette stérile entrée de la Kabylie, par les collines de Sétif.

C'était cette même teinte *rissolée* et morne. Etait-ce donc là cette Provence tant vantée des troubadours ? Rognac et son lac salé, Saint-Chamas et sa fabrique de poudre, ont tour à tour passé sous nos yeux, toujours se confondant avec nos souvenirs africains. Pour compléter la fusion, une petite ville nommée Constantine se trouvait sur le parcours. Quelqu'un nous a conté là qu'un honnête colon suisse, que la Société génevoise expédiait en Afrique, entendant la nuit ce nom dans son demi-sommeil, se croit arrivé, descend en toute hâte à la station, réclamant son *pacache*, et répétant sans cesse : « Gonsdandine! Gonsdandine! ch'être pien édonné parce qu'on m'afait tit que che basserais la mer... »

Nous avions résolu de consacrer quelques heures çà et là aux villes intéressantes à voir. Les chemins de fer permettent ces courtes visites. Laissant Louise et les bagages aux gares, nous allions courir jusqu'au train suivant. A Arles, les arènes, un musée d'antiquités, le vieux cloître de Saint-Trophîme et de belles femmes très mal coiffées, voilà ce qui a été décrit partout, ce qui fait que je n'en dis rien.

Le vieux Tarascon avançant son château jusqu'en face de Beaucaire, comme un voisin querelleur et rodomont, a offert à notre admiration un magnifique viaduc. Gloire aux ingénieurs qui font de pareilles œuvres!

Non loin de ce bel ouvrage, au bord du Rhône, sans eau en ce moment, Beaucaire préparait les baraques de sa fameuse foire qui s'ouvrait le surlendemain. Nous les avons vues de loin sous de beaux arbres au bord du fleuve; mais, hélas! on compte sans le choléra qui vient sur nos pas et menace toute cette contrée.

Nîmes, non loin de laquelle nous passions, était de toutes ces villes provençales celle que je désirais le plus visiter.

Laissant donc, comme je l'ai dit tout à l'heure, ce qui nous gênait à Tarascon, nous sommes allées déjeuner à Nîmes.

Cette belle cité, située au milieu d'un fertile et riant bassin, s'embellit chaque jour, tout en sachant conserver précieusement ses trésors d'un autre âge.

Le boulevard neuf, bordé de beaux hôtels, qui va de la gare à la place de la Couronne, doit être un délicieux quartier à habiter.

L'hôtel du Luxembourg donnerait à lui seul bonne opinion de la ville.

Après avoir déjeuné, nous nous sommes fait brouetter en fiacre, d'abord aux Arènes. A tout seigneur tout honneur !

Ah ! la belle et noble ruine !

Je ne puis exprimer l'impression que cette vue m'a fait éprouver. En un clin d'œil tout cela s'est peuplé pour moi d'une multitude immense. Les vestales, descendant de leurs chars devant le même vomitoire que nous, ont gagné leur loge. Les patriciens, couverts de pourpre, prenaient place sur les immenses gradins près des belles Romaines, vêtues de riches peplum. Et les lions, nos lions de Numidie, rugissaient derrière les grilles en attendant que les gladiateurs aient terminé leurs jeux et leurs combats préparatoires.

Les trente mille spectateurs *assis* qui assistaient aux jeux, sans compter tout ce qui y prenait une part active, ne me gênaient nullement pour errer par toutes les issues, dans les larges couloirs, sur les galeries où venaient causer en attendant le moment le plus intéressant du spectacle les sénateurs envoyés dans cette Rome gauloise.

J'enjambais, au risque de prendre une courbature, ces degrés élevés qu'avaient franchi, il y a tant de siècles, les *amateurs* avides de voir ces jeux.

Je foulais cette antique poussière, composée peut-être de parcelles de sang et de fleurs; je vivais enfin dans ce passé lointain, et l'illusion était si forte qu'il n'a fallu rien moins que le croassement d'une famille anglaise pour me faire retomber dans la réalité. C'était une véritable persécution! Je la rencontrais à tous les coins et m'en détournais pourtant de mon mieux.

Quelles proportions nobles et grandioses, que celles de ce beau cirque. On ne peut en juger l'étendue, tant elles sont harmonieuses.

A l'extérieur de ces arènes, quelle couleur! quelle chaleur dans ces tons que des siècles de soleil ont composés!

En admirant non loin la fontaine charmante dont Pradier mourant a doté Nîmes, on ne peut s'empêcher de se retourner pour admirer encore ce contour doré fuyant au-dessus des arbres et formant une si noble perspective à la place de la Couronne.

Le bijou antique qu'on appelle simplement la Maison-Carrée, parce qu'on ignore quelle fut sa destination, reçut ensuite notre hommage. On peut, je crois, s'exprimer ainsi, en parlant de chef-d'œuvres si nobles et si empreints de grandeur. La conservation de de celui-ci est étonnante. Mais j'abrège, car les richesses de Nîmes sont connues.

Nos contrées du Nord, riches en monuments de la Renaissance et même de l'époque romane, n'ont pas à nous offrir des trésors comme ceux qui font la richesse de l'Italie et de quelques-unes de nos villes du Midi. Aussi étions-nous dans l'enchantement de ces merveilles, et je me tiens à quatre pour n'en pas parler plus longuement.

Après avoir vu la fontaine de Diane, les bains d'Auguste et la tour Magne, étrange et mystérieuse ruine qui domine les beaux jardins publics où chaque jour on découvre de nouveaux trésors, nous avons éprouvé l'impérieux besoin de visiter le Dieu des chrétiens dans sa pauvre et vieille cathédrale, et dans l'église Saint-Charles qui sont l'une et l'autre bien loin du type de grandeur religieuse auquel nos églises normandes nous ont habituées.

Décidément, Nîmes est l'écrin des bijoux antiques; il ne faut lui demander que cela.

L'épidémie sévissant déjà à Montpellier, nous avons, avec regret, renoncé à visiter cette ville et nous sommes venues à Tarascon reprendre le chemin d'Avignon.

Quelle fertile contrée que tout ce Comtat-Venaissin! quel beau domaine les Papes avaient là, autour de leur vieux palais des Doms, qui s'élève sur son rocher à l'horizon!

Nous, qui venons de parcourir des pays vagues, à peine peuplés en apparence, où la culture se montre si rarement, où même le blé qui pousse dans des espaces sans clôtures, sans sillons, sans limite ni forme arrêtée, semble plutôt un produit naturel du sol, comme l'herbe des prés, que le résultat obtenu par le travail de l'homme; nous qui venons de voir des peuples qui semblent n'avoir sous le ciel rien autre chose à faire que se promener, rêver et dormir, nous restons étonnées à la vue de ces terrains chargés en ce moment de récoltes riches et variées, de ces hommes qui s'occupent activement du moindre coin de terre pour lui faire produire quelque chose ; la garance surtout, cette véritable richesse que nous devons au persan Alphen, auquel Avignon a élevé à bon droit une statue, offre en ce moment les plus belles espérances. Nous traversons avec intérêt ces riches cultures, mais en revanche nous ne pouvons retenir un soupir de regret en voyant ces petits oliviers tortus, taillés, rabougris, que l'on martyrise dans tout le Midi.

Quelles magnificences en ce genre restent perdues et ignorées dans les gorges de la Kabylie !

Heureusement, cette Kabylie est France aussi, et quand nous le voudrons bien, par des procédés humains et loyaux, nous pourrons profiter de ses richesses en les décuplant.

Une large vallée bordée de côteaux couleur de rose qui produisent, je crois, le vin de Côte-Rôtie, nous annonce là-bas le passage du Rhône. Nous avons déjà à Tarascon franchi un de ses bras presque à sec. Nous espérions pourtant que la fonte des neiges dans les Alpes l'aurait assez alimenté pour nous permettre de le remonter en bateau jusqu'à

Lyon. Nous saurons ce soir à quoi nous en tenir sur l'état actuel du plus fantasque des fleuves.

Voici Avignon! J'aimais déjà cette vieille cité, je l'aime plus encore en revoyant son enceinte dans le style sarrasin qui nous rappelle notre chère Bougie. C'est le Pape Jean XXII, né à Cahors, et mort à Avignon, qui entoura sa ville de cette muraille, que l'on admire encore aujourd'hui comme un spécimen des plus rares et des plus pittoresques.

Ce bon Pape repose dans la vieille basilique qu'il aimait. Il s'y trouve, ma foi, en bonne et noble compagnie. Deux cardinaux, dont un Grimaldi, et dans le chœur le brave Crillon, celui à qui le roi Henri écrivait : « Pends-toi, Crillon, nous avons vaincu sans toi. »

Il ne s'est pas pendu, mais il est venu se coucher sous ces dalles avec toute une lignée de Crillons, tant ascendants que descendants, qui dorment là du grand sommeil.

Un noble et simple fauteuil en marbre blanc, où s'asseyaient les pontifes, est aujourd'hui dignement occupé par Mgr Jean-Marie de Belley, archevêque d'Avignon.

Nous avons eu l'honneur de voir ce prélat,

dont l'extérieur, d'une haute distinction, est en harmonie parfaite avec ses mérites.

On nous avait recommandé de tâcher de voir, en passant à Avignon, une œuvre d'art, ou pour mieux dire un chef-d'œuvre presque inconnu, qui appartient à une confrérie de pénitents noirs.

Une anecdote touchante se rapporte à cette sculpture, due au ciseau d'un artiste nommé *Guilhermin*. Le frère de ce sculpteur était condamné à mort pour je ne sais quel méfait politique. Guilhermin porta aux juges le Christ admirable qu'il terminait en ce moment. C'était une éloquente supplique, car, à la vue de cette touchante image de Celui qui enseigna le pardon aux hommes, ils se sentirent si pénétrés, si attendris, que la grâce du coupable fut le prix du crucifix.

Ce souvenir, bien que vague dans ma mémoire, m'avait cependant donné un vif désir de voir cet objet précieux.

Après avoir recueilli des informations assez peu claires, nous avons fini pourtant, en marchant longtemps sur les cailloux aigus qu'Avignon appelle son pavé, et que nous aurions pu nommer à bon droit le chemin de la Croix, par arriver à une humble maison de sombre apparence, où quelques religieuses, nommées les *Sœurs des Fous*, se consacrent à soigner des aliénés pauvres.

Entrées dans une sorte de salle basse humide et nue, une religieuse qui nous accompagnait a ouvert une espèce d'armoire pratiquée dans le mur. Contre l'intérieur de la porte, tendue de noir, ce grand Christ en ivoire jauni, que le mouvement de cette porte permet d'apercevoir de plusieurs côtés et sous divers aspects, s'est offert à nos yeux. Ah! quelle touchante, quelle incroyable fascination opère cette vue! Muettes d'admiration, nous avons senti peu à peu nos genoux se plier, nos mains se sont jointes et des larmes silencieuses sont tombées de nos yeux, même de ceux du bon colonel d'Alayrac, qui nous avait accompagnées!.... Rien ne saurait donner l'idée de cette divine image. Un tronc pour les fous, placé aux pieds de la croix, devrait se remplir de nombreuses offrandes si l'on savait l'existence de ce merveilleux Christ; mais les pauvres sœurs ne voient que rarement des visiteurs, et la prière éloquente de notre Sauveur reste dans l'ombre et le silence.

Quelle exhortation semble sortir de cette bouche mourante! Ah! je comprends bien qu'elle ait jadis pénétré des cœurs endurcis, et je ne crains pas d'affirmer que cette sculpture est ce qui existe de plus beau en ce genre.

En sortant de ce lieu nous ne pouvions naturellement visiter que des églises; celle de Saint-Pierre a de belles portes sculptées, très anciennes et assez bien conservées.

Une chaire en marbre blanc composée de cinq panneaux ou tableaux de marbre sculpté en grand relief est supportée par un palmier de marbre aussi, dont les branches ou palmes retombent avec une grâce extrême; il est impossible de rien voir de plus ravissant, selon moi, que cette œuvre d'art si originale et déjà ancienne; j'ai regretté de ne pouvoir savoir le nom du sculpteur à qui elle est due. Il y a une sorte d'ingratitude dans l'ignorance où l'on reste la plupart du temps relativement aux artistes dont les œuvres nous ont charmés et cela arrive tous les jours pour moi; je m'en fais une sorte de cas de conscience.

Dans un coin de cette église, et tout prêt pour la Fête-Dieu du dimanche suivant, le plus magnifique dais que j'aie vu de ma vie attendait Mg^r de Belley; les toiles qui couvrent entièrement les rues d'Avignon doivent préserver ce splendide ornement des pluies ou des rayons qui pourraient l'endommager.

La vieille église Saint-Agricol, avec ses clochetons déchiquetés de la plus capricieuse façon, n'offre rien d'intéressant à l'intérieur, non plus que la chapelle octogone des jésuites. La forme prétentieuse de cette dernière en fait une salle de concert, et l'on s'étonne d'y voir des autels.

On construit à Avignon, en ce moment, un nouvel Hôtel-de-Ville. Que deviendra l'ancien dont la façade sévère s'accordait bien avec son voisinage?

J'aime Avignon, ne fût-ce que pour son rocher des Doms d'où l'on a une si merveilleuse perspective, et où pourtant l'on arrive sans être exténué de fatigue. Cet avantage est rare pour les beaux points de vue qu'il faut souvent acheter si cher.

Ce Rhône fougueux et fanfaron qui arrive du lointain avec des façons toujours inattendues; cette vieille Villeneuve-lès-Avignon qui s'avance sur l'autre rive; ce pont inachevé et la tradition qui s'y rattache; le sombre palais des Papes réduit au rôle de caserne, mais noble encore malgré son abaissement; tout cela parle à mon imagination un langage qu'elle aime à entendre. C'est un tableau qui ressemble, plus la vérité, à un roman historique.

Notre vieux chevalier, le digne et brave colonel d'Alayrac, n'a pas cru pouvoir se dispenser d'aller à la Fontaine-de-Vaucluse présenter ses hommages respectueux à la noble dame Laure de Noves, de poétique mémoire.

Je ne sais pourquoi cette Laure, mère de six enfants, et son illustre rabâcheur de Pétrarque me sont l'un et l'autre antipathiques au dernier point.

Pour rien au monde je n'aurais fait les dix-huit lieues, aller et retour, qu'il nous eût fallu subir pour ce pèlerinage que l'on considère comme forcé. Nous avons donc fait nos adieux à cet excellent compagnon de voyage qui ne suivait plus la même direction que nous, et, ne pouvant remonter le Rhône, nous nous sommes emboîtées dans une vénérable diligence qui vivra jusqu'à l'inauguration du chemin de fer en automne prochain.

Le lendemain matin, nous déjeunions à Valence, qui n'a de joli que son nom.

Sa route longe le fleuve ainsi que le chemin de fer presque terminé, tous les aspects sont pittoresques mais sauvages.

Nous avons traversé Tain, Bourg-Saint-Andéol, le Péage de Roussillon, lieux où se récoltent les meilleurs vins du Rhône. Dans ce dernier endroit, une razzia était préméditée : des amis qui habitent une terre dans le voisinage devaient nous enlever. Notre héroïque résistance nous a valu de vifs reproches ; pourtant nous avions du mérite à résister, mais le sort du mérite est souvent d'être méconnu.

Ne fallait-il pas songer que là-haut, près des côtes de la Manche, on comptait les jours, presque les heures, que les huit mois d'absence avaient été bien longs à subir ?

A Vienne, la vieille cité triste, on nous montre près de la route, au milieu d'une sorte de jardin, une pyramide peu élevée dont on ne sait trop ni l'origine ni la destination ; une prétendue tradition en fait le tombeau de Ponce-Pilate. S'il est vrai que ce juge lâche et prévaricateur soit venu là cacher sa honte et ses remords, Vienne doit être peu flattée de la préférence.

—

Après un repos forcé de deux longs jours à Lyon, nous avons retrouvé avec un vrai plaisir les petits bateaux à vapeur qui remontent la Saône. Quelle heureuse invention que la vapeur ! quel précieux auxiliaire que cette force motrice qui lutte contre le courant le plus rapide et vous emporte quand même sans tenir compte de la difficulté !

A cinq heures du matin, le temps était superbe ; dans les rues encore désertes on ne rencontrait que des voyageurs se dirigeant vers les quais où chauffaient les divers bateaux en partance. Nous prenions celui de Châlons.

Les vitres innombrables des hautes maisons où tout le monde dormait encore semblaient refléter les feux d'un incendie intérieur; c'était le soleil se levant derrière la Croix-Rousse qui les faisait resplendir ainsi. Singulière observation: ce n'est pas du peuple qu'on voit à cette heure matinale se hâter dans les rues, ce sont des dames en toilette sans autre bagage qu'une ombrelle ; elles vont dîner à Macon, à Châlons ou ailleurs; ce sont des touristes avec l'affublement à la mode dont ils ont fait emplette au bazar Bonne-Nouvelle ; ce sont des Anglais qui arrivent des Grandes-Indes ou du cap de Bonne-Espérance.

On se précipite en se coudoyant sur le pont étroit des bateaux; les affreux portefaix de Lyon, voyous à l'air farouche, sous l'immense chapeau de feutre brun qui couvre entièrement leurs épaules, s'amusent à heurter les voyageurs. La brutalité de cette race est connue.

O mon beau *Louqsor* si vaste, si bien aménagé, ô mon beau *Louqsor* où nous étions princesses, où es-tu ? — Ici, tout se fait à la diable. On oublie de sonner le départ; il en résulte qu'un jeune homme venu accompagner des amis, s'aperçoit à l'île Barbe qu'on est parti et qu'il va être emporté à Châlons, tandis que, sur le quai, d'autres gens attendant la cloche du signal voient le bateau s'éloigner et restent à terre penauds et consternés.

On rit. Mon Dieu ! de quoi ne rit-on pas ? Mais l'aventure n'en est pas moins odieuse.

Enfin nous voguons, Quelle belle rivière, quelles belles rives ! A peine nous saluons au passage Mâcon *illustrée* par l'*illustre* Lamartine et l'infortuné M. Delorme, et déjà nous débarquons à Châlons, où un train express nous attend en gare.

Nous voilà ! nous voilà ! nous arrivons ! nous partons ! et avec une vitesse de quatorze lieues à l'heure, nous sommes bientôt à Dijon.

Quelle rapidité ! Est-ce là voyager, non c'est partir et arriver. Aussi nous restons ici laissant ce train effréné se lancer jusqu'à Paris.

Nous voulons respirer un peu et visiter au passage cette capitale de la Bourgogne que nous avions brûlée au départ.

Dijon a l'air digne et posé d'une douairière encore jeune, mais pénétrée de son devoir. Ses manières sont calmes, son ensemble gracieux. En somme, elle plaît et attire.

L'Hôtel-de-Ville mérite tout d'abord l'attention. C'est l'ancien palais ducal. Il renferme dans les salons des ducs un beau musée riche plutôt d'objets d'art que de peintures.

Une chose peut-être unique dans son genre et fort curieuse, c'est ce qu'on nomme les chapelles portatives des ducs de Bourgogne. Qu'on se figure une suite de grands panneaux creux de quelques pouces se déployant ou se refermant à volonté comme les feuilles d'un paravent; le tout assez grand pour entourer entièrement une très petite pièce.

Ces panneaux creux contiennent un monde de statuettes et de délicates sculptures en bois doré, en ivoire et émaux d'un fini et d'une perfection inimaginables. Tous les habitants du paradis formant des scènes naïves sont les sujets de ces sculptures admirablement conservées.

Il faudrait des jours entiers et une érudition religieuse complète pour suivre dans tous ses détails cette œuvre curieuse et si précieuse.

Le tombeau de Jean-le-Bon et de la duchesse son épouse occupe le milieu de la salle des gardes, où se voient aussi de belles armures. Mais ces notes deviendraient un véritable livret si je voulais citer toutes les richesses que contient ce musée en émaux, vases, antiques faïences de Bernard Palissy, etc.; je m'arrête. Pour terminer, je dirai seulement qu'il y a huit jours à peine ces trésors artistiques et historiques ont failli devenir la proie des flammes. Voici comment :

Un plateau à parapluies, posé à l'entrée du premier salon, avait été rempli de sciure de bois pour absorber l'eau. Cette sciure était sèche ce jour-là.

Un pipomane, ou plutôt un individu atteint de cette déplorable affection du cigare, entre au musée peu de temps avant l'heure de la fermeture des portes. La consigne défend de fumer dans les appartements; il jette donc son reste de cigare sans l'éteindre, comme cela se fait journellement avant d'entrer, dans le plateau aux parapluies. On ressortait par une autre issue, le gardien ferme la première et va dîner. C'est par un hasard providentiel qu'en se promenant le soir, dans la cour, il aperçoit une lueur dans le premier salon ; il remonte étonné que quelqu'un ait pu s'y introduire, puisqu'il en avait la clef : c'était le feu qui, du cigare à la sciure de bois, puis au lambris, à la porte et au parquet, arrivait à *flamber* et à trahir ainsi sa présence effrayante, et tous les jours on pourrait constater des aventures de ce genre, si les causes des incendies pouvaient être connues.

L'église Saint-Bénigne est la plus remarquable de Dijon.

Une dalle, très curieusement gravée, recouvre le corps de Jean-Casimir de Pologne, représenté armé de toutes pièces. Le travail de la gravure est extrêmement creusé, et rien n'est usé dans les reliefs. Les brodequins de fer à côtes et à charnières comme la carapace d'un homard sont vus de profil, ce qui tourne fort en dehors les pieds du bon sire ; de plus, ils sont terminés par d'énormes pointes non pas à la poulaine en remontant, mais bien en descendant, par un singulier caprice de l'artiste, vu qu'il serait complètement impossible de se tenir debout avec ces chaussures.

Il faut croire que le prince chevalier était toujours en selle.

Sa visière est baissée et il a l'air de faire la sourde oreille aux trompettes que deux petits anges très bouffis, les ailes déployées, font corner tout contre son casque, pour le réveiller à l'heure du grand jugement.

Peut-être redoutait-il ce quart d'heure de Rabelais ; quoi qu'il en soit, ces petits anges, qui ressemblent à des crapauds volants, soufflent avec une ardeur des plus amusantes. Le moyen âge aimait à mêler le grotesque au sacré, nos vieux monuments religieux en offrent mille exemples.

Cette église qui jadis appartenait à un couvent, est maintenant la cathédrale. Plusieurs autres, dans Dijon, méritent l'attention des archéologues. Le parc est une belle promenade qui permet, par son étendue et la largeur des allées, de se promener en voiture. C'est un avantage assez rare en province. Lyon s'est créé en ce genre quelque chose qui sera ravissant quand les arbres seront grands. De l'étendue, de l'eau, des fleurs, des animaux, des serres et des vues charmantes, voilà le parc de la Tête-d'Or à Lyon.

Malgré notre hâte extrême d'arriver en Normandie, Paris avec son inévitable glu, devait nous retenir quelques jours encore. Il y a toujours quelque raison irrésistible pour s'y accrocher quand on y passe.

Je l'aime, je cède à son attrait, et pourtant je suis en secrète hostilité contre lui. Il personnifie à mes yeux tant de choses déplorables ! Dans son gouffre insondable, tant de misères, tant de tristesses amères et inconsolées sont à chaque instant coudoyées par des plaisirs fous et des jouissances de toute nature ! Son orgueil, son dédain de tout ce qui n'est pas lui, cette centralisation qu'on ne peut secouer et à laquelle chacun contribue bêtement dans tout le reste de la France, me révoltent. Je suis envers Paris dans cette disposition d'esprit où l'on se sent quand on est dominé par une affection mal placée. C'est une réaction de la raison contre l'empire d'une séduction. Enfin, nous y voici, et je suis ravie de le revoir.

Au milieu de cette foule d'arrivants, insouciants de toute chose, hormis de débrouiller au plus vite leurs bagages pour se disperser dans Paris, une très vieille femme coiffée du bavolet bourguignon, et appuyée sur un long bâton coupé sans doute dans quelque haie de son village lointain, restait ahurie et tremblante, un petit paquet sous le bras.

Ses yeux rougis par l'âge et peut-être aussi par les larmes, quelques cheveux blancs dérangés par cette nuit de voyage, épars sur son maigre visage, lui donnaient un air si triste et si malheureux que je m'approchai d'elle le cœur serré.

Qu'attendez-vous là, bonne femme? voulez-vous que je vous explique ce qu'il faut faire pour vos paquets?

— Ah! Madame, je n'ai pas d'autre paquet que celui que voilà. Seulement je voudrais bien aller rue Quincampoix et je ne sais pas où c'est.

— Mais ce sera bien difficile et bien loin pour vos jambes d'aller à pied jusque-là.

— Dame, elles ont quatre-vingt-trois ans mes pauvres jambes, c'est vrai qu'elles ne croyaient pas me conduire si tard dans Paris..... pour y mourir ; mais faut bien qu'elles y viennent puisqu'il n'y a plus de pain pour moi ailleurs.

— Que venez-vous donc faire ici, pauvre bonne femme? Êtes-vous attendue par quelqu'un?

— Hélas! mon Dieu! je croyais l'être...

En disant ces mots, la pauvre vieille se mit à pleurer, et les larmes s'échappant de ses yeux éteints et rouges étaient navrantes à voir.

— Voyons, ne pleurez pas ainsi. Contez

moi tout ce qui vous tourmente. Nous allons vous aider, consolez-vous.

Elle nous raconta alors qu'*à force de vieillir*, n'ayant plus aucun soutien dans son village, elle s'était adressée à un fils qui lui restait encore et qui était blanchisseur à Paris. Cet homme, chargé lui-même d'une famille, ne pouvait envoyer à sa mère des secours suffisants pour la faire vivre ; il est toujours si difficile de prélever sur un mince salaire, dans les ménages nécessiteux, ne fût-ce qu'une faible somme ! On ne peut la réunir pour l'envoyer ; il avait donc écrit à la pauvre femme de venir demeurer avec lui pour prendre une part au pain quotidien, et la triste créature, quittant le village où, depuis quatre-vingt-trois ans, elle avait vécu, respiré l'air pur et le soleil du bon Dieu, joui, instinctivement peut-être, mais enfin *joui* de toutes les délices que la nature offre aux habitants des campagnes, était partie pour venir enfermer ses derniers jours dans quelque bouge étroit de la rue Quincampoix, au milieu de cette atmosphère parisienne où tout vous est parcimonieusement compté, même l'air, l'eau, la lumière que pourtant Dieu donne si libéralement à ses enfants.

Elle avait fait écrire son arrivée ; mais son

fils devait changer de logement, et peut-être la lettre s'était perdue—sans quoi il fût venu à la gare me chercher, disait-elle, et moi je pensais tout bas que les lettres, les explications des gens du peuple sont si diffuses, si insuffisantes !... Bref, dans ce monde de Paris, dans ce tourbillon vertigineux, il n'y avait personne pour aider ses premiers ou plutôt ses derniers pas. Sa place payée au départ et un petit pain pour sa route, il n'était resté dans son boursicot de cuir que huit sous...... Que faire? que devenir? Elle ne savait pas même l'adresse nouvelle de ce fils, son seul appui dans ce désert, car Paris, avec sa foule étourdissante, c'était le désert pour cette pauvre vieille ; aussi disait-elle à voix basse : Que de malheur ! mon Dieu ! que de malheur !

Notre fiacre a su trouver la rue Quincampoix. Là on a pu indiquer la nouvelle adresse du fils cherché, et la bonne mère a été remise tout émue dans ses bras ; c'était de la joie, mais c'était une joie bien triste.....

Nous sommes de retour !... Paris est la porte de la Normandie. Une belle porte en vérité !.....

Nous apercevons dans un vert lointain, qui n'est pas un mirage, nos ombrages aimés, notre séjour si riant. Toutes les chères habitudes qui nous appellent en battant de l'aile, nos fruits savoureux, nos fleurs françaises, et nous voyons tout là bas, là bas

« . . . . . . . . . Quasimodo, la blonde,
« Pâquerette au front blanc, marjolaine au flanc roux
« Livrant d'un air à la fois grave et doux
« Cette mamelle où le lait pur abonde »

pour nous l'offrir au retour ce lait frais et parfumé au serpolet; toutes ces douceurs du confort au milieu desquelles les souvenirs de voyage vont ressortir lumineux et piquants comme ces toiles précieuses auxquelles une bordure agréable donne plus de relief et de charme. Et les cœurs qui vous aiment, les mains que l'on vous tend, les yeux qui vous sourient, — ce sourire-là est bien différent de celui des lèvres, — tout cela est doux et bon, tout cela fait du bien à l'âme, surtout lorsqu'elle a été dilatée, surexcitée par huit mois de courses lointaines et par l'usage prolongé des facultés admiratives et d'une active curiosité.

Que le repos sera délicieux!

On revient l'esprit agrandi, le cœur meilleur, les idées plus élevées, plus justes, plus larges; on rapporte de nouvelles affections acquises, d'agréables relations nouées en chemin, un beau rayon de soleil, enfin, qui va être à jamais fixé dans notre passé et que nous verrons toujours en regardant en arrière. Cela adoucira ce qu'il y a toujours de triste à regarder de ce côté-là.

Lorsqu'après avoir franchi, sans un seul malheur, tant de difficultés et même de dangers, on goûte toutes ces joies du retour, on dit du fond de l'âme et les yeux mouillés :

Dieu soit béni! Dieu est grand!

*Allah kerim!!*

Caen, typographie C. HOMMAIS.

www.ingramcontent.com/pod-product-compliance
Ingram Content Group UK Ltd.
Pitfield, Milton Keynes, MK11 3LW, UK
UKHW020148250726
13967UKWH00002B/943